全国职业学校粮油和饲料加工技术专业创新探索教材

油脂制取技术

主　编　张　乐

副主编　张永新　李　飞

参　编　魏金霞　朱文玲

中国商业出版社

图书在版编目(CIP)数据

油脂制取技术 / 张乐主编. —— 北京 ：中国商业出版社，2023.9

ISBN 978—7—5208—2604—4

Ⅰ.①油… Ⅱ.①张… Ⅲ.①油脂制备—中等专业学校—教材 Ⅳ.①TQ644

中国国家版本馆 CIP 数据核字(2023)第 167915 号

责任编辑:李 飞

(策划编辑:蔡 凯)

中国商业出版社出版发行

(www.zgsycb.com　100053　北京广安门内报国寺 1 号)

总编室:010—63180647　编辑室:010—83114579

发行部:010—83120835/8286

新华书店经销

北京九州迅驰传媒文化有限公司印刷

*

787 毫米×1092 毫米　16 开　15.5 印张　380 千字

2023 年 9 月第 1 版　2023 年 9 月第 1 次印刷

定价:58.00 元

*　*　*　*

(如有印装质量问题可更换)

前　言

本书根据教育部新修订课程标准编写，该书是粮油和饲料加工技术专业核心课程油脂制取的教材。本书也可作为从事油脂、粮食、农业、轻工、食品等相关专业的师生以及企业技术人员和管理人员的参考书。

本书编写时着眼于培养学生的职业能力和职业素质，结合其认知规律，按照“项目导向”的设计思想构建教材。结合国家职业标准制油工的知识和技能实际需要，让学生重点学会专业课程的基础理论知识和操作技能，同时又根据新疆维吾尔自治区等西部省区油料的特点加入棉籽的脱绒。本书按照制油企业实际生产工艺流程分为10个项目，分别为项目一油料与油料的储藏，项目二油料的清理，项目三油料的脱绒、剥壳和去皮，项目四生胚制备，项目五料胚的蒸炒，项目六油料的压榨，项目七油料的浸出，项目八湿粕脱溶，项目九混合油处理，项目十溶剂回收。本书由新疆工业经济学校（新疆经济贸易技师学院）张乐任主编，新疆工业经济学校（新疆经济贸易技师学院）张永新、李飞任副主编，参加本书编写的人员还有：河南工业贸易职业学院魏金霞、江苏连云港工贸高等职业技术学校朱文玲。具体编写情况如下：张乐（项目一、项目二、项目九），张永新（项目四、项目八），李飞（项目三、项目五、项目六），河南工业贸易职业学院魏金霞（项目十）、江苏连云港工贸高等职业技术学校朱文玲（项目七）。

在此书编写过程中，得到新疆泰昆植物蛋白事业部韩远广，新疆奎屯天康生物蛋白有限公司李振江、新疆海阳霞油脂科技有限公司王朝阳等同行的大力帮助，在此一并致谢！

由于作者水平所限，书中存在错误及不完善的地方在所难免，敬请读者和专家批评指正，以便修订改正。

目　录

项目一　油料及油料储藏

【项目概述】

几乎所有的植物种子均含有油脂。制取油脂的原料称为油料，其含油率一般应超10%且来源要充足，具有制油的经济价值。

油料种类、特性和油料的储存对一个制油工来说非常重要，油料质量的好坏直接影响到出油率、产品质量及生产的正常进行。在项目中主要学习目前常用的几种油料的性质及其储存方式。

【项目目标】

1. 掌握常见油料的结构特点和特性。
2. 掌握常见油料的储藏方法。
3. 能根据油料特性和油脂制取要求采用合适储藏措施。

任务1　油料

【课前引导】

常见的植物油料有哪些？其各自的结构特点和特性是什么？我国主要油料的常见组成成分是什么？这是本节任务所要解决的问题。

【任务描述】

通过本任务的学习，熟悉植物油料的结构特点和特性，了解其主要的组成成分。

【任务目标】

1. 了解油料的分类。
2. 理解并掌握油料的结构特点。
3. 理解并掌握油料的组成成分。

1.1.1 油料

油料是植物制油原料的统称，一般指含油率高于10%的由工业提取植物某些器官称为“油料”。如大豆、棉籽、芝麻、油菜籽、花生、椰子的果仁、油棕、油橄榄的果实、玉米与小麦的胚、稻谷的米糠等都是常见的油料。

1.1.2 油料分类

（一）按来源分类

1. 动物油料。陆地动物：猪、牛、羊等；海洋动物：鲸、鲨等。

2. 植物油料。草本油料（一年生长的植物种子）如大豆。木本油料，多年生长的乔或灌树。谷物油料，种皮类油料（玉米皮油、乌桕籽皮油、米糠油），种胚类油料（玉米胚芽油、小麦胚芽油等）。野生油料：沙棘果、黑加仑籽、月见草籽、野山茶、香果、松香桃、山核桃等。我国有八百余种。

（二）按含油量高低分类

1. 低含油料（10％～30％）：大豆，米糠，棉籽。

2. 中含油料（30％～45％）：菜籽。

3. 高含油料（40％以上）：芝麻，花生，葵花子。

1.1.3 油料种子的形态和基本结构

（一）种皮

种皮是包围在胚和胚乳外部的保护构造，在种子最外层。种皮含有大量的纤维物质且较坚硬，可以抵抗外界的不良影响，对内部的胚和胚乳起到保护作用。种皮的表面状况、颜色及斑纹随品种不同而异，可以来鉴别油料的种类和质量。

1. 种孔：发芽孔，当种子发芽时，水分进入孔内。

2. 种脐：种子附着在胎座上的部分叫“脐”或“种脐”。

3. 脐带：脐带是从胚柄通到合点的维管束遗迹。

4. 内脐：内脐即脐带的终点部位，也称“合点”。

（二）胚

胚是种子最有生命的部分，虽然各类植物种子的形状很不一样，但构成胚的器官却大都相同，一般分为以下四部分。

1. 胚芽：又称“幼芽”或“上胚轴”。

2. 胚轴：又称“胚茎”，是连接子叶与胚根的过渡部分。

3. 胚根：又称“幼根”，位于胚轴下面，为植物未发育的初生根。

4. 子叶：即胚的幼叶，有一片或两片。

（三）胚乳

胚乳是种子发育中的特殊营养组织，含有脂肪、糖类、蛋白质等营养物质。大部分油料作物的种子属于无胚乳双子叶种子，如大豆、花生、油菜籽、棉籽及葵花子等。胚乳双子叶油料种子有蓖麻籽、芝麻、亚麻籽、油桐籽及乌桕籽等。胚乳单子叶种子有椰子和稻谷（米糠之源）等。

1.1.4 油料种子的细胞结构

油料种子是由大量的细胞组织组成，油料细胞的平均直径为几十微米，个别的也可达几十毫米。

（一）细胞壁

细胞壁包围在原生质体的外面。细胞壁的功用主要是维持细胞一定的形状，保护细胞内部组织，使生理活动能顺利进行。细胞壁的主要成分是纤维素、半纤维素和果胶质。此外，在油料最外层组织的一些细胞壁中，往往还含有蜡质及角质等。细胞壁根据形成时间和化学成分的不同可分为三层，即胞间层、初生壁和次生壁。

1. 胞间层：胞间层是在细胞分裂、产生新细胞时形成的，存在于两个细胞之间，使细胞壁黏合在一起。

2. 初生壁：在细胞生长过程中，原生质体分泌纤维素、半纤维素和少量的果胶质加在胞间层上，构成细胞的初生壁。

3. 次生壁：次生壁是细胞停止生长后，在初生壁内侧继续积累的细胞壁。

4. 纹孔及胞间连丝：当初生壁形成时，并不是均匀加厚的，而是形成许多低洼区域，这些区域称为“初生纹孔场”。随后，当次生壁加厚时，在初生纹孔场处往往不加厚，形成许多更明显的纹孔。

油料种子细胞的细胞壁厚度一般都在一微米之内，细胞壁中的纤维素等物质呈细丝状。细胞壁具有稳定的化学性质，大多数情况下不与一般的物质反应，所以它能起到保护细胞内含物的作用。细胞壁的结构使其具有一定的渗透性，水和有机溶剂能通过细胞壁而渗透到细胞的内部，使细胞内外物质进行交换。细胞壁受机械外力作用会发生破裂，也会受细胞内含物吸水膨胀所产生的压力而破裂。油脂生产中的轧胚、蒸炒、浸出等工序就利用了油料细胞壁的这些性质对油料进行处理。

（二）原生质体的组成及特性

原生质体由细胞膜、细胞质、细胞核、细胞器所组成，其中含有大量的油脂及其他储藏营养物质，如蛋白质和淀粉等。

1. 细胞膜：细胞膜也称“原生质膜”或“质膜”，主要成分是蛋白质、类脂物，细胞膜的类脂物主要是磷脂。

2. 细胞质：细胞质是细胞膜和细胞核之间的物质。包括基质、细胞器和包含物。

3. 细胞核：组成细胞核的主要成分是核蛋白，还有类脂、酶及其他成分。核蛋白由蛋白质和核酸所组成。核酸分两类：核糖核酸（RNA）和去氧核糖核酸（DNA）。细胞核在细胞的遗传和代谢等方面起着主导作用。

4. 细胞器：细胞器也称“细胞器官”，是细胞内具有特定形态、专门生理功能和特殊化学组成的结构。包括质体、线粒体、内质网、核糖体、高尔基体、液泡、溶酶体、微管和微丝等。细胞的原生质体是一种极为复杂的多相亲水胶体系统。

脂肪在细胞里以大小不同的液体点滴（乳化状态）存在于细胞质和细胞液中，随着种子的成熟失水，油脂取代了凝胶结构网眼中的水而充满在胶束的孔道中，形成了油料种子细胞的油脂部分。

1.1.5 油料种子的化学组成及其存在状态

不同油料的化学成分及含量不尽相同，但各种油料中都含有油脂、蛋白质、糖类、游离脂肪酸、磷脂、色素、蜡、烃类、醛类、酮类、醇类、脂溶性维生素、水分及矿物质等成分。此外，个别油料中还含有少量特殊的物质。

（一）油脂

1. 油脂在油料中的存在状态

高尔道夫斯基提出的假说认为，在细胞原生质体的凝胶体中，胶体微粒彼此连接成胶束，它们又连接构成胶束网，结果形成了许多大小不等、互相隔离的孔道，孔道极小，用超显微镜才能看见，油滴便呈显微均匀分散状态充填在这些孔道之间。在凝胶结构中可能还存在着极小的（超显微可见）油滴，例如包裹在折叠的蛋白质分子中。以电子显微技术所得到的细胞结构内油脂存在的图像说明，油脂的分布的确是显微均匀的不连续状态存在。

2. 植物油料中脂肪的形成

糖类分解成的脂肪酸与甘油在脂肪酶的作用下酯化而形成。

糖类转变成脂肪的一般过程是：糖首先分解成甘油和饱和脂肪酸，饱和脂肪酸在种子的活组织中进行剧烈的氧化还原反应，逐渐形成不饱和脂肪酸，然后甘油和脂肪酸在脂肪酶的作用下，酯化而形成油脂。

油料种子在成熟过程中，油脂的合成反应可能尚未进行到底，有些甘油的羟基未能完全与脂肪酸结合，即使到油料收获时，仍能存在着油脂合成代谢反应的中间产物——甘油一酸酯和甘油二酸酯。在油料种子成熟过程中脂肪的含量不断增加，而糖类的含量在不断减少。

3. 含油量：全籽含油 10%～50%（几种油料的含油量见表 1—1）

表 1—1 几种油料的含油量 单位：%

油料	大豆	花生	棉籽	油菜籽	芝麻	葵花子
含油量	14～21	38～52	14～18	30～42	50～56	35～45

4. 油脂的组分

油脂中甘三酯占 95%以上，还有二酯、一酯、类脂化合物、蜡、烃、醛、酮、醇类（胡萝卜素）、醛酮、醇类（甾醇、棉酚）、脂肪酸（FFA）。

（二）蛋白质

1. 蛋白的分类

按照蛋白质的生理功能，油料种子的蛋白质可分为结构蛋白、储藏蛋白和酶蛋白三类。

A. 结构蛋白：如构成细胞器膜结构的基本化学成分之一的膜蛋白质即属于结构蛋白。

B. 储藏蛋白：大部分存在于原生质凝胶中，是油料种子蛋白的主体，如在大豆中约占总蛋白的 70%。

C. 酶蛋白：是细胞中很丰富的蛋白质，它们是细胞中各种生化反应的催化剂。

2. 蛋白的含量（几种油料蛋白的含量见表 1—2）

表 1—2　几种油料蛋白的含量　　单位：%

油料	大豆	菜籽	花生	棉籽
蛋白的含量	30～50	16～20	25～30	16～26

3. 油料中的蛋白酶

酶是一种具有特殊功能的蛋白质，是一种独特的生物催化剂。

油料种子中均含有一定量的各种酶，在种子成熟、储藏、萌发及生产过程中，这些酶的活性及其作用的趋向都有极大变化，这些变化可以作为生化作用强度的标志。

在油料种子中对油脂生产比较重要的酶类主要有脂肪酶、脂肪氧化酶、磷酯酶、脲酶等。

①脂肪酶：脂肪酶能催化脂肪的水解和合成反应。它的催化作用具有可逆性。在油料种子成熟时，能催化脂肪的合成作用，而在种子成熟后的储藏、加工以及种子萌发阶段，则催化脂肪的分解反应。胚部脂肪酶的活性最强。干燥种子中的脂肪酶极抗高温。

②脂肪氧化酶：脂肪氧化酶可以催化某些高级不饱和脂肪酸及其脂肪酸酯生成氢过氧化物，生成的最后产物为低分子的过氧化物。脂肪氧化酶的活性与油料种子的种类有关。例如，在大豆种子内的活性很大，而在其他种子内的活性较小。当大豆破碎后，只需少量水分存在，脂肪氧化酶就可以与大豆中的亚油酸、亚麻酸等反应，发生氧化降解。氧化降解产物的许多成分与大豆腥味有关（如正已醛）。

③磷脂酶：磷脂酶可以使磷脂水解生成甘油、脂肪酸、胆碱或胆胺。磷脂酶有磷脂酶 A1、磷脂酶 A2、磷脂酶 C、磷脂酶 D 等。不同磷脂酶的专一性，可以使磷脂水解某一部分，形成一系列不同的分解产物。

④脲酶：即尿素酶，主要存在于大豆等豆类种子中。尿素酶是大豆抗营养因子。尿素酶能将动物体内的脲素催化水解，从而使尿素分解放出氮气和二氧化碳，部分氨进入血液将会提高血氨浓度而导致动物肌体的中毒。尿素酶的热稳定性较高，需要一定的湿热处理条件将其钝化和破坏。脲酶含量高低及其活性大小是豆粕的重要品质指标之一。

⑤其他酶类：蛋白酶，纤维素酶。

某些油料中的硫酸酯酶及糖苷酶。如菜籽中的芥子酶可将硫代葡萄糖苷（芥子苷）分解形成一系列的有毒分解产物。

(三) 糖类

在成熟的油料种子中，糖类的含量一般不大，尤其是在高油分油料中，糖类的含量更少。油料种子中含有的单糖主要是戊糖和已糖。油料种子中含有少量的低聚糖，如蔗糖和棉籽糖等。油料种子中的多糖有淀粉、纤维素和半纤维素。纤维素和半纤维素主要存在于种子外壳和种皮中，种仁中含量很少。种子成熟过程中，淀粉已经完全地或者差不多完全地耗在脂肪的合成过程中。油料中所含淀粉的数量视成熟程度而异。油料越不成熟，淀粉含量越高。

(四) 类脂物

类脂物是指分子结构与甘三酯相似或其溶解性与甘三酯类似。通常将类脂物分为可皂化物和不可皂化物两大类。可以皂化的酯类一种是与甘油三脂肪酸酯结构相似的类脂（甘一酯、甘二酯、脂肪酸、磷脂、糖酯、醚酯)，另一种是与甘油三脂肪酸酯不相似的类脂（神经磷脂、蜡、甾醇酯)。不可以皂化的类脂物其化学结构与酯类无关，含量甚微。维生素 E 主要存在于油脂中，凝胶中含量很少。

(五) 水分及矿物质

1. 水分：水与细胞内其他组分联合在一起构成了原生质体的胶体状态，形成一种密不可分的体系。油料种子的含水率与种子的成熟程度密切相关，一般未成熟的种子含水率较高，成熟后则较低。

2. 矿物质：油料种子中矿物质（灰分）含量不多。一般含 P、K、Ca、Mg 为多，约占灰分总数的 90%（以其氧化物计)。矿物质与有机化合物相结合成为复杂的化合物。例如：磷以磷酸残基的形式存在于磷脂及磷酸脂中；硫以硫代葡萄苷盐的形式存在于油菜籽中；钙镁大多以植酸盐的形式存在于酶（蛋白）成分中。

(六) 其他成分

1. 葡萄糖苷：糖类和其他有机化合物结合的复杂化合物。

①氨基葡萄糖苷，例如，亚麻籽中的亚麻苷，杏仁中杏仁苷在酶和水作用下分解葡萄糖和氰酸。

②硫代葡萄糖苷（菜籽、芥菜籽中）分解芥子碱和硫酸盐、氰类：芥子苷。

③环烷葡萄糖苷（茶籽)，皂素葡萄糖苷。

2. 色素：叶绿素、叶黄素等。

3. 棉酚：棉籽中含有的一种物质。

4. 黄曲霉素，毒性比氧化钾强 20 倍。

(七) 特殊成分

某些油料种子中含有一些特殊成分：如芝麻中的芝麻酚，大豆中的胰蛋白酶抑制素、凝血素、异黄酮，蓖麻籽中的蓖麻碱等。这些成分对油脂生产工艺和产品质量产生一定影响。

1.1.6 主要油料种子的形态和特点

世界八大植物油料：大豆、葵花子、菜籽、棕榈、棉籽、花生、椰子、橄榄，上述八大油料的产量占总产量的90%以上。中国五种大宗植物油料：菜籽、大豆、棉籽、花生、芝麻。

（一）大豆

大豆为豆科一年生草本植物，果实为荚果，豆荚内含有1～4粒种子，多为2～3粒，种子直径在5～9.8毫米，多呈椭圆形、球形、卵圆形等形状。大豆种子由种皮、子叶和胚组成。大豆种皮约占种子重量的8%。种皮的色泽因品种不同而异，主要有黄色、青色、褐色、黑色及杂色五种。大豆子叶又称“豆瓣”，约占大豆籽粒重量的90%。大豆种子的胚由胚根、胚轴（茎）、胚芽三部分构成，约占大豆籽粒重量的2%（大豆种子主要构成部分的组成表见表1—3）。

表1—3 大豆种子主要构成部分 单位：%

构成部分	水分	粗蛋白	碳水化合物	粗脂肪	灰分	其他
子叶	10.6	43.3	14.6	20.7	4.4	6.4
种皮	12.5	7.0	21.0	0.6	2.8	56.1
胚	12.0	36.9	17.3	10.5	4.1	19.2
全粒	9.0	40	17.0	18	4.6	11.4

我国各类大豆按纯粮率分等，以三级为中等标准，低于5等为等外大豆。我国大豆等级指标及其质量标准在GB1352—86中列出。

我国油脂业用大豆按净粮粗脂肪含量分为5等，以三级为中等标准，低于5等的大豆不适于油脂业用。油脂业用大豆等级指标及其质量标准在GB8611—88列出。

转基因大豆品种：将各种来源的DNA插入大豆的基因组，得到具有更多所需特性的大豆品种。1994年，美国孟山都（Monsanto）公司推出的商品名为Roundup Ready Soybean（简称“RR大豆”）的转基因抗除草剂大豆成为最早获准推广的转基因大豆品种。此后Aventis公司获准推广抗广谱除草剂，Glufosinate的转基因大豆；杜邦（Dupont）公司获美国食品药物管理局（FDA）批准推广高油酸（70%）转基因大豆。1999年美国转基因大豆产量占全美大豆50%以上；阿根廷70%～90%为转基因大豆；巴西、中国几乎没有。转基因大豆生产成本比传统大豆低30%～35%，而产量高15%～20%。

我国对转基因大豆的管理。2001年6月6日我国公布了《农业转基因生物安全管理条例》，2002年1月7日公布了《农业转基因生物安全评价管理办法》《农业转基因生物进口安全管理办法》《农业转基因生物标识管理办法》。条例和管理办法明确指出，不论是境外企业还是国内进口商必须获得转基因安全证书。

为了配合转基因政策的实施，国家质检总局相应出台了《出入境粮食和饲料检验检疫管理办法》，于2002年3月1日开始执行，从法律上明确了对大豆入境规范的检验检疫程序。

(二) 油菜籽

油菜为十字花科一年生草本植物。油菜的果实为长角果，每个果荚中一般有15～20粒种子（油菜籽），油菜籽一般呈球形，直径为1.5～2.4mm。

油菜有三大类型，即芥菜型、白菜型和甘蓝型。三种类型的油菜籽在籽粒大小、种皮颜色和含油量方面都有一些差异。油菜籽由种皮和胚两部分组成，双子叶无胚乳。种皮约占整个籽粒重量的14%～20%，种皮中含有30%以上的粗纤维，菜籽中绝大部分的芥子碱、色素、植酸、单宁等抗营养物质主要存在于种皮中。

双低油菜籽，传统油菜籽中含有4%左右的硫代葡萄糖苷，菜籽油中芥酸含量40%以上。20世纪50年代前后，加拿大开始研究培育低芥酸及低芥子苷的“双低”菜籽品种。1978年加拿大油料榨油家协会（WCOCA）将油中含芥酸低于5%、粕中含芥子苷少于3mg/g的油菜籽注册命名为“Canola”。1996年作出修改，将油中芥酸允许含量降低到1%、粕中芥子苷允许含量低于20μmol/g。卡诺拉培育计划致力于许多目标：提高产量；提高油脂和蛋白质含量；早熟；研制黄菜籽品种；减少绿籽以及改善抗病虫害和抗除草剂性能。

油菜籽生产状况及标准，在世界主要油料产量中，油菜籽产量仅次于大豆，位居第二。世界主要生产国：加拿大、中国、印度、巴基斯坦以及欧盟国家。我国油菜籽的国家标准为GB11762—89，各类油菜籽按含油量分8个等级，8个等级的含油量为33%～40%，每个等级的含油量差别为1%。杂质含量为3%，水分含量为8%。我国油菜籽含油35%～42%，水分10%～14%，杂质3%～5%；西部油菜籽含油46%～52%，水分6%～8%，杂质5%～8%；进口油菜籽含油42%～45%，水分6%～7%，杂质0.6%～1.5%。

(三) 花生

花生为豆科一年生草本植物，花生果实为荚果，其形状、大小及重量因品种不同而有差异。每荚内含种子（花生仁）2～3粒。花生壳占花生果重量的27%～33%。花生壳含油0.5%～1.0%，含蛋白质4%～5%。花生仁由种皮和胚两部分组成。花生仁种皮又称“花生红衣”，其含量占种子的2.5%～3.5%，种皮含油14%左右。

花生生产状况，花生原产于南美，现世界上大多数国家和地区都有种植，中国、印度、美国是花生的主产国。中国花生年产量约为1250万吨，占世界总产量的45%，居世界首位。花生在我国各地均有种植，主要产地在黄河流域的中下游。2000年，山东花生年产量为350万吨，居全国第一。河南花生产量为330万吨，居全国第二。中国花生产量的50%以上用于榨油，有浓香花生油、清香花生油、普通花生油。

(四) 棉籽

棉花属锦葵科一年生草本植物，籽是花作物的种子。外表有短绒的称“毛籽”，除去短绒的称“光籽”。短绒一般占毛籽重量的3%～12%。棉籽由壳和仁两部分组成，一般壳占25%～40%，仁占60%～75%。棉仁中含有0.5%～2.5%的棉酚。热榨毛棉油中棉酚含量为0.25%～0.47%，已烷浸出所得毛棉油中棉酚含量为0.05%～0.42%。精炼棉籽油中棉酚含量为0.01%或更少，甚至不可检出，检验极限是1μg/g。近年来国内外已培育出无棉酚的棉花新品种。

（五）葵花子

向日葵为菊科一年生草本植物，葵花子是一种瘦果，向日葵籽有两种类型，即油用葵和食用葵。油用葵籽粒小，壳薄，含壳为29%～30%，籽仁含油40%～50%。食用葵籽粒大，果皮厚而有棱，含壳为40%～60%，籽仁含油22%～35%，含蛋白质26%～30.4%。向日葵产量较高的国家中，苏联名列第一，约占世界总产量的40%，其次是美国、阿根廷、罗马尼亚。我国新疆、甘肃、吉林、内蒙古、辽宁五省区的栽培面积约占全国总面积的80%。

（六）芝麻

芝麻为胡麻科一年生草本植物。芝麻果实是一种蒴果，被囊25～80mm，直径5～20mm，成熟时沿缝线开裂，种子脱落。一个蒴果可结籽50～100粒，甚至更多。芝麻籽粒长3～4mm，宽1.6～2.3mm。芝麻按皮色可分为白芝麻、黑芝麻和黄芝麻三种。皮占芝麻重的15%～20%，其中含有2%～3%的草酸和1%～2%的钙及其他矿物质和粗纤维，皮有很大的苦味。小磨香油、机榨香油或称“大槽油”、预榨饼浸出所得的芝麻油经过精炼为普通芝麻油。芝麻油是极少数不需要任何精炼即可直接食用的天然色拉油。芝麻可能是迄今为止被人类用作食品资源的最古老的油料。芝麻主要种植在亚洲（70%以上）、地中海、南非（约20%）的一些热带和亚热带地区。芝麻在我国的种植以河南、安徽、湖北为最多。2000年全世界芝麻产量294万吨，中国的芝麻年产量约为83万吨，河南省的芝麻产量约24万吨。芝麻适合种植在劳动力十分充裕且低廉的地区，是一种典型的小规模种植作物。芝麻的起源地已不能肯定，据考古学的证据，比较认可的结论是芝麻起源于印度。

（七）亚麻籽

亚麻也称“胡麻”，其茎皮纤维长而韧，为很好的纺织原料。亚麻果实为蒴果，球形，长6～8mm，直径6～7mm，顶端五瓣裂开，种子约10粒。亚麻籽呈扁卵形，有胚乳双子叶，有光泽，褐色。含油30%～40%，壳中含有15%～20%油脂，故制油时不必脱壳。

（八）红花籽

红花属一年生双子叶菊科草本植物。红花种子为瘦果，较葵花子小，椭圆形或倒卵形，长约5mm，基部稍歪斜，白色，无冠毛，具四棱，与大麦粒同样大小。红花籽含壳56.3%，含仁43.7%，整籽含油25%～37%，含粗蛋白15%～19%，种仁含油可达55%以上。红花籽油清亮橙黄，味美可口，油中亚油酸含量56%～80%，是商品油中含量最高的，且几乎不含亚麻酸，是一种很好的食用油脂。

（九）蓖麻籽

蓖麻属大戟科一年生高大草本植物，在南方常形成小乔木，是一种热带亚热带油料植物。蓖麻的蒴果多刺，呈球形，直径约2cm，通常含有3粒种子。种子呈长卵形或椭圆形，稍扁，长15～22mm，蓖麻籽由种皮（外壳）、胚和胚乳组成，外壳含量为25%～30%，全籽含油45％～50％，含蛋白质约19％，仁中含油65％～70％。蓖麻中含有蓖麻毒蛋白(0.5％～15％)、蓖麻碱(0.15％～0.2％)、变应原(5％～9％)、血球凝集素(0.005％～0.015％)等有毒或极毒成分。工业用油，饼粕作肥料，制油时要特别注意其出油和溶解性。

(十) 月见草籽

月见草为柳叶菜科二年生草本植物，又名“山芝麻”“夜来香”。月见草籽为蒴果，长圆形，略有四棱，成熟时四瓣裂，种子小似芝麻，有棱角，多数紫褐色。种子含油20％～25％。油中含有其他油脂中少见的7％～9％的γ-亚麻酸及70％的亚油酸，具有重要的生理活性。月见草种子制油宜采用低温浸出法。若采用先进的超临界CO_2浸出法，能获得更理想的产品。

(十一) 油茶籽

油茶果是油茶树的果子。成熟的油茶果为卵圆形，表面有长茸毛，油茶籽占果重量的38.7％～40.0％。油茶籽的外形呈椭圆形或圆球形，背圆腹扁，长约2.5cm，它由种皮(茶子壳)和种仁(茶子仁)两部分组成。油茶籽整籽含油30％～40％，油茶籽的含仁率为66％～72％，仁中含油40％～60％，粗蛋白9％，粗纤维3.3％～4.9％，皂素8％～16％。皂素进入血液会引起红血球溶解而使动物中毒。制油时皂素留在饼粕中，因此不能做饲料。除油茶树外，茶叶树种子也含有油脂，其仁的含油率约16％，精炼后可以食用。茶籽油含有茶多酚，被认为是抗氧化剂。

(十二) 油桐籽

油桐为大戟科木本油料植物。我国的油桐主要有桐油树(三年桐)和木油桐(千年桐)两种。油桐果直径4～5cm，重20～30g。坚硬的果皮厚3～4mm，其内有桐籽3～7枚，每枚重3～4g，一般桐籽占果实重的50％左右。桐仁(干基)含油53％～56％，桐籽(干基)含油量42％以上。桐籽油是工业用油。制油后的桐籽饼粕含有一定的毒素，不能用作饲料。桐籽制油过程要防止异构化。

(十三) 油棕(果)

油棕多年生乔木，是目前最重要的热带木本油料。现世界油棕果的产量为17265万吨，它在国际市场上的地位仅次于大豆。马来西亚的油棕产量最高，约占世界总产量的70％。棕榈树需三年左右开始结果，结果高峰期在8～10年，其单位面积的产油量居各种油料作物之首，历来有“世界油王”之称。油棕全年开花结果，果穗上有几百甚至上千个果实，果实呈梨形或卵形，成熟后呈淡橘红至红色。果实由果肉、种壳和种仁组成。棕榈果肉的含油率为56％左右，取自果肉的油叫“棕榈油”。棕榈仁的干基含油53％左右，取自种仁的油叫“棕榈仁油”。两者的脂肪酸组成、物理性质及化学性质都不相同，应用领域和市场也各不相同。

(十四) 谷类油料

1. 米糠：稻壳占稻谷重16％～23％，米糠占5％～8％，米胚芽占2.5％左右，精白米占72％～72.5％，米糠含油12％～20％。米糠制油的关键是钝化脂肪酶、浸出渗透性、油中含渣量等。

2. 玉米胚：皮层占籽粒重 6%～8%；胚乳占籽粒重 80%～85%；玉米胚占籽粒重 10%～15%。纯净玉米胚含油脂 36%～47%，蛋白质 15%～24%，糖类 20%～24%，纤维素约 7%，灰分约 6%，还有维生素 E（90～250 毫克/100 克）。玉米胚芽的分离方法有干法和湿法两种。玉米发酵酒精及玉米淀粉生产中采用湿法提胚的工艺，湿法所得玉米胚芽含有 2%～4%的水分和 44%～50%的油脂。在玉米粉生产中常采用干法提胚工艺，玉米胚得率及胚纯度较低，玉米胚芽含油一般为 20%～25%。注意在油脂制取时工艺条件的选择。

3. 小麦胚：小麦麸皮约占小麦粒重的 15%，小麦胚占 2%～3%，小麦胚乳（面粉）占 82%左右。小麦胚含蛋白质 17%～35%，含油率平均为 9.5%，含维生素 E 为 270～305mg/kg，有的高达 500mg/kg。小麦胚油中含维生素 E 为 250～550 毫克/100 克，是各类天然油脂中含维生素 E 最多的一种。另外还含有丰富的植物固醇，常用作医药类油脂。

【课后习题】

1. 常见油料的类型有哪些？

2. 常见油料由哪几部分组成？

任务 2　油料的储藏

【课前引导】

油料收获期具有季节性，而油脂制取过程却是连续性的，因而植物油厂都需要储存相当数量的油料。油料在储存期间会发生一系列变化，在很大程度上会直接影响制油效果。油料在储存期间合理的管理，不仅能保证油料质量不变，而且还能在最小的损耗下取得最高的出油率。

【任务描述】

通过本任务的学习，熟悉油料哪些性质会影响油料储存期变化。熟悉在植物油厂采用哪些储存措施保证油料品质。

【任务目标】

1. 了解油料的性质。

2. 理解并掌握油料储存期间变化及对油脂制取的影响。

3. 熟悉油厂常用的油料储存方法。

油料的储藏是油料收购部门和油脂工业企业的一项重要工作。在实际工作中，尤其在整个油脂制取工艺过程中，油料的储藏往往被忽视。根据油料本身的生物特性，油料的储藏是比较困难的。这是因为油料在储藏期间存在着一系列复杂的变化，它在很大程度上直接影响着制油工艺的效果。同时由于油料储藏不好，而导致油料及油料中所含脂肪的较大损失。这实际上等于降低了油料的产量，使耗费在栽培和收获油料方面的劳动失去了价值。

1.2.1 油料储藏的生化和工艺基础

进入油厂的油料质量取决于很多因素，如播种种子的质量，植物在田间的生长条件、收获条件，在油料收购部门的储藏条件，以及将油料送到油厂的输送条件等。

我们所指的油料是指油料作物的种子。而种子物质是由主要作物的种子和杂植物的种子、各种不同的有机物、无机物、杂质、微生物及存在于油料种子之间的空气所组成。生产中我们是根据主要含油作物的名称来命名的。例如，大豆、油菜籽、棉籽等。主要含油作物的种子具有不同的大小、水分、外形、含油率及其他指标。这说明，即使是同一品种的油料种子也不是同时开花和成熟的，因而它的形状、大小、含油量等是不可能完全相同的。

油料中混合的有机杂质的水分比油料的水分要高，所以它比较容易受到微生物的作用。同时，它也是促使油料发热变质的原因之一。微生物，特别是霉菌在一定的条件下，在油料储藏时起着重要的作用。

存在于油料间的空气促进了油料生命力的保存。同时，在储藏时我们可以采用机械通风、熏蒸等工艺方法来处理油料。

综上所述，在油料中存在着按不同方式影响油料的储藏及在油料中进行各种过程的不同组分。

（一）油料的物理性质及其对储藏的关系

我们在对油料进行储藏和管理的过程中，应该考虑它们的物理性质——散落性、自动分级、空隙度与密度、吸附性质、导热性。

1. 油料的散落性

油料的散落性即其自动流动性。它是由油料种子间摩擦力的大小所决定的，一般用静止角（自然坡度角）表示。静止角是指油料种子在不受任何限制和帮助时，自由垂直降落到水平面，所形成的圆锥体的斜面线与底面直径构成的角度。一般来说，颗粒表面光滑且呈圆形的、水分低的油料其静止角小。否则反之。如葵花子的静止角为 31°～42°，蓖麻籽为 34°～46°，大豆为 25°～32°，亚麻籽为 31°～42°，棉籽为 42°～45°。

油料散落性的另一种指标是自流角。即将油料放在某一平面上，将平面的一端慢慢提起，使之与水平面之间的夹角逐渐增大，至油料开始滚动时所成的角度，即为自流角。总之，油料种子的静止角或自流角越小，油料的散落性就越好。

油料的散落性取决于许多因素，其主要因素是：油料的形状、大小，油料表面的特性和状态，油料的含水、含杂及油料外壳的组成情况等。

在储藏过程中，油料的散落性可能发生变化。尤其是在不良条件下储藏时，其散落性可以完全失去（在高水分、含杂多以及发热和结块的情况下）。

各种油料具有不同的散落性，因而在生产工艺流程中，可以采用自流、散装储藏，也可利用斗式提升机、螺旋输送机、带式输送机来输送油料。

在设计机器、仓库、重力输送等时，应该考虑油料的静止角。设计计算时是按最高的条件进行的；如在计算重力输送时，我们采用最大的静止角；而在计算仓库壁的强度时，则应采用最小的静止角。

2. **自动分级**

自动分级是油料散落性和不均匀性的必然结果之一。即油料种子在振动或移动时，同类型油料或杂质集中在料堆的某一部分，造成料堆组成成分的重新分配，破坏了原来的均一性。这种现象称为“自动分级”。产生自动分极的原因，主要是料堆中各组成的比重、大小及摩擦系数不同，在料堆具有散落性的基础上形成的。油料种子越多，移动距离越大，散落越快时其自动分级也越严重。

自动分级对油料的储藏、发售及判断其质量具有很大的意义。在油料中，由于自动分级所产生的轻油料、重油料（常常是重油料）以及轻杂质和重杂质分布的不均匀，促使料堆产生局部发热变质，破坏了油料的均一性，造成取样的困难，同时也使取样方法复杂化。

3. **空隙度与密度**

空隙度是油料堆中空气所占的体积与全堆油料体积的百分比值。空隙度的大小，对油料受环境空气影响使温度水分发生变化和空气成分的改变有影响。由于油料本身也是具有多孔性的凝胶结构，油料堆的空隙和油料本身的空隙内，均能容纳气体并进行交换，因此油料堆空隙便构成堆内外进行气体交换的基础。

空隙度大小，取决于油料的形状、大小、弹性、表面状态、含水量；也取决于杂质的数量和特性、水分及其他因素，甚至对于同一种油料，其空隙度的变化幅度也是很大的。例如，葵花子的空隙度为 60%～80%，大豆为 38%～43%，亚麻籽为 35%～45%，油菜籽为 36%等。

储藏时，油料表面状态的变化及上层油料对下层油料的压力，使下层油料的空隙度减小。油料及杂质的实际体积占料堆总体积的百分比值称为“料堆的密度”。密度与空隙度之和为 100%。

4. **吸附性质**

吸附额是种子物质对不同物质的蒸汽或气体进行吸附或解吸的一种能力。

油料的吸湿性和解吸性是指油料从周围环境，尤其是从空气中吸收水分或向空气中解吸水分的能力。吸湿与解吸是油料和空气中水蒸气作用的两个相反过程。吸湿性将对油料的质量和油料的保管带来很大的影响。油料在一定的空气相对湿度和温度时的湿含量称为“油料的平衡水分”，它是空气相对湿度或水蒸气分压的函数。平衡状态可以通过水蒸气的吸附和解吸的方法达到。吸湿和解吸等温线（在一定温度下平衡水分与空气相对湿度间的平衡关系曲线）是不一致的。只有当 $\Phi=0$ 和 $\Phi=100$ 时，它们的数值才是一样的。吸湿和解吸等温线的不一致现象，叫作“吸湿滞后现象”。

各种油料在同一条件下所达到的平衡水分是不同的；油料组成中含疏水物质较多者其平衡水分就较低，而收获后单粒油料具有不同的水分，在储藏的第一阶段，它们将进行水分的再分配。水分再分配，是以吸附作用产生的一种吸附平衡现象，其结果使油料水分发生变化。但由于吸湿滞后现象，使水分的再分配不可能充分均匀。油料进行储存时，其水分起着决定性的作用。因此，有关水分在油料中的分布，及它由一个地方再分配到另一个地方的问题是非常重要的。油料的各个部分从空气中吸收的水分数量是不一样的。油料皮、壳比仁的吸湿性大，因此如果整颗葵花子的平衡水分为10%，那么仁（在同一条件时）约为8%，壳约为16%。

油料的平衡水分具有重要的意义。因为当知道油料的平衡水分和实际水分时，我们可以确定油料在该条件中应该进行湿润还是干燥；也可预测在若干天，乃至一年内，由于空气相对湿度的变化所引起的油料水分发生的变化。储藏过程中，油料所有有生命的组分会放出热量和水分。并在一定条件下可以大大地改变储藏油料的水分。在油料中，温度差的存在导致水分由较热的地方转移到较冷的地方，发生水分的热扩散。所有这些都使油料的储藏复杂化。

油料在吸收含有特殊气味的蒸汽和气体时其质量会变坏，因此用于储藏油料的仓库和输送工具不得含有外来的气味；而熏蒸法中所使用的物质，应根据其吸附和解吸能力进行评定。

通过葵花子对二氧化碳（CO_2）吸附过程的研究，显示二氧化碳不能作为惰性物质来进行研究。二氧化碳对油料的生产活动力和存在于油料中的微生物产生了相当大的影响。同时，油料本身内部空气中的二氧化碳对油料的生命活动力和它的物理——生物化学活动，也产生了决定性的影响。油料的吸附额随着二氧化碳浓度和油料水分的增加而增加。

整粒油料和破碎油料吸附额的比较表明，整粒油料吸附二氧化碳比破碎油料要多。这说明，在油料外壳的完整性被破坏时，改变了油料内部的气体状态，这是被损坏油料的稳定性降低的原因之一。

从某一水分开始，油料的物理—生物化学过程显著加强（主要表现为呼吸强度增大），在一定温度下水分增高到一定数值时呼吸强度急剧上升，形成一个明显的转折点。此时的油料含水量称为“临界水分”。油料种子与禾谷类种子的临界水分是不同的。禾谷种子的临界水分为14.5%～15.5%，而油料的临界水分要低一些，并且含油率越高的油料，其临界水分就越低。

现在认为，任何一种种子的所谓“临界水分”，是指与大约75%的在气相对湿度相平衡的种子含水量，即种子在空气的相对湿度为75%时的平衡水分。油料水分达到“临界水分”时，油料中出现了游离水，导致油料呼吸强度跳跃式加强，也导致微生物群落的大大增长。

当储藏“临界水分”较低的油料时，油料中所有生命过程是缓慢的，因而储藏时油料中的物质损失较小。当油料水分高于其“临界水分”时，油料、微生物和油料中害虫的生命活动力加强，并伴随有油料储备物质的消耗及其余各部分成分的变化，如高分子化合物被水解及油料中低分子化合物的累积，油脂酸价的增长，微生物的繁殖导致油脂色泽的变化，突出外来气味及油料温度的升高。油料的变质过程随着上述各种变化增长的速度而进行，且伴随有油料数量上的损失，油料质量的大大下降，乃至油料完全变质。

5. 导热性

空气是热的不良导体，而油料中空气的含量较大，因此其导热系数和导温系数均不大。虽然油料本身具有较大的导热系数，但其含水量将较大地影响它的导热系数，即随着水分的增加，油料导热系数增加。

油料的导温系数低，因而具有较大的热惯性。这一特征既有良好作用，也有不良作用。当我们正确进行储藏时，由于油料的导热系数低，因而可以长时间地使油料保持低温，这保证了油料的安全储藏；另外，由于导温系数低，因而储藏时，油料因生命活动而产生的热量不能释放出来，引起油料发热，使油料质量降低。

（二）油料储藏期的生命活动

1. 油料的后熟作用

油料的收获是在收获成熟阶段进行的。油料收获后一般尚未达到生理上的完全成熟，种子内的合成作用和胚的发育尚未结束，其表现为：发芽率低，呼吸强度高，储藏性能差，工艺品质不良等。因此新种子仅完成了收获上的成熟，往往还需要经过一个从收获成熟到生理成熟和工艺成熟的过程，这个过程称为“后熟作用”。完成后熟所需要的时间称为“后熟期”。后熟期的终了常以种子发芽率超80%为标准。油料经过最后熟化，其发芽率提高，油料达到生理成熟，所含水分均匀且含量下降，减小了生理过程的活性，呼吸强度也下降。

（1）后熟期的生化变化

油料在后熟期的生化变化是种子成熟期生化变化的继续，其特点是以进行合成作用为主。在此过程中，各种低分子物质继续转化为高分子化合物：可溶性糖、非蛋白质态氮素（氨基酸）及游离脂肪酸的含量下降，而淀粉、蛋白质及脂肪的含量却相应增加。

油料后熟期的合成作用中，以脂肪的合成最显著。例如，由于后熟作用，葵花子在干燥后再在22℃～28℃下堆放3～5天，含油率可增加0.23%或0.27%不等，此外，经烘干的葵花子其油脂的酸价为0.92～1.95，而未经烘干的葵花子其酸价为2.2～4.47。由此可见，烘干可促进油料的后熟作用，烘干不但能使油料酸价降低，还能加强脂肪的合成。

（2）影响后熟作用的因素

因为后熟作用是种子生理成熟的继续，所以凡能影响生理代谢的因素，都能对后熟产生影响。油料在合成过程要析出水分，因而采用干燥或者通风从刚收获的油料内排除水分，可以加快油料的后熟作用。同时适宜的温度加快了反应速度，而且加快了油料的后熟作用。而低温将阻碍甚至完全暂时停止后熟的进行。当油料间空气中二氧化碳的浓度提高时，将延缓后熟作用的进行。

（3）后熟作用对油料工艺品质的影响

从制油工艺的角度看，后熟作用可以改善油料的工艺品质，如后熟能提高油料的含油率使酶转化成结合的冬眠状态，活性下降，有利于安全储藏。对含壳油料，在堆放储藏期间，其水分在仁和壳之间进行调整，有利于仁壳分离，同时对降低壳和饼中含油率也有良好效果。

综上所述，后熟作用对改善油料的工艺品质有利。但由于后熟作用伴有旺盛的生理活动，在种子进行合成反应时，放出的热量和水分往往能导致油料发热变质。因此，新收获的油料既要在储藏期完成后熟过程，又要防止因后熟作用带来的不利因素。所以，对新收获的油料，在入库前应充分干燥，使其水分降低至“临界水分”以下，加速后熟的完成，而在入库后则应控制温度和进行通风，这样在良好的储藏条件下，收获后的油料的最后熟化过程可以在1.5～2月内结束。

2. 油料的呼吸作用

和一切生命机体一样，具有生命活动力的油料随时都在呼吸，同时在呼吸作用时进行着物质交换过程。油料细胞释放出来的能量被微生物用于生命活动力，细胞内交换的有害产物排入外面的介质。油料和外面的介质处于相互作用中，彼此互相影响。根据外界的条件，油料生命过程的强度和特性可能是不同的。

油料的呼吸作用是油料在储藏时最重要和最敏感的指标。呼吸过程中，由于油料中有机物质的氧化和分解，细胞获得能量。植物在呼吸时，依靠合成过程来补偿这些物质的消耗，而油料不能恢复在呼吸时损失的物质，所以呼吸过程始终伴随有若干物质（碳水化合物、油脂、蛋白质）的消耗，因而解决与油料储藏有关的许多问题的主要途径就是研究油料的呼吸作用及其影响因素。

（1）呼吸作用的类型

油料呼吸按其条件和性质可分为以下两种类型：

①有氧呼吸：在游离氧充分的条件下，油料吸收氧气，并与其本身内的基质进行氧化反应，最终生成二氧化碳和水。此过程消耗的氧气来自周围的空气。

②缺氧呼吸：在缺氧情况下，油料依靠基质分子内部的氧化—还原作用进行缺氧呼吸。

（2）影响呼吸作用的因素

影响油料呼吸强度的因素很多，其中以水分、温度及流通的空气影响最为显著。

①温度的影响。随着温度的提高，油料的呼吸强度开始增加，但增加到一定值时又下降。这说明细胞内的反应随着温度的增加而加快，但在达到最适宜温度时，开始了酶的钝化及蛋白质的变性，最终导致油料的变质。最适宜的温度取决于油料的水分，油料的水分越高达到最小呼吸强度的温度就越低。最适宜的温度还取决于温度作用的时间，随着作用时间的增加，最适宜温度区域移向温度较低的方向。因此，在储藏时最好使油料保持低温，这样可以限制霉菌的生长，降低油料和昆虫的生命活动力，这是保证油料安全储藏最重要的措施。

②空气的影响。空气的流通将影响油料的呼吸强度，也将影响油料变质的速度。

油料储藏时，在与外界空气有限的拉换或排除空气交换的过程中，油料间的空气成分不断变化，二氧化碳的数量增加，而氧的数量则相应减少。这种变化的程度因油料的状态及仓库的气密性不同而不同。某些情况下，氧的浓度可以降低至零。气密性的程度取决于仓库的结构。如简易仓与房式仓相比，后者较为密闭。研究发现，油料的水分越高，则二氧化碳的累积和氧量的减少进行得越强烈。

油料的呼吸强度，随着油料间空气中二氧化碳含量的增加和氧量的减少而减少。呼吸强度的显著减少是在油料充分吸收氧之后（在油料由需氧呼吸过渡到缺氧呼吸的情况下）出现的。如葵花子呼吸强度特性的数量，需氧呼吸的强度比缺氧呼吸的强度大，如水分为9.84%的油料，其需氧呼吸比缺氧呼吸大30倍，其余水分的油料，其需氧呼吸强度比缺氧呼吸强度也大7～11倍。随着水分的增加，缺氧呼吸的强度呈直线增加。

密闭储藏能使葵花子的需氧呼吸转移为缺氧呼吸。这种转化时间对于不同水分的油料是不一样的，即随着水分的增加这种转化开始得比较迅速。

3. 微生物的作用

当油料进行储藏时，其中已混杂有各种各样的微生物。这些促使油料霉变的微生物主要是各种霉菌，其次为细菌和酵母。霉菌在油料中大量存在，但其是否对油料产生危害，主要取决于储藏环境的温度、湿度，油料水分及氧等条件。当条件适宜时霉菌即行生长，在生长期霉菌分泌出各种霉，将油料中的脂肪、蛋白质、糖类等主要储藏物质分解成低分子物质，供自己生长繁殖；同时霉菌也能分解纤维素，破坏油料的外壳或果皮，造成其他微生物进入油料内部的有利条件。可见霉菌生长和繁殖的过程，也是油料不断分解败坏、积聚热量和水分以至霉变的过程。容易被微生物，特别是霉菌感染的油料，在其他条件相同的情况下储藏，其稳定性较小，所以降低油料中微生物数目具有重要的意义。在控制和消灭微生物的措施中，最重要的是清除油料中的杂质，因杂质中微生物的含量比油料中的大好多倍。同等重要的是在收获之后，对油料应马上采取措施，以降低微生物的活性。

在油料中微生物的生长，起初并没有使油料发生明显的变化。而油料色泽的变化是微生物有效生命活动力的第一标志，接着油料失去特有的光泽，并先在胚部出现暗色或有色的斑点；然后现出腐败的或是发霉的气味，使油料失去散落性；其温度升高，最终导致发热。

（三）储藏时油料的发热

1. 油料发热的原因

油料发热的根源，在于种子本身的呼吸及微生物的生命活动。种子物质所有有生命的组分：主要作物的种子、夹杂的植物、微生物、害虫等，在呼吸时均释放出热量和水分。因为油料是热的不良导体，所以释放出的热量积聚在油料内。种子物质内所有生命的组分在热量形成过程作用是不同的；害虫的活动和大量繁殖虽能导致油料发热，但近年来多种精确试验的结果表明，在一般情况下，种子上的微生物，特别是霉菌的活动是引起油料发热的主要原因。

2. 油料发热的类型

根据油料垛发热的情况，可分为局部发热、上层发热、下层发热、边层发热及全部发热几种形式。以上任何一种发热（除全部发热外）如不及时处理，都将导致全部发热。

我们把葵花子的发热假设为四个阶段，它显示了在发热时油料的变化是逐步增长的。当油料的发热从一个阶段进入另一个阶段时可看到，油料的温度提高，色泽改变，其散落性降低甚至丧失；油料现出生霉和腐败的气味，油脂的酸价增加，温度和水分的增加，促使发热过程继续进行。油料温度可以提高到 65℃～75℃，严重的发热甚至能导致油料自燃。

3. 油料发热的防治

油料储藏时发热是不允许的。防止发热的主要方法是，将油料进行清杂并进行干燥，使其水分低于“临界水分”，而且存放场所应装满油料，但是发热过程有时也可以在经过清杂及干燥后的油料中发生，这可能是油料储藏时受到外界空气的作用，使某些散装油料的温度和水分增加并引起发热。所以，要检查油料的储藏情况，特别应该经常细心地检查储藏油料的温度，一旦发现油料开始发热，应立即采取措施，所采取的措施应根据技术可能性和经济合理性两个原则进行确定。防止发热的措施一般为：将油料由一个料仓转移到另一个料仓，进行机械通风，通过油料清选机清选或进行干燥。所有上述措施的目的，都是降低油料的温度和水分，降低油料的含杂率，以保证安全储藏。

1.2.2 油料储藏的条件

油料的储藏，国内常采用下列方式：一是油料在干燥状态中储藏；二是在通风状态中储藏；三是在低温状态下储藏；四是在没有空气流通的状态下储藏，即密闭储藏。属于辅助工艺方法有除去杂质、机械通风及其他。

前三种储藏方式使用广泛，在生产中往往将几种方式综合使用，如干燥油料在低温下进行储藏等。

（一）干燥储藏

由于油料储藏期影响发热霉变的最主要因素是水分，因此若将油料水分降低到“临界水分”以下时，油料中所有的水分处于结合状态，油料则处于休眠状态，呼吸作用微弱，微生物及其他害虫的活动也受到最大限制，油料储藏的稳定性将大大提高，储藏时油料的损耗也大为降低。

保证油料达到必需水分的主要工艺方法是干燥，同时辅以机械通风。油料的干燥可以在仓库或干燥机内进行。经过干燥的油料，可以在不稳定的情况下长期保存。

（二）通风储藏

当外界空气温、湿度适宜时，有效的通风在油料烘干前可以降低油料的水分和温度，并能促进后熟作用；烘干后的有效通风能使油料补充冷却，使各部分油料的水分达到平衡。通风也在很大程度上能减少虫害和霉菌造成的损失。通风还能保持料堆温度一致，减少水分转移，防止局部发热变质。

通风是以料堆的空隙度及空气渗透性为基础的，干燥低温的空气通过料堆可以降低料温，散发水分，改善料堆的空气状态参数，以利于安全储藏。

通风方式有自然通风与机械通风两种。前者见效迟缓，后者效果良好，对于发热的不安全储料的处理尤其具有效果好、费用低等优点。

（三）低温储藏

种子物质中所有有生命的组分，在一定的温度范围内可促使种子生命活动力加强，因而适宜的低温，不但能使种子处于休眠状态，还可有效地防止微生物和害虫的侵染，现已探明，影响储料害虫繁殖的主要因素是温度，多数害虫在储料水分 8%以上均可生活，在温度为 15℃以下停止发育繁殖，8℃以下呈冻僵昏迷状态，0℃以下是害虫的致死低温区。一般储料的微生物，在 10℃以下发育缓慢或完全被抑制。低温还可以抑制种子本身的生理化，如 10℃时呼吸作用就不很明显。

低温储藏技术以隔热与降温为主。一般房式仓的隔热性能很差，需加以不同程度的改造才可实施低温储藏。如设置隔墙、上下添加隔热材料等。

在降温方面，可以充分利用冬季寒冷空气，采用自然通风或机械通风的办法，将料温降至 10℃以下，然后再密闭隔热，使其长期保持低温。当料温上升到一定温度时，如有必要，可利用人工制冷加以调节或辅以其他储藏措施。否则只能在寒冷地区或寒冷季节才能采用此法。

（四）密闭储藏

密闭储藏的原理主要是，隔绝或减小大气温湿度对储料的影响，使储料保持在干燥和低温稳定状态，防止外界虫源感染。同时，由于种子生理活动的结果使料堆内的氧气被消耗，二氧化碳逐渐聚集，使种子、苍虫及微生物的生命活动都受到抑制。

密闭储藏的油料必须干燥、低温、无虫、无霉。仓房要密闭、隔热和防腐。油料可利用寒冷季节充分降温散湿，在春暖前料温不超过 10℃或 15℃时进行密闭储藏。

密闭储藏的方法有全仓密闭、压盖密闭（用干燥无虫的压盖物料，如砻糠、干砂等以麻袋包装后压紧于储料之上）的聚乙烯塑料薄膜密闭等。

（五）油料储藏的辅助工艺方法

1. 机械通风即对固定油料的强制通风

由于油料具有良好的空气渗透性及料堆空隙度，我们可以用风机把空气压入油料，此时压入油料的空气量可以超过油料间空气量的许多倍。机械通风用于降低油料的水分和温度，也可用于具有预防目的的油料脱气作用等。机械通风可以在相对不大的物料损耗下达到良好的工艺效果，大大加快油料的后熟作用，减少加工油料时的油脂损失。

机械通风可用于任何形式的料仓和仓库中，它基本上采用外界的空气，有时也采用预热后的空气，为保证机械通风时能达到最好的工艺效果，必须考虑所采用的外界空气参数——它的温度和湿度。同时，还应根据油料的水分提供足够的单位空气量。油料间空气的容积，当采用一次交换时，单位空气即把对一吨油料、一小时内所供给的空气体积（立方米）。

实践证明，油料在干燥后采用通风可以比采用冷却法降低更多的水分。

2. 化学保存

用此法在于稳定储藏油料的质量，防止害虫的侵染。当油料进行化学储藏时，对害虫和微生物群落具有毒性的物质蒸汽充满其空间。

研究表明，葵花子采用氯化苦、二氯乙烷和溴代甲烷来杀虫，油料中的微生物群落数量显著降低，特别是霉菌的生命活力大大下降，同时油料的呼吸强度也降低了，而油料的质量及其中所含的油脂却没有变质。

用烟熏剂处理后的油料，储藏期比没有处理的要长好几个月，而且油料质量没有发生变化。事实证明，化学物质对油料害虫的抑制作用比对微生物群落的抑制作用效果更好，因而应用更广泛。

1.2.3 主要油料的储藏

前已述及，油料储藏的主要方式是干燥储藏。实践和科学研究证明，要保证有效地储藏油料，其水分应该比“临界水分”低 1%～2%。大颗粒油料储藏的主要方法是散装储藏；外守则为脆性结构的油料（花生）和小颗粒油料则储藏在包装物（麻袋）中。当然像亚麻籽、芝麻、菜籽等也允许采用散装储藏。但在散装储藏时，油料堆放的高度应根据油料水分、油料中杂质的含量、油料外壳的强度及仓库形式等决定。

现将主要油料的储藏分述如下：

(一) 大豆的储藏

1. **储藏特性**

大豆的种皮较薄，吸附与解吸的能力都很强，在潮湿的条件下极易吸湿膨胀。大豆水分在 12.3%以内时呼吸稳定，水分在 15%以上则呼吸旺盛，水分由 9%增至 20%时，呼吸强度增加近 300 倍之多，而且通风将极大地影响其呼吸强度。大豆粒圆、种皮光滑、坚硬含纤维素较多，抗虫霉的能力较强；而破损的大豆则易于变质，如水分 15.8%的破损大豆，其呼吸强度比完整大豆高 7 倍之多。

2. **霉变特性**

大豆水分超过 13%时，随着温度的升高，首先豆粒发软，接着在两子叶靠脐部位的颜色变成深黄甚至透红（红眼），豆粒内部红色加深并逐渐扩大（赤变），严重的有浸油脱皮现象。子叶呈蜡状透明。此时大豆品质大为降低。霉变时，完整的豆粒外部生白灰，破损部位生红色菌落并逐渐结块，严重时变黑，并有腥臭味。为保证大豆的安全储藏，其水分应不高于 11%～12%，而且大豆应尽量避免储藏在水泥或砖砌的地面上。

(二) 油菜籽的储藏

1. **储藏特性**

油菜籽皮薄质嫩，胚的比重大，吸湿性强；油菜籽含油量高，籽粒细小，空隙度小，不易散热，但易于发热霉变，料温最高有七八十度；油菜籽呼吸强度大，需氧性强，氧化酶的活性高，高水分油菜籽发热霉变的速度极快。

2. **储藏期的变化**

油菜籽霉变时首先表皮出现白色霉斑，当皮色变白、内质变红并产生酸味时出油率即下降；若籽粒结块并产生酒味，则霉变更严重，若皮壳破烂、肉质成白粉状，则不能出油。

油菜籽堆中水分再分配现象比其他油料明显，不论原始水分高低，料堆各层水分的差距经高温季节都能趋于平衡，一般在 9%左右，湿差不超过 0.5%。

储藏中油菜籽料堆越高，酸值增加得越快，中下层油菜籽比上层的增加更快。当油菜籽水分稍高时，在夏季很难避免发热，且持续时间很短，一般开始胚部色泽减退，有霉味，如不及时处理，最后将导致霉烂。

油菜籽的安全水分为 9%～10%，水分在 12%以上则不安全。随着水分、温度上升，料堆还会产生结块、结饼等劣变现象。

综上所述，油菜籽储藏必须干燥和低温，储藏中如料温超过仓温 5℃即需处理。夏季料温不宜超过 30℃，春秋季不宜超过 15℃，冬季不宜超过 8℃。除干燥措施外，对高水分菜籽还可采用密闭缺氧储藏，用抑制油菜籽与微生物生命活力的办法达到在二三周内不生芽、不发热、不霉烂和降低料温的效果。

(三) 花生储藏

1. 储藏特性

花生果的收获水分很高，一般为30%～50%，但其安全水分却为9%～10%。花生果壳薄而疏松，吸湿性强，储藏期易受环境温湿度、光线及氧气等不良影响；花生果含泥较多，壳易破裂，易引起害虫及微生物的侵染。花生果受冻后不但丧失了生命力，且其他品质也显著恶化，如脂肪含量下降、酸值增高等。

相对而言，花生果有果壳保护可以烘晒降水，保管较稳定；而花生仁皮薄肉嫩，烘干时产生焦斑，日光曝晒易裂皮变色，储藏期易浸油酸败。

2. 储藏期的变化

花生仁储藏期的品质变化，主要是生霉、变色、走油及变喇。在一般水分（8%左右）下，花生仁温度不超过20℃时酸价变化不大，超过20℃后酸价显著增加（即使温度恢复下降至20℃以下酸价仍能继续上升）。储藏期当脂肪酸发生变化，温度达到一定界限时，就产生浸油现象。浸油前花生仁颜色发暗，呈深褐色，约半个月后转为阴暗光滑状。

一般来说，花生仁的温度达25℃就开始浸油，而花生果达30℃时才开始浸油。花生仁的水分在8%以下或温度在20℃以下时，储藏比较稳定。

根据花生的储藏特点，干燥、低温和及时密闭是花生储藏的关键。花生仁一般采取冬季通风去水，春暖前仓内密闭为宜。

(四) 棉籽的储藏

1. 棉籽的特点

棉籽有坚硬的外壳，壳外有短绒，完整的毛棉籽具有良好的抗潮抗压性能，散落性差，导热性低，因而利于露天储藏，脱绒后的光棉籽防潮性能降低，散落性增大，不能承受较大压力，生理活动加强，储藏期易受外界环境影响。

2. 储藏特性

棉籽容重小，占用仓容大，且毛棉籽具有密闭作用，故常用露天储藏。此法可保证棉籽安全过夏，储藏期垛温低于外界温度10℃左右，而且棉籽水分变化很小。脱绒光棉籽不宜直接露天存放，一般采取在脱绒棉籽垛外覆盖毛棉籽的露天存放法。

气温上升季节垛温一般低于气温，气温下降季节垛温则相反，垛中心温度稳定，垛边温度变化较大，最高垛温在30℃上下。储藏期棉籽的水分及脂肪含量基本稳定，脂肪酸上升最大值为4.4。只要将棉籽水分控制在10%～12%，并趁低温堆垛，保持垛身紧密无缝，便能做到脱绒棉籽的安全储藏。

(五) 芝麻的储藏

1. 芝麻的特点

芝麻含油率高，籽粒小，皮薄质嫩，极易吸收水分引起酸败变质。各种油料中以芝麻的含杂率最高，其中细小尘土约占总含杂量的80%，因而芝麻的空隙度小，料堆不松散，高温季节容易发热霉变。

2. 储藏特征

芝麻水分在7.5%以下，杂质不超过1%，利用冬季低温入库可以长期储藏。储藏中必须控制低温。为防止大气的影响，以采取散装密闭储藏为宜。密闭储藏的芝麻的含油率与出油率一般均比通风储藏的为高。

(六) 葵花子的储藏

新收获的葵花子一般水分较高，为12%～19%，其籽粒大，外壳厚则坚实，空隙度大，吸湿及散湿性强。

葵花子储藏前应清除杂质、干燥去水。葵花子在水分不超过11.5%、温度不超过28℃以下时可长期储藏；水分超过12%时，可使温度迅速上升而引起发热霉变。葵花子宜散装堆放，或囤装储藏。若堆囤内温度剧烈上升，则应及时采取通风散热措施。

(七) 米糠的储藏

米糠中含有数量较多的解脂酶。新鲜米糠中的脂肪在解脂酶的作用下即能迅速分解，使游离脂肪酸大量增加。刚出机的米糠在25℃以下，其游离脂肪酸可增加1%；新鲜米糠储藏一个月，游离脂肪酸可以从3%增至60%～70%。

米糠储藏期最突出的问题是极易酸败，一般不宜久存。生产上往往是边榨油边处理，若预先破坏解脂酶的活性，控制酸度增高。根据实验，新出机的米糠在2～4小时进行烘炒，加热10～15分钟，使温度达到95℃以上，水分降至4%～6%时即可进行短期储藏。

1.2.4 油料仓库

储藏油料的仓库按其分类依据不同，可分为以下几种仓型：按仓库结构类型分，有房式仓和立式筒仓等。按机构化程度分，有非机械化仓库、半机械化仓库和机械化仓库。按储藏条件分，有通风仓和密闭仓等，此外，还有在一定条件下使用的简易仓库，包括露天储藏场、简易仓等。现将几种主要仓型介绍如下。

(一) 露天储藏场

露天储藏场一般只用于堆放棉籽，因棉籽壳外有短绒能起防水作用，故在较长时间内不会变质。露天储藏场的地基应选择高坑、坚实、平坦并易于排除雨水的地方。储藏场的底脚用砖砌成墙脚，再铺以枕木或木板，棉籽即堆放在上面。露天储藏场的建设简单易行，储藏量大，但由于棉籽水分受外界气候影响较大，容易影响棉籽的加工效果，故一般只适于雨水较少的地区采用。

（二）房式仓库

1. 普通房式仓库

房式仓库是我国油脂工厂应用最广的一种仓型，其结构和形式大体相同，采用包装或散装均可，适于使用移动机械化设备。

2. 机械化房式仓库

在屋架中央留出一通道供安装带式输送机用，仓房地坪做成“V”字形，中央开一条深槽，槽内装有带式输送机，槽上设水泥盖板。采用这种房仓散装油料，进出均可采用机械化设备输送，但其自然通风条件较差，不宜储藏水分高的油料。

3. 立式筒仓

立式筒仓的结构分钢制筒仓、钢筋混凝土筒仓及砖石结构筒仓几种。前两者造价较高，但较牢固。一般钢制筒仓适于低温地区，而钢筋混凝土筒仓可用于室外温度为 35℃～45℃的高温地区。钢制筒仓因需定期油漆维护费用较高，钢筋混凝土筒仓建造费用较高，但不需要特殊维护。

钢制筒仓一般用 4～6mm 的预制钢板制成，直径最小 2m，最大 10m，其高度平均为直径的 2～2.5 倍。重量为 35～45（kg/m^3油料），或大约相当于 100（kg/t 油料）。

钢筋混凝土筒仓一般用于大吨位油料的储藏，直径 3～10m 或者更大，高度不超过直径的 5 倍。直径较小者可用预制构件建造。

砖砌筒仓一般高 15m，内径 6m。

油料入库时首先卸入工作塔，在工作塔内对油料进行计量，除杂、干燥及垂直输送等操作，然后再由带式输送机将油料运至筒仓。油料出库由筒仓下部的卸料门自动流到带式输送机上运走。

筒仓的优点是占地面积小，储藏量大，密闭性好，机械化程度高，管理费用低。其缺点是油料不宜堆积过高，且不宜储藏散落性不好的油料，投资费用大，建造技术要求高，特别是钢制筒仓，因其筒壁具有良好的导热率，能明显改变筒仓内的物料温度，同时在筒仓的壁上可引起水分的冷凝，并使靠近筒壁的油料水分增加，以及造成筒仓金属壁的腐蚀。

【课后习题】

1. 油料的物理性质对油料储藏的意义有哪些？
2. 什么叫平衡水分、临界水分，它在储藏中有什么运用？
3. 油料储藏时期有哪些生命活性，对油料产生什么影响？
4. 油料储藏发热、发霉的原因是什么？
5. 微生物对油料的破坏表现在哪几方面？
6. 油料储藏方法有哪几种，各自原理是什么？
7. 油料哪几种物理性能对储藏有影响，这些性能在油料加工过程中有哪方面的意义？

项目二 油料清理

【项目概述】

油料在收获、干燥、运输和储藏的过程中难免混进一些像石子、泥沙、茎叶、麻绳之类的杂质。这些杂质对制油极为不利，必须进行清理。油料的清理是制油的第一道工序，其效果的好坏直接影响到出油率、产品质量及生产的正常进行。在此项目中主要学习油厂中常用的几种清理工艺及设备。要求了解清理的目的，理解清理的方法，掌握清理的要求和主要设备的结构及工作原理，能够针对不同油料和杂质情况，独立编制清理工艺流程。

【项目目标】

1. 了解清理的意义并掌握清理的方法与原理。
2. 熟悉常用清理设备的主要结构、工作原理及使用特点。
3. 能针对不同油料特性选用不同工艺，熟练操作常用油料清理设备。
4. 会分析影响清理工艺效果的因素及进行排障。

任务1 清理目的、方法及要求

【课前引导】

进入油厂的油料含有哪些杂质？这些杂质一般采用什么方法进行清理？油厂的油料清理工艺要求包括哪些？

【任务描述】

通过本任务的学习，了解油料中杂质的各类及相关特性，熟悉油料清理的目的、方法及工艺要求。

【任务目标】

1. 理解并掌握油料中杂质种类及清理目的。
2. 熟悉掌握油料清理的一般常用方法。
3. 理解并掌握油料清理的工艺参数要求。

油料的清理就是清除油料中夹带的泥沙、金属、茎叶等杂质，分离出混在油料中的杂质、秸秆。

油料在收获、干燥、运输和储藏的过程中难免混进一些像石子、泥沙、茎叶、麻绳之类的杂质。虽经过初选，在运至油厂时，仍会夹带部分杂质，其含量一般在1%～6%，这些杂质对制油极为不利，必须进行清理。

油料中所含杂质按化学成分分无机杂质、有机杂质。无机杂质主要是灰尘、泥沙、石子、瓦块、金属等；有机杂质主要是笋叶、皮壳、蒿草、麻绳、各种粮粒、病虫害粒、不实粒和异种油料等。按颗粒大小分大杂、小杂和并肩杂；按空气动力学性质分轻杂和重杂等。

2.1.1 清理的目的

对投入加工的油料必须进行清理，以除去各类杂质，对于制油生产具有以下实践意义。

（一）提高出油率

绝大多数杂质，因其本身不含油脂，若不事先除去而让其混在油料中进行压榨或浸出，必将吸附一定数量的油脂而留在饼粕内，使出油率降低。

（二）提高油脂和饼粕的质量

油料中含有的泥土、植物茎叶、皮壳等有机杂质，会使毛油颜色加深，沉淀物增多，炼耗增大。至于饼和粕，有些可作食品和化工产品的原料，如果含杂质过多，会降低饼粕使用价值。随着饲料工业、食品工业、医药工业的迅速发展，人们对提高油脂和饼粕的质量要求也越来越高，因此，除去油料中的杂质有着越来越重要的意义。

（三）减少设备磨损，避免生产事故

泥沙、石子、金属等杂质对设备均有强烈的摩擦作用，从而使各种机件很快磨损，使用寿命大大缩短。金属、石子等坚硬杂质。对运转速度快和压力大的设备危害性更大，易使机件损坏。如油料中的麻绳、蒿草等纤维杂质，很容易缠绕在运转设备的旋转轴上，影响工艺效果，增加动力消耗，甚至堵塞设备的进出口，造成生产事故或设备故障。因此，清除杂质将减少机器磨损，延长设备使用寿命，保证生产的顺利进行。

（四）增大设备的处理量

杂质在油料中占有一定体积，油料中杂质含量越多占据的体积越大，特别是茎叶和皮壳，除去油料中的杂质，相应地可减轻设备的负担，增大设备的处理量。

（五）改善生产条件

油料中含有的灰尘在输送加工时会造成车间灰尘飞扬，危害工人的身体健康，造成环境污染，严重时会有爆炸的危险。通过清理，可创造一个优良的卫生环境，保证工人身体健康，心情愉快，有利于安全生产和提高产品质量。

2.1.2 清理的方法

各种杂质的性质是不同的，而且外形无规律性。清理时要依据油料与杂质之间的物理特性具体选择，即利用这些杂质和油料的颗粒大小、形状、表面状态、比重、弹性、硬度、磁性以及空气动力学性质的不同，采用筛选、风选、磁选、并肩泥的清除和干法比重分选等方

法，除去油料中的杂质。

(一) 筛选

筛选主要是根据油料和杂质颗粒大小的差别，利用它们之间的宽度和厚度的不同，借助筛选设备，来除去大于或小于油料的杂质。筛选是油厂常用的一种清理力法。

(二) 风选

风选是根据油料和杂质在气体动力学性质上的差别，利用气流借助于风选设备将浮尘及其他轻于或重于油料的杂质除去的一种方法。

(三) 磁选

磁选是利用油料和铁质杂质磁性上的差别，借助磁选设备将铁质杂质清除出去的一种方法。

(四) 去除并肩泥

并肩泥是指形状大小与油料颗粒相近似的泥粒。去除并肩泥是根据油料和并肩泥的机械强度不同，借助并肩泥清选设备先将并肩泥在摩擦或打击的作用下粉碎，然后再用筛选或风选的方法使其与油料分离的一种清理方法。

(五) 干法比重分选

干法比重分选主要是利用油料与杂质的比重不同，利用比重去石设备分离杂质的一种方法。

2.1.3 清理的要求

油料通过清理，要求尽量除尽杂质，使油料越纯净越好，而且力求清理流程简短，设备简单，除杂效果好，但由于受设备或某些条件的限制，要完全清除油料中的杂质还存在一定困难。按有关规定，油料清理的工艺要求如下：

(一) 油料清理后的含杂指标

油料经清理以后，含杂总量不得超过以下指标：

大豆（冷榨）＜0.05％，（热榨）＜0.10％；

棉籽＜0.50％；

花生仁＜0.10％；

芝麻＜0.50％；

油菜籽＜0.50％；

米糠＜0.05％（26～28孔/25.4mm筛检验）。

(二) 清理后下脚中有用油料含量指标

清理后的下脚中，有用油料含量不得超过表2－1中所列指标。

表 2—1　清理下脚中有用油料含量指标

下脚种类	含量不得超过（%）	检验用筛孔规格		
		筛网		圆孔筛
		规格	金属丝直径	筛孔直径
大豆	0.50	12	0.55	1.70
棉籽	0.50	14	0.50	1.40
油菜籽	1.50	30	0.28	0.70
花生仁	0.50	10	0.70	2.00
芝麻	1.50	30	0.28	0.70

【课后习题】

1. 油料中含有哪些杂质？
2. 油料清理的目的及方法有哪些？
3. 油料清理的工艺要求是什么？

任务 2　清理设备及操作

【课前引导】

常用的清理设备有哪些？其结构及工作原理如何？适用于清理油料中的哪些杂质？设备在操作和维护中应注意哪些问题？这是此任务需要解决的问题。

【任务描述】

通过本任务的学习，掌握常用油料清理设备的工作原理及构造，并能进行操作及维护保养。

【任务目标】

1. 熟悉常用清理设备构造及工作原理。
2. 能进行常用清理设备的操作。
3. 能进行常用清理设备的维护保养。

常用的油料清理设备有筛选设备、风选设备、磁选设备、去除并肩泥设备、比重去石机等。

2.2.1 筛选设备及操作

（一）筛选原理和筛面

1. 筛选原理

筛选主要是利用油料和杂质在颗粒大小上的差别，借助含杂油料和筛面的相对运动并通过筛孔将大于或小于油料的杂质清除掉。

筛选设备有振动筛、平面回转筛和旋转筛等。它们清选杂质的原理是相同的，都必须选择筛孔大小适当的筛面。若清理大于油料的杂质，则采用稍大于油料颗粒的筛孔，油料穿过筛孔而杂质从筛面上排出；若清除小于油料的杂质，则采用稍小于油料颗粒的筛孔，油料留在筛面上，杂质穿过筛孔而被排出。因此，在介绍各种筛选设备之前，需先对筛面进行必要的分析。

2. 筛面

筛面是一切筛选设备最主要的工作部件，它固定于筛框上，构成筛选的工作面。

(1) 筛面的种类。油厂所用的筛面有两种：一种是用钢板经冲压制成一定形状和大小筛孔的筛面，称作“冲孔筛面”或“筛板”；另一种是用金属丝织成一定大小筛孔的筛面，称为“编织筛面”或“筛网”。

筛板和筛网各有其优点。筛板坚固耐磨，可以按照油料或杂质的外形冲制成各种形状的筛孔，以提高筛理效果，而且筛孔大小均匀，在使用时不变形，常用于清理大颗粒油料，如花生仁、大豆、棉籽等。筛网的筛面利用率高，筛理量较大，筛孔边缘圆滑，物料易穿过，筛理效率高，常用于清理小颗粒的油料，如芝麻、油菜籽、米糠等。

(2) 筛面的组合。如欲通过一部筛选机械，同时将油料中的大杂质和小杂质都清除掉，或需将油料按颗粒大小分成等级，就必须通过几层不同筛孔的筛面进行组合来实现。组合筛面筛选出的物料种类数等于筛面张数加 1。组合的方式按筛面来分，可以是同种筛面的组合，也可以是不同种筛面即筛板和筛网的组合。按筛孔的大小来分，在油厂最常用的组合方式有两种：一种是筛孔由大到小，即 $d_1 > d_2 > d_3$，适用于多层的振动筛和平面回转筛；另一种是筛孔由小到大，即 $d_1 < d_2$，适用于旋转筛（如六角筛）。筛面组合示意图如图 2—1 所示。

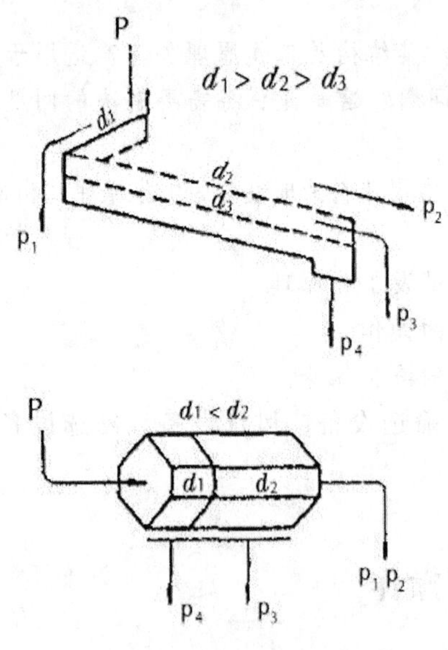

图 2—1　筛面组合示意图

P—未经筛选的油料　P_1—大型杂质 1　P_2—大型杂质 2　P_3—净油　P_4—小型杂质

(3) 筛孔的形状及其选用。筛板上的筛孔，可按照筛选的物料或杂质的外形。冲制成各种不同的形状。油厂常采用圆形筛孔，也有按照花生外形冲制成六角形、长圆形的筛孔，用来清选花生仁。筛网上的筛孔是由金属丝编织而成的，故其筛孔的形状只有正方形和长方形两种。

筛孔的形状不同，其性能和用途也有所不同；圆形和正方形筛孔，主要是按照物料颗粒的直径或宽度来进行分选，所选用筛孔的直径大小，必须以油料与杂质颗粒在直径或宽度上的差异而定。长圆形及长方形筛孔则是按物料颗粒厚度来进行分选的，因此，筛孔的宽度取决于油料与杂质颗粒的厚度差别。

一般来讲，油菜籽、芝麻等颗粒油料宜用正方形筛孔的筛网来筛选；花生仁、亚麻籽宜用长圆形筛孔进行筛选；其余油料宜采用圆形筛孔的筛板来清理，圆形筛孔应用最广。

表 2—2 几种主要油料筛选所用筛孔形状和大小

油料	筛除大杂质				筛除小杂质			
	筛板		筛网		筛板		筛网	
	孔形	直径和宽×长（mm）	孔形	筛面长度每25.4mm空数	孔形	直径和宽×长（mm）	孔形	筛面长度每25.4mm空数
大豆	圆	8	方	3	圆	2.4	方	8
棉籽	圆	16～19			圆	3～4		
菜籽	圆	2.4	方	8	圆	0.8～1	方	22～24
花生仁	长圆	10×20			圆	4	方	5
芝麻			方	8			方	22～24
米糠			方	20～24		1.8～2.2		
亚麻籽	长圆	1.2×20			圆			

几种主要油料通常采用的筛孔和筛网的形状和大小规格列于表 2—2 中，供参考。由于油料产区和品种的不同，即使是同种油料，其颗粒大小也往往差异较大。因此，在实际采用时，必须根据油料颗粒的实际大小具体选择筛孔的规格。

(4) 筛面利用系数及筛板上筛孔的排列方式。

筛选效果的好坏与筛面上筛孔总面积大小有关，而筛孔总面积又与筛孔的形状及排列方式有着密切的关系。

筛面利用系数是筛面上筛孔的总面积（称为“有效筛理面积”）与筛面总面积（称为“筛理面积”）之比值，它的大小即表示筛面利用率的高低。

筛板的圆形筛孔有交错排列和直线排列，如图 2—2 所示，交错排列比直线排列的筛面利用系数大 16%，筛板的强度也高，所以交错排列应用广泛。

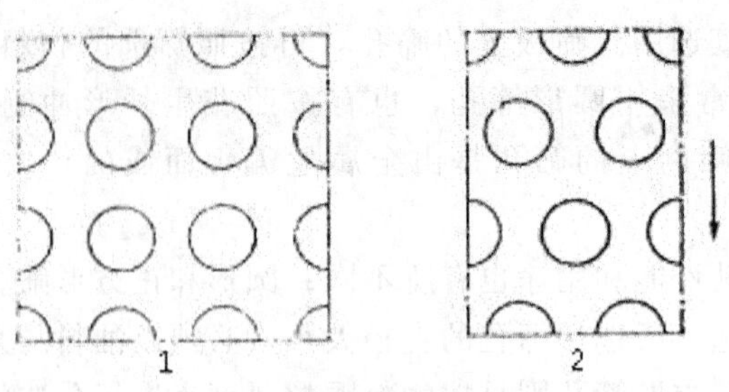

图 2—2 圆形筛孔的排列方式

1—直线排列 2—交错排列

除合理排列外，油料在筛面上流动的方向对筛选效果也有一定影响。油料须按图 2—2 的 2 中的箭头方向流，以使其接触筛孔的机会增多，有利于筛选效果的提高。而直线于排列的筛面，油料的流动方向对筛选效果的影响甚小，一般不作要求。

（二）筛选设备

油厂所用的筛选设备主要有振动筛、平面回转筛及旋转筛等几种。

1. 振动筛

振动筛又称“平筛”，是沿筛面能做往复运动的筛选设备，可用来清理各种油料中的杂质。由于振动筛清理效率高，工作可靠，因而它是油厂应用最广泛的一种筛选设备。

（1）工作过程与结构

图 2—3 是油厂应用较多的 TQLZ 型振动筛，具有体积小、运行平稳、调节灵活、工作效果好等优点。TQLZ 型振动筛主要由喂料机构、筛体、振动机构、机架及配套风选机构组成，物料由进口进入喂料箱，经缓冲匀流后均匀进入上层筛面除大杂，油料穿过上层筛面后进入下层筛面除小杂，经筛面均匀送入风选器，除轻杂后排出机外。

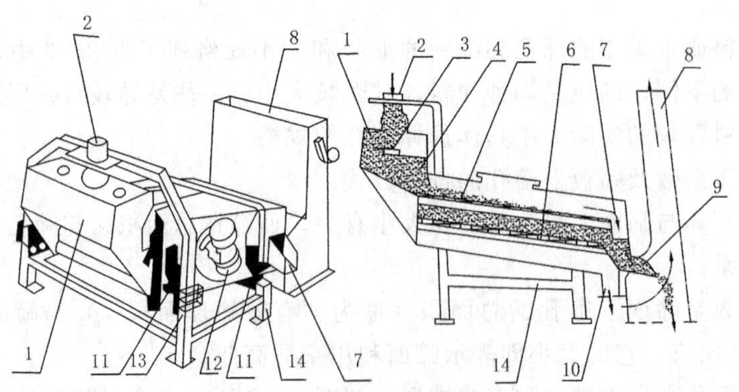

图 2—3 TQLZ 型振动筛

1—喂料箱 2—进料口 3—可调分流挡板 4—均布挡板 5—上层筛面 6—下层筛面 7—大杂出口 8—配套吸风管 9—油料出口 10—小杂出口 11—空心鼓形橡胶垫 12—振动电机 13—可调支架 14—机架

①喂料机构。喂料机构的主要作用是控制油料的流量大小，保证连续进料，以达到下料均匀。TQLZ 型振动筛采用振动喂料，由进料口、喂料箱、可调分流挡板及均布挡板等组成。喂料箱装置在筛体的前端，随筛体一起振动，进口与流管之间采用软连接，通过分料挡板可使物料展开后落入箱底，由于均布挡板的阻滞作用。物料在喂料箱底部进一步展开以均匀状态进入上层筛面。该机构的特点是结构简单，操作方便，油料能均匀地分布在筛面上。

②筛体。筛体为钢板铆焊而成的整体结构，以保证在较高频率振动状态仍具有足够的强度，也可减少因振动而引起的噪声。

筛体内装有按清选要求组合而成的两层筛面，筛面固定在预先做好的筛格上，做成抽屉式插入筛体内。油厂生产中由于油料种类和品种不同，往往需要更换不同的筛面，因此，用抽屉式筛格便于筛面清理、更换及维修。筛面下装置有橡皮球筛面清理机构，利用筛面运动时橡皮球不断撞击筛面来自动清理筛面。

筛体由对称装在机架上的 4 个空心鼓形橡胶垫支撑，依靠振动机构，使之不断进行往复运动。

筛体倾角一般为 60°左右，通过同步调节筛体进口端两侧支撑前支架在机架上的垂直位置，可在 0～200°的范围进行调整。

③振动机构。筛体由安装在其两侧的两台振动电机驱动。振动电机，即在电动机的转轴两端安装扇形偏重块，把旋转引起的离心力作为振动力，其结构如图 2—4 所示。两台振动电机对称安装在筛体两侧，产生的离心惯性力的横向分力相互抵消，纵向分力叠加成为筛体振动的驱动力，带动筛体作往复运动，此种振动机构称为“自衡振动机构”。

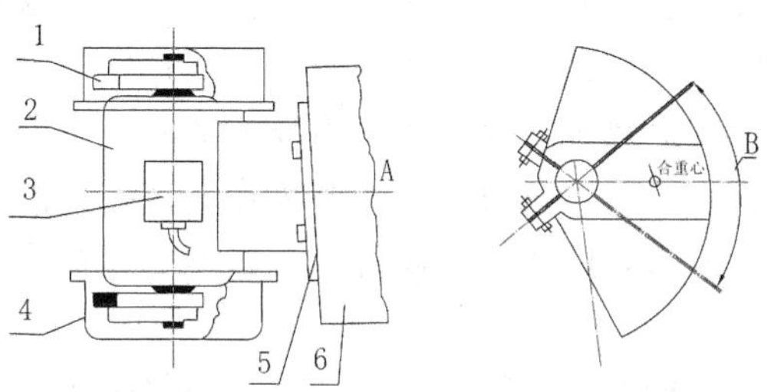

图 2—4　振动电机及双偏重块的结构

1—偏重　2—振动电机　3—接线盒　4—防护罩　5—电机座　6—驱动对象（筛体）

通过对转轴两端的扇形偏重块安装夹角 B 的调节可调整筛体的振幅，B 角越大，振幅越小。通过调节两侧电机相对筛体的安装角度，可在 0～450°选择筛体运动轨迹与筛面的夹角，即抛角，一般为 100°左右选择合适的抛角将有利于物料的自动分级及小粒穿孔。两台振动电机的调节应一致，让合力通过筛体的重心使振动平稳。

④吸风机构。TQLZ 型振动筛通常与风选设备中的垂直吸风管道配套。因振动的作用，物料以稳定均匀的状态从下层筛面进入风选器，风选器的吸风可使筛体内呈负压状态，对振动筛的除尘有一定帮助。在喂料箱的上方还设有吸风口，在此吸风可进一步加强筛体内部的负压，防尘溢出。

在油厂应用较多的还有 SP 型偏心振动筛，见图 2—5。该筛的特点是振动机构采用偏心振动机构，自带风机，适合于中小型油厂。

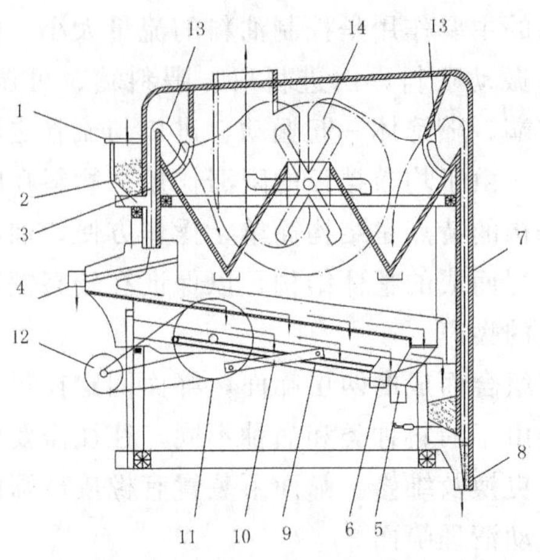

图 2—5　SP 型偏心振动筛

1—进料斗　2—压力门　3—进口吸风管　4—大杂质出口　5—中杂质出口
6—小杂质出口　7—出口吸风管　8—净油料出口　9—刷帚架　10—刷帚拉杆
11—带动刷帚的偏心轮　12—传动轮　13—风门　14—通风机

偏心振动筛工作时，油料从进料斗（1）进入，经压力门（2）使其沿筛宽均匀地流入进口吸风管（3）中。在气流的作用下，使油料内的部分轻杂质和灰尘被吸走，然后就落到筛体部分先后经二层筛面的连续筛选分别筛出大型杂质、中型杂质和细小杂质，而油料则从第三层筛面上流下并经出口吸风管（7）再次吸去轻型杂质，最后从净油料出口（8）排出机外。从进口和出口吸风管吸到的轻杂质和灰尘，经风门（13）进入沉降室后，轻杂质便沉降于该室内，灰尘则随空气再经通风机（14）进入附设的离心集尘器予以分离。

偏心连杆机构是利用偏心轴套，通过连杆使筛体作一定振幅的往复运动的构件。偏心机构的优点是具有一定的超载能力，即当产量超过时，转速、振幅均不受影响，缺点是筛体的惯性力不能得到完全的平衡。

（2）产品系列。TQLZ 型振动筛、SF 型偏心振动筛的系列分别见表 2—3、表 2—4。

表 2—3　TQLZ 型自衡振动筛系列规格及技术参数

项目＼型号	TQLZ—60	TQLZ—80	TQLZ—100		TQLZ—150	
筛面宽度（mm）	600	800	1000		1500	
筛面长度（mm）	1000	1000	1000	2000	1000	2000
产量（t/h）	5	6.4	8	16	12	24
配用动力（kW）	0.25×2	0.4×2	0.4×2	0.4×2	0.4×2	0.7×2
吸风量（m^3/h）	1800			4500	4800	
吸风阻力（Pa）	490					

表 2—4　SP 型偏心振动筛系列规格

筛面宽度（mm）	320	500	800	1250
单位流量（kg/cm·h）	15	18	20	20
处理量（t/d）	11.5	21.6	38.4	60

2. **平面回转筛**

平面回转筛是筛面在工作时随筛体做平面回转运动的筛选设备。其特点是筛体做平面回转运动，产量较大，其单位筛面宽度上的流量可比振动筛增加 50%，对清除细小杂质的效果较振动筛为好。平面回转筛在油厂常用来清选大豆、花生仁、油菜籽、米糠、芝麻等油料。目前常见的有平面回转筛和平面回转振动筛两类。

（1）平面回转筛。平面回转筛结构如图 2—6 所示。

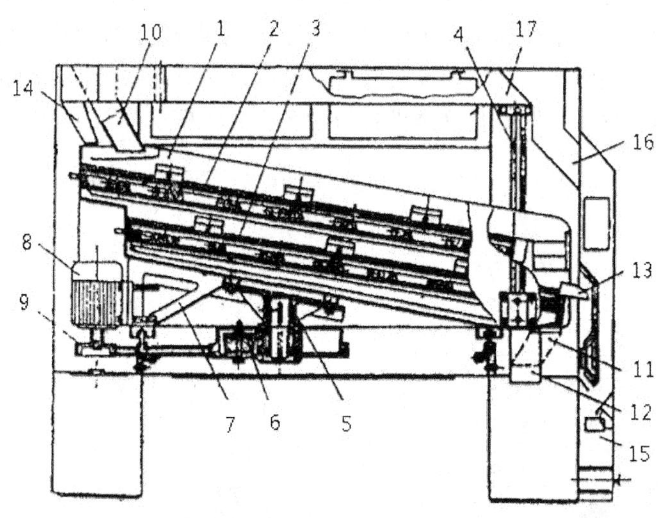

图 2—6　平面回转筛

1—筛体　2、3—筛面　4—吊杆　5—传动架　6—偏重轮　7—电动机支架
8—电动机　9—传动轮　10—进料斗　11—大杂质出口　12—小杂质出口
13—出料口　14、15、16—吸风管　17—机架

平面回转筛的筛体内装置有两层或多层不同规格筛孔的筛面。当装置两层筛面时，上层筛面用于清理油料中的大杂质，下层筛面用于清理油料中的小杂质。上下筛面均为前后两段并做成抽屉形式。筛面下装有橡皮球清理机构。筛体是由吊杆悬吊在机架上，吊杆分别装在筛体进口端和出口端两侧，每处两根，共 8 根。

筛体的底部中间装有传动架，承吊三角带偏重轮。在筛体的进口端下部，有电机支架和倒置在支架上的电动机，电机上的三角带轮传动偏重轮，带动整个筛体作平面回转运动。

为防止灰尘外逸，影响车间卫生，平面回转筛在油料进口和出口位置分别装有吸风管，以吸走油料中的灰尘及轻杂质，由除尘设备进行处理。

部分平面回转筛的产品型号及规格见表2—5。

表2—5 SM型平面回转筛产品型号及规格

项目 \ 型号	SM·40	SM·80	SM·100	SM·125
筛面宽度（mm）	400	800	1000	1250
筛面长度（mm）	1000	1500	1500	1500
筛面倾角（度）	8	8	8	8
筛面回转速度（r/min）	400	400	400	400
筛面回转直径（mm）	14±0.5	14±0.5	14±0.5	14±0.5

（2）平面回转振动筛。平面回转振动筛的结构与平面回转筛的相同之处是偏重轮沿筛体中轴线向进料端移出一定的距离而偏离了筛体重心，工作时导致筛体的运动轨迹在进料为横向运动距离较大的椭圆上，随着纵向位置的改变，横向运动距离逐渐减小，而纵向运动距离不变，直至出料端横向运动距离变为零，此时筛体后端部只作纵向振动即筛体前中部类似回转运动而后部类似振动筛的振动，因此称这类设备为“平面回转振动筛”。其结构见图2—7。

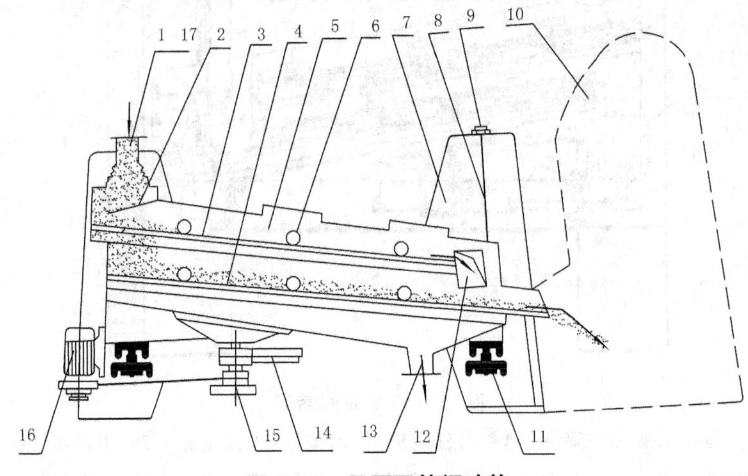

图2—7 平面回转振动筛

1—进口 2—匀流淌板 3—上层筛面 4—下层筛面 5—筛体 6—筛面偏心压紧装置 7—机架 8—吊挂钢丝绳 9—钢丝绳调节螺母 10—配套风选器 11—限振器 12—大杂质出口 13—小杂质出口 14—可调偏重块 15—塔形三角带轮 16—电机 17—吸风口

平面回转振动筛的工作过程类似平面回转筛，其特点是筛体独特的运动方式，导致进料端物料相对筛面运动轨迹最长，不停顿的变向运动使物料形成良好的自动筛面。在筛面后段增加物料相对筛面停顿的机会，有利于物料穿过筛孔，并在小杂筛面上迅速形成均匀的薄层进行分离。

平面回转振动筛的技术参数见表2—6。

表 2—6 平面回转振动筛的技术参数

项目 \ 型号	TQLM—63	TQLM—80	TQLM—100	TQLM—125
产量（t/h）	5～9	7～11	12	16～20
筛宽（mm）	630	800	1000	1250
配用动力（kW）	0.37	0.75	0.75	0.75
吸风量（m^3/h）	480	3110	3500	3600

3. **旋转筛**

旋转筛是利用作旋转运动的圆形筛面来进行筛选的一类清理设备。这种筛的特点是油料在筛筒内翻动作用较强，对表面带纤维和散落性差的油料筛选效果最好，所以常用于棉籽的筛选。由于旋转筛筒的形状不同，又分为圆筛、六角筛和圆打筛三种。

旋转筛的工作部件是一个随轴旋转的转筒，转筒上装有筛板或筛网，所以常称为“筛筒”。筛筒通过旋转轴安装在机架上。筛筒的外面有机壳，其上部为长方体，下部为棱体。在筛筒下的三棱体底部，装有一根能够同时向两端输送物料的螺旋输送机。

筛选棉籽时，靠进料端的 1/3 段筒，其筛孔直径为 3～4mm，而后面的 2/3 段筛筒筛孔直径为 16～19mm。当棉籽进入筛筒后，在前段，细小杂质便穿过筛孔，由下面的螺旋输送机向一端输出机外。而棉籽则在筛筒的后段穿过筛孔，由下面的螺旋输送机向另一端输出。大杂质则从筛筒末端排出机外。现将各种旋转筛的结构简述如下。

（1）圆筛。圆筛的结构如图 2—8 所示。圆柱形的筛筒固定在呈 5°～80°倾斜的旋转轴上，转速为 18～28r/min。进料端高，出料端低，以便油料向出口端流动。圆筛的筛面清理可以通过一组紧贴筛筒外壁的毛刷，依靠筛筒的旋转自动清理阻塞的筛孔。

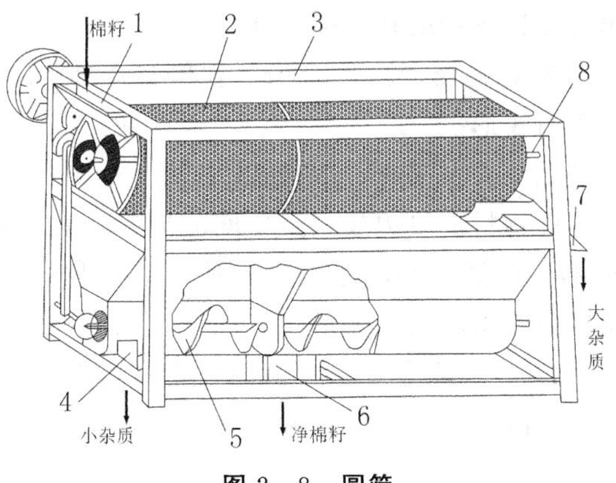

图 2—8 圆筛

1—传动机钩 2—进料口 3—筛筒 4—小杂质出口 5—双向绞笼
6—净料出口 7—大杂质出口 8—筛架

（2）六角筛。六角筛的截面为六角形，筛筒转速为 18～28r/min。进料端较出料端小，使整个筛筒呈宝塔形，以便油料在筛筒内流动。与圆筛相比，油料在六角筛筛筒内翻动作用较圆筛为好，因而筛选效果较好，且轴为水平转动。但六角筛的筛面不能自动清理，必须定期停机清理筛面。

(3) 圆打筛。圆打筛其外形和主要结构及工作原理均与圆筛相似。不同的是圆打筛的中心轴不随筛筒一起旋转，轴与筛筒是以不同的转速和方向转动的。在轴上安装若干根打棒，打棒顶端靠近筛筒内壁处有一定斜度，起拍打和推进物料的作用，打棒轴的转速为 250～260r/min。筛筒的直径较圆筛小些，其筛筒和轴水平安装，不需倾斜。

在清理棉籽时，棉杆表面短绒中所含灰尘、泥沙和黏附的轻杂质（如茎叶、草屑等），用其他清理设备很难除去，圆打筛利用其打棒的拍打则能较好地清除这类杂质。在棉籽剥壳工序中，剥壳后的棉籽经籽壳分离机后，棉壳中带有部分仁和屑，通过圆打筛分离则效果较好。

(三) 筛选设备操作

1. 开机前须检查筛体的自由振动状态；各物料通道是否通畅；检查所有固定用手柄、螺栓是否拧紧、锁紧手柄应处于锁紧位置。检查橡胶弹簧是否歪斜、脱出或变形过大等现象。发现上述情况应及时调整或更换橡胶弹簧。

2. 检查振动电机的旋转方向。两台振动电机必须同时向相反的方向旋转，两台电机开关带有互锁装置，必须同时启动或同时关闭。

3. 设备运行。准备工作完毕，经检查确认无误，方可接通电源开车运行。要先开相关风机，再启动振动机构。观察振幅盘上的行程是否符合规定（不得大于 6mm）。机器运转 3～5min，运转平稳后，方可投料。

4. 控制流量。根据油料含杂情况，掌握适宜的流量，以使喂料均匀，厚薄一致。若流量过大，则筛面的流层增厚，这样，物料在筛面上不仅难以形成自动分级，而且还会产生转速降低、振幅减小等现象，从而影响清理效果；反之，若流量过小，则筛面流层减薄，这样物料在筛面上会发生跳动现象，从而造成难以穿过筛孔或发生筛分过度现象。一般情况下，筛选设备的工作流量可相对设计产量增减 20%左右。

5. 定时清理筛面，保持筛孔畅通，筛孔通畅率要保持在 80%以上。清理筛面可用长柄刷，严禁敲打，防止筛面弯曲变形。

6. 为使设备工作状态良好，应定期检查除杂效率及设备的运动状态。每天须检查喂料机构及筛面工作状态，如发现物料走单边或只走中间的现象，应及时检查进料机构、吊杆。

7. 根据油料中轻杂质的含量情况和流量大小，适当掌握吸风道的风门大小，在保证不吸出完整油料的情况下，尽量吸出轻杂质和灰尘。

8. 经常检查油料中的含杂量及杂质中的有用油料含量，发现异常及时解决。可能的原因有：流量过大或过小；筛面破损；振动机构异常导致振幅、频率、抛角等变化；筛面倾角不合适；筛面堵塞；等等。

9. 在运转过程中，若发生机体剧烈振动、异声、电机轴承发热超过 70℃等不正常现象，应立即停车检查，排除故障。

10. 停机。停机程序为先停止进料，待物料走完后，再关闭振动机构电源，最后关闭风机。

(四) 筛选设备维护保养要点

1. 筛选不同物料时，可根据需要更换不同孔径筛面。更换时打开抽屉式筛格的锁紧螺栓，抽出筛格，插入相应筛孔的筛格，拧紧锁紧螺母即可。

2. 定期更换振动电机两端轴承润滑脂。

3. 定期取出筛面进行清理，筛面的清理应用刮刀，切不可用铁器敲击。清理橡皮球一旦磨损须及时更换，以保持足够的筛面自动清理能力。

4. 发现橡胶弹簧破裂或挤压变形过大应及时更换。密封垫应经常检查是否损坏或局部脱落。

5. 机器长期不使用应妥善保存。存放前应进行彻底清扫并全面保养，使机器处于良好技术状态，并有良好的通风与防潮措施。

2.2.2 风选设备

利用风力来分离油料中杂质的清理方法称为“风选”。风选的主要任务是除去油料中的灰尘及轻杂质，有时也兼有去除金属、石子等重杂质的作用。风选也可用于油料剥壳、去皮后的仁和皮壳的分离。

(一) 风选的基本原理

处于气流中的物料都将受到气流的作用力，作用力的大小与物料本身的形状、体积、表面状态及物料在气流中的位置、气流的速度、空气的密度等有关。根据气体动力学原理，气流对物体产生的作用力可用下式表示：

$$P = 1.25KFV^2$$

式中：P ——气流给予物体的作用力（N）；

K ——阻力系数（$N \cdot s^2/m^4$）；

F ——物体垂直于气流方向的平面上的投影面积（m^2）；

V ——气流与物体的相对速度，即气流与物体绝对速度之差（m/s）。

由上式可知，当气流速度不变时，由于各种物体具有的阻力系数（K）与投影面积（F）各不相同，它们在气流中受到的作用力的大小也就不同，它们之间的这种差异就成为利用气流来分离油料与杂质的一个重要依据。几种油料的阻力系数列于表2—7。

表2—7 几种油料的阻力系数

油料	阻力系数（K）	油料	阻力系数（K）
棉籽	0.32	葵花子	0.51
棉籽（含绒31%）	0.44	葵花子仁	0.53
大麻籽	0.34	蓖麻籽仁	0.38
亚麻籽	0.53	大麻籽仁	0.27
蓖麻籽	0.37		

所以，若选择某一适当的气流速度，就可以将性质不同的油料与杂质分开。各种风选设备就是根据这个原理，利用油料与杂质的比重和气体动力学性质差别来进行油料的清理和分离的。

（二）风选设备

风选常在筛选过程中同时进行，如自衡振动筛、平面回转筛等都是在筛选的同时进行风选，除去灰尘和轻杂。对于密度较小的棉籽也常单设风选设备，如风力分选器。

风力分选器是专门用于清除棉籽中重杂质及轻杂质的一种设备，结构比较简单（如图 2—9 所示）。它常安装在棉籽输送途中的绞龙上，在工厂中应用较为广泛，使用效果较好。

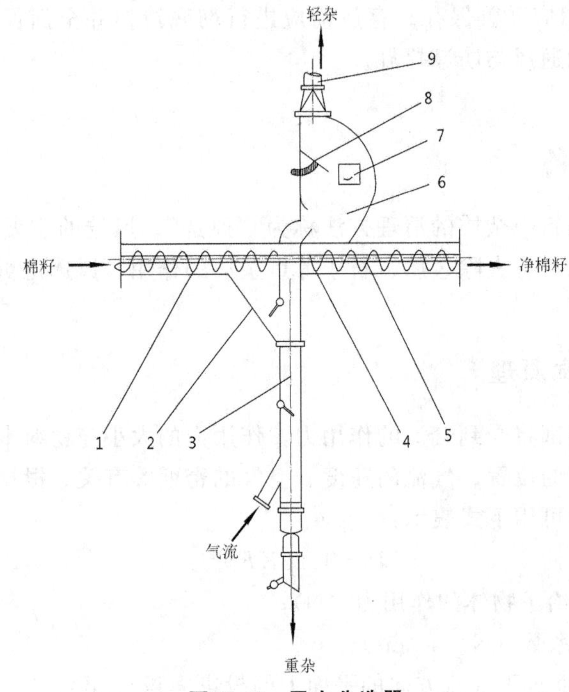

图 2—9　风力分选器

1、5—螺旋输送机　2—倾斜淌板　3、9—风管　4—隔板　6—箱体　7—视镜　8—调节挡板

棉籽经螺旋输送机（1）送入分选器的进口，当向前推送到倾斜淌板（2）时，棉籽沿着淌板下落，并与鼓风机的风管向内吹送的气流相遇，棉籽被气流带着通过风管（3）向上进入箱体（6）内，而石子、瓦块、金属等比重大于棉籽的重杂质则从风管（3）向下落入收集器内，定时用人工予以清除。当棉籽被气流吹入箱体（6）时，由于箱体空间突然增大，气流速度急剧下降，棉籽沉降下落到隔板（4）另一边的螺旋输送机（5）内被送出机外。空气则带着灰尘、轻杂质及少量枯瘪棉籽经风管（9）排出箱体，送入旋风分离器内进行分离。为使空气不致泄漏，在螺旋输送机的进出口端，各有一段螺旋体不装螺旋叶片，使棉籽充满输送槽而起料封作用。图中调节挡板（8）是用来调节气流进入箱体内的速度和方向，视镜（7）可观察棉籽在箱体内的流动情况。

风力分选器的产品系列见表 2—8。

表 2—8　风力分选器的产品系列

项目＼型号	FX • 1183	FX • 1671	FX • 4500
处理量（t/d）	24	36	120
风道尺寸（mm）	167×167	200×200	250×250
风机功率（kW）	3.0	3.0	4.5
外形尺寸（mm）	850×260×1202	850×270×1250	1500×366×1500

（三）风选器操作

1. 在开机以前，应检查螺旋输送机的转动部分是否灵活、机内是否有杂物、各紧固螺栓是否拧紧、各物料通道是否通畅等。

2. 先打开吸风系统，再开螺旋输送机，待运转正常后再进料。

3. 根据含杂情况，适当调整吸风量和分选器内调节挡板的位置，使重杂落下、轻杂吸走，而棉籽落入输送机内被送走。

4. 经常检查重杂及轻杂中棉籽含量。如重杂中含棉籽较多时，应增大吸风量；如轻杂中含有棉籽时，应减少吸风量或调整挡板位置。

5. 螺旋输送机应有良好的料封作用，防止漏风，以免影响风选器的正常工作。

6. 经常从风选器的视镜观察机内工作情况，发现异常马上停机检查。

7. 关机时先停止进料，待料走完后再关输送机，最后关吸风系统。

2.2.3 磁选设备

磁选设备是专门用来清除油料中磁性金属杂质的清选设备。油料在收获、清选及输送过程中难免混入一些铁钉、螺帽、螺栓等磁性金属杂质。虽然这些杂质在油料中含量很少，可是它们的危害很大，容易造成机械设备的损坏，严重的会导致设备事故和安全事故，对此必须引起重视。

清除磁性金属杂质的方法，是利用它们特有的能被磁铁吸引的物理性质，将永久磁铁或电磁铁装置在运转速度较快的剥壳机、破碎机和轧胚机之前的流程中，从油料中将磁性杂质除去。

（一）永磁筒

永磁筒是一种体积很小，无须动力的磁选设备，可直接装在其他工艺设备的进口或串在留管之间。它的结构如图 2—10 所示，由机筒、圆锥磁体及检查门组成。物料由进口进入筒内，经永磁体（3）的锥头分流，较均匀地沿圆周经磁体流入出料口（5）排出，物料中的铁杂被吸附在永磁体（3）的表面，为防止吸住的铁杂被流动的物料冲走，在磁体上设有挡杂环。停车时打开检查门（4）清理磁体上吸附的铁杂，有的设备的磁体装置在门上，工作中打开门可将磁体带出以便清理。为保证匀料效果，永磁筒须垂直安装，物料进筒时其运动方向也须垂直。

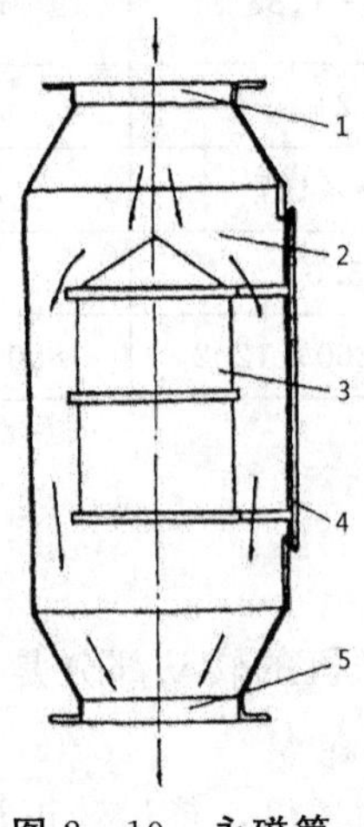

图 2—10　永磁筒

1—进料口　2—机壳　3—永磁体　4—检查门　5—出料口

（二）滚筒式磁选器

滚筒式磁选器是一种具有自动排除杂质能力的磁选设备，常见的有永磁滚筒和电磁滚筒，两者结构相似，永磁滚筒采用永久磁铁，而电磁滚筒采用电磁铁，其结构如图 2—11 所示。它由进料斗、旋转滚筒和磁芯组成。油料从进料斗进入后，经压力活门控制流量，并使其沿旋转滚筒的长度方向均匀分布，厚薄一致。油料随滚筒一起旋转到下部位置时落入出料口排出，而磁性杂质由于磁芯的磁力作用被吸贴在滚筒表面上继续旋转，当转到后部无磁芯位置时，即自动落下、经杂质出口排出，滚筒式磁选器的特点是磁力强，均匀、持久。它能自动吸铁，自动排铁、磁选效果好。

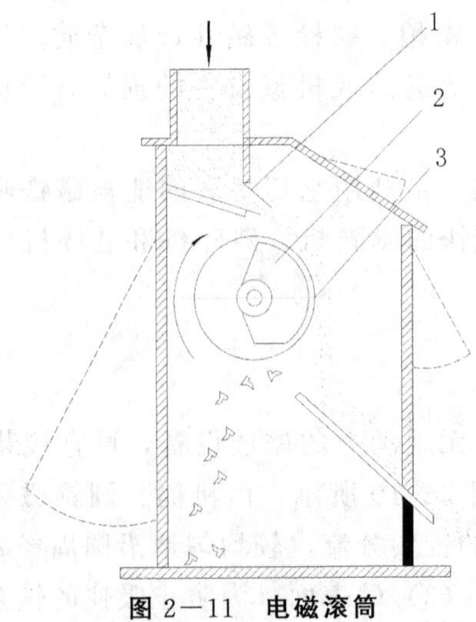

图 2—11　电磁滚筒

1—压力活门　2—电磁铁　3—旋转滚筒

（三）磁选设备产品系列

永磁筒、永磁滚筒的产品系列及技术规格分别见表 2—9、表 2—10。

表 2—9　永磁筒产品系列与技术规格

型号 项目	TCXT—16	TCXT—19	TCXT—22
产量（t/h）	7	15	30
进口直径（mm）	160	190	220
筒径（mm）	266	310	348
磁体感应强度	≥0.28T		

表 2—10　永磁滚筒产品系列与技术规格

型号 项目	TCXY25	TCXY50	TCXY80	TCXY2011	TCXY2015	TCXY2025
产量（t/h）	6～6.5	20	50	2～4	6～8	10～15
工作转速（r/min）	38	26				
配用动力（kW）	0.6	0.6	0.75			
磁场分布区	170°			约 170°		
筒表面磁感应强度	≥0.125T			≥0.27T		

（四）磁选设备操作

1. 开机前应检查机内转动部分是否灵活，各螺栓是否紧固等。

2. 先启动磁选机再进料。通过控制进料机构，使油料流速不致太快，并能均匀分布在磁筒上，以充分吸除铁杂。

3. 对于永磁筒，应经常检查磁筒上的铁杂情况，每个班应至少清理一次，防止铁杂堆积太多而被油料冲下。

4. 经常检查油料中的铁杂含量，发现异常，应检查磁体的磁感应强度、进料情况等，如退磁应及时更换或充磁。

5. 关机时先停料后停机，最后清理机内铁杂。

（五）磁选设备维护保养

1. 永磁体一般较脆，不能承受较强烈的冲击。

2. 定期清扫检查滚筒表面。

2.2.4 去除并肩泥设备

“并肩泥”是指形状大小和油料相近或相等，而且其比重和油料相差也不是很显著的泥粒。特别是油菜籽“并肩泥”的含量较多，用筛选和风选设备均不能有效地将其清除。因此，必须采用一种特殊的方法，即利用并肩泥和油料的机械性能的不同，并肩泥结构松散而油料富有韧性的特点。先将含并肩泥的油料在碾磨或打击作用下将并肩泥粉碎，然后将泥灰通过筛选除去，磨泥和打泥所用的设备，目前在油厂使用的有立式花铁筛打麦机、铁辊筒碾米机、立式圆打筛、胶棍砻谷机、圆盘剥壳机等设备，这里主要介绍常用的立式花铁筛打麦机。

立式花铁筛打麦机的结构如图 2—12 所示。

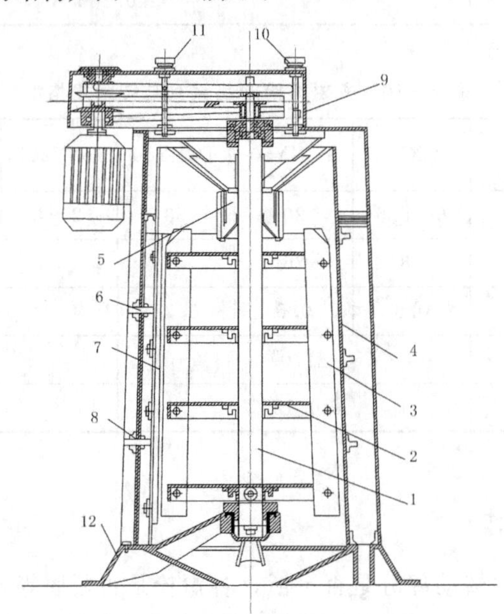

图 2—12　立式花铁筛打麦机

1—转子　2—八角轮幅盘　3—打板　4—筛筒　5—进料机构　6—立柱　7—齿条　8—闷节螺杆　9—传动机构　10—调节手轮　11—张紧调节手轮　12—机座

该设备是利用高速旋转的打板来打击甩向四周的油料，并使其受到筛筒和齿条工作面的反复撞击，油料中的并肩泥被打碎，大部分泥灰通过筛筒的筛孔被分离。

（一）立式花铁筛打麦机的结钩

立式花铁筛打麦机由环形中心喂料装置、八角立式长条打板（转子）、齿条花铁筛工作圆筒、出口、机架和传动机构等组成。主要工作部件是转子和筛筒，由两者组成环形工作区。

1. 喂料机构

喂料机构的作用是使物料可均匀地进入立式花铁筛打麦机的环形工作区。该机构由进料斗、料伞及弹簧组成。

2. **转子**

由主轴、打板架及八块打板组成，通过改变打板在打板架的位置，可以调节工作区的间隙。

3. **筛筒**

筛筒与转子形成环形的工作空间，被打碎的并肩泥从筛筒的筛孔中排出机外。筛筒由4块圆弧形筛板与4根齿条组成。安装齿条的作用是增强对物料的摩擦。通过调节齿条调节杆，可以推进或拉出齿条，从而改变与打板之间的间隙。

筛板与齿条均由耐磨材料制成，表面坚硬但较脆，不能承受剧烈的冲击，因此，进入物料必须除去硬杂。

4. **传动及吸风装置**

传动机构装置在机顶的活页架上，调节张紧手轮可改变传动中心距而张紧皮带。在设备顶部有两个吸风口，工作过程中同时吸风，使机内维持负压状态。

（二）工作过程

油料从进料口流到环形喂料筒之内，沿着匀料伞的整个圆周上流出，下落到转子的八角轮幅盘面上，在转子的旋转作用下使油料抛向打板与筛筒之间，使油料不仅受到打板的打击及筛筒的撞击，而且受到齿板的摩擦作用，混杂在油料中的并肩泥被打碎，并且大部分细质穿过筛孔除去，灰尘通过吸风管吸出。此设备用于去除油菜籽中并肩泥效果较好。

（三）立式花铁筛打麦机的产品系列

立式花铁筛打麦机的产品系列及技术参数见表2—11。

表2—11 FDML系列立式花铁筛打麦机的产品系列及技术参数

型号 项目	FDML・50×75	FDML・50×90	FDML・67×90	FDML・67×106	FDML・67×125
产量（t/h）	2.4	3.1	4.6	5.4	6.3
筛筒直径（mm）	500	500	670	670	670
工作间隙（mm）	15～30	15～30	15～30	15～30	15～30
工作转速（r/min）	500～750	500～750	400～600	400～600	400～600
打板线速（m/s）	11.5～18.4	11.5～18.4	12.7～20.1	12.7～20.1	12.7～20.1
吸风量（m^3/h）	300	300	300	300	300
配用动力（kW）	3	4	5.5	5.5	7.5

(四) 立式花铁筛打麦机的操作

1. 开车前应检查设备的进出口、筛面情况及机内积料情况；检查打击机构是否转动灵活；工作间隙大小是否合适；各打板是否一致；等等。

2. 启动打麦机后，确认打击机构运转正常，开始给料至正常工作流量，随即应检查出机物料的情况，出现异常及时调整。如出料中并肩泥过多，应及时改变转子转速、工作间隙等。

3. 工作过程中应经常查看电机的工作电流和传动皮带的张紧情况。若电流过大则可能是机内堵料或工作量过大；若皮带晃动幅度大或闻到胶臭气味时，应及时检查，调节皮带轮的张紧机构，必要时应更换皮带。

4. 停车前应先切断本工序进料，待设备排空后停车，最后关闭风网。

(五) 立式花铁筛打麦机的维护和保养

1. 打击机构的维护。一旦发现破损应及时更换。更换打板时须注意整个系统的动、静平衡问题，一般不得单块更换，并注意打板角度与安装位置的关系。

2. 筛面的安装维护。在安装筛面时应注意检查筛面的圆整情况，防止出现工作间隙不均匀的现象。应经常清理筛面，使筛孔通畅，以利排杂。

2.2.5 比重去石机

比重去石机主要是去除粒度和油料相近的石子即并肩石的设备。广泛用于大豆、花生等油料的去石。

(一) 去石机工作原理

去石机主要是利用并肩石与油料的密度及在空气中的悬浮速度差别来进行分选的，其工作原理见图 2—13。

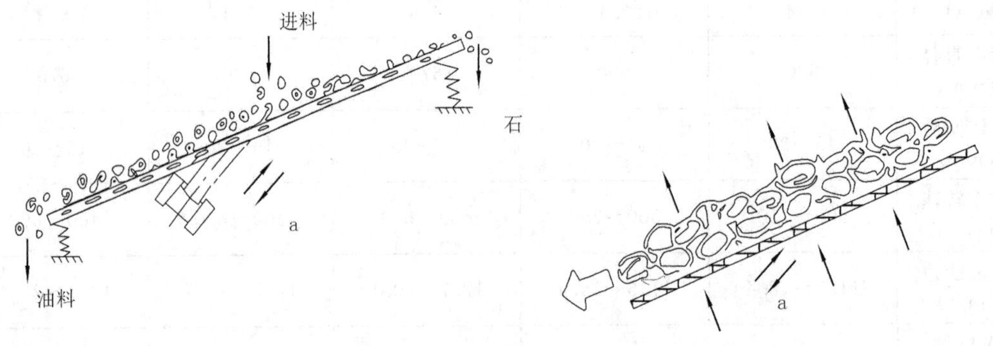

图 2—13 去石机的工作原理

去石机的主要工作机构为去石筛面，其工作特征是产生特定的振动与引入穿透上升气流。筛面沿纵向倾斜，作往复振动；为促使筛面上物料按悬浮速度及密度的大小形成分级，须引入一定速度的上升气流经由筛孔穿透料层，筛孔的大小类似除小杂筛孔，即允许气流通过又对物料起承托作用。

上升气流难以使悬浮速度较大的并肩石悬浮，故石子仍紧贴筛面，当筛面加速度方向倾斜向上时，惯性力向下使物料贴住筛面保持相对静止；当筛面加速度方向倾斜向下时，惯性力向上将减轻石子对筛面的正压力并促使其相对筛面向上滑动。因此，随着筛面的振动，紧贴筛面的并肩石将相对间歇上行直至排出机外。

当穿过筛面的气流速度相当于油料籽粒的悬浮速度时，将使筛面上的油料籽粒悬浮并与筛面处于不稳定的接触状态，在本身的重力和筛面振动的影响下，油料籽粒将沿倾斜的筛面流下从而实现与并肩石的分选。

由此可见，选择适当的工作转速、筛体振幅、倾角、振动抛角以及上升气流的速度，是去石的关键。

（二）QSX 型偏心传动吸式去石机

QSX 吸式比重去石机由喂料机构、筛体、振动机构、吸风机构及机架组成。其结构如图 2—14 所示。

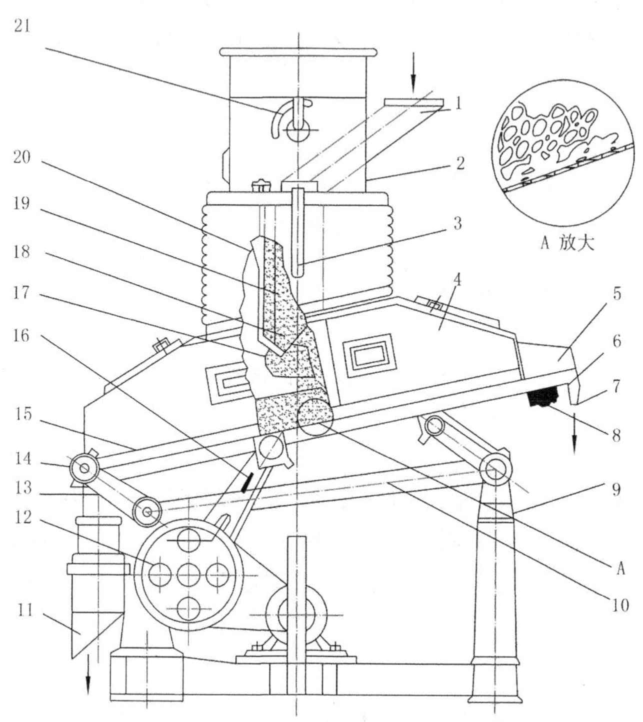

图 2—14　QSX 型偏心传动吸式去石机的结构

1—进料管　2—进料吸风箱　3—支架　4—吸风罩　5—精选室　6—反向进风室　7—出石口
8—反向调风门　9—垫板　10—支架连杆　11—出料口　12—传动带轮　13—撑杆
14—橡胶轴承　15—筛体　16—偏心传动连杆　17—缓冲板　18—弹簧压力门　19—存料斗
20—弹簧　21—调节风门

1. QSX 型偏心传动去石机的工作过程和结构

油料由进料斗通过压力门经缓冲板进入去石机筛板，受到自下而上穿过去石筛板筛孔的气流的作用，油料处于半悬浮状态向下经出料口排出，而比重较大的石子则紧贴筛面向上从出石口排出。

(1) 喂料机构。喂料机构的作用是减少进料对筛面的冲击，使物料均匀分布在筛面方向上。喂料机构由进料管、进料吸风箱、可调弹簧压力门及缓冲匀料板组成，通过可调弹簧门阻滞、展宽物料，在随筛体一起振动的匀料板影响下，进机物料以与筛面等宽的状态，均匀稳定地进入筛面中上段。

(2) 筛体是去石机的主要部件。筛面下方由三根等长的撑杆及偏心传动机构的连杆支撑，吸风罩固定在筛面上，上方与吸风箱采用软连接以利筛体振动。筛面采用鱼鳞筛板，对紧贴筛面的石子的下滑有阻滞作用，由于是冲孔筛板，筛面的开孔率低，筛面上气流分布均匀性差。调节前撑杆支座和机架之间的垫铁数量，可小范围内调节筛面的倾角，倾角一般为120°左右。随着油料的下行和石子的上行，筛面上端的物料量必将减少。为了适应这种变化，去石机筛面的宽度也相应有变化，如图 2—15 所示，整张筛面可分为分离区、聚石区、检查区（精选室）。随着筛面的收缩，上行的石子逐步收集，随石子上行的油料又悬浮到石子上面向下流去。在检查区筛体下方，设有反向气流调节门，可选择合适的反向气流将混在石子中的油料籽粒吹回。

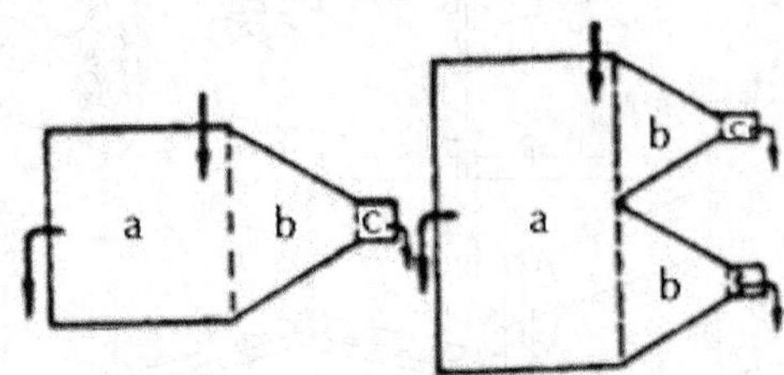

图 2—15 去石机的筛面布局

a—分离区 b—聚石区 c—检查区

(3) 振动机构。该去石机采用偏心机构传动，由保持平行的三根撑杆使筛体作往复振动。

(4) 吸风机构。吸风机构包括吸风口、进料吸风箱、调节风门、软管及吸风罩。进料吸风箱上连风管，下方通过软管与吸风罩连接。调节风门位于箱体的中部，由带有刻度的蝶阀调节设备的吸风量大小。

2. 产品系列

QSX 型偏心传动吸式去石机的技术参数见表 2—12

表 2—12 QSX 型偏心传动吸式去石机的技术参数

项目 \ 型号	QSX・36	QSX・56	QSX・85	QSX・100
产量（t/h）	1.5～1.7	3～3.5	5.5～6.3	6.5～7.5
筛宽（mm）	360	560	850	450

续表

型号 项目	QSX · 36	QSX · 56	QSX · 85	QSX · 100
工作转速（r/min）	450～460	450～460	450	450
振幅（mm）	5	5	5	5
吸风量（m^3/h）	1300～1500	2100～2300	3200～3400	3800～4100
吸风阻力（Pa）	118～245	118～245	390～490	390～490
配用电机（kW）	0.6	0.6	0.8	0.8

（三）TQSX 型吸式去石机

TQSX 型吸式去石机的结构见图 2—16。

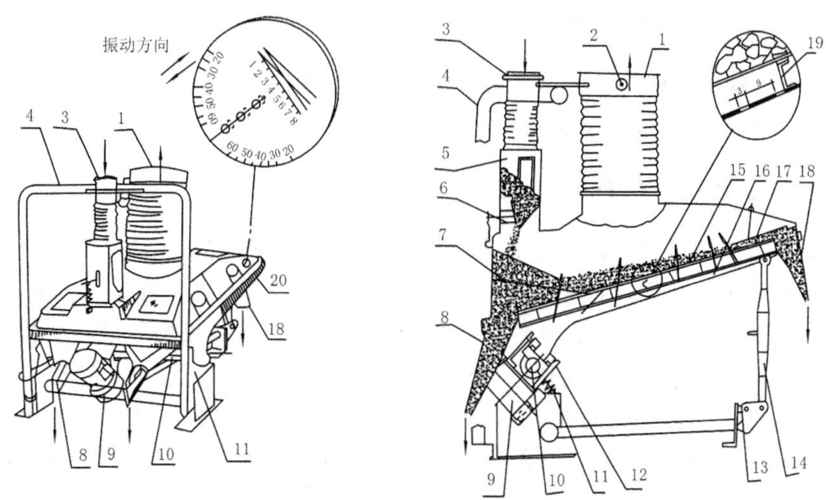

图 2— 16　TQSX 型吸式去石机的结构

1—吸风口　2—调风门　3—进料口　4—支架　5—喂料箱　6—进料压力门　7—预分级筛面　8—出料口　9—振动电机　10—横轴　11—支撑弹簧　12—橡胶轴承　13—橡胶垫　14—可调撑杆　15—去石筛面　16—匀风板　17—反向风调风板　18—出石口　19—筛面支撑条　20—运动状态指示牌

1. 结构特点

TQSX 型吸式去石机的工作过程及总体结构与偏心传动去石机类似，而在筛面及振动机构上具有特色。筛面采用筛网，有效筛孔面积较大，有利于提高穿透气流的均匀性。筛体采用电机驱动，振动原理类似自衡振动筛。

2. 产品系列

TQSX 型吸式去石机的技术参数见表 2—13。

表 2—13 TQSX 型吸式去石机的技术参数

项目 \ 型号	TQSX67	TQSX132	TQSX190
产量（t/h）	4.5	8～9	12～14
筛宽（mm）	670	1320	1900
工作转速（r/min）	500	1000	1500
振幅（mm）	9.30	9.30	9.30
吸风量（m3/h）	2400	4800	7200
吸风阻力（Pa）	1200	1200	1200
配用电机（kW）	0.3	0.3	0.3

（四）去石机工艺效果指标

去石机的去石效率指标为：除并肩石效率≥95%；除泥块效率≥60%；清理后原料中含砂石、泥块≤0.015%；下脚中含料量≤100 粒料/千克下脚。

（五）吸式比重去石机操作规程

1. 开机前检查风门是否关好，检查进出料口、筛面是否正常。

2. 开机时先开风机，再启动去石机，然后开始进料，当物料覆盖大部分筛面时，逐渐开大料门，使筛上物料呈微沸状，油料开始稳定向下流动；调节反向气流，使物料在筛面上沿聚石区内形成明显的料、石界线且排石正常。

3. 设备运行过程中，应经常检查筛上物料的运动状态、排石情况、石中含料情况。如出现异常及时解决。影响去石机工作的因素较多，应认真分析解决。部分问题的原因及解决办法见表 2—14。

4. 运行过程中，若来料中断且短时间内还须生产时，应暂停筛体运动，以防筛面上物料跑空。

5. 关机时先停止向机器中喂料，喂料一停立即关停机器，以防石子在机中积累，最后停止吸风。

（六）吸式比重去石机维护和保养

1. 每周应清理一次筛面，保持筛孔畅通。要用压缩空气或钢丝刷清理，严禁敲打，以免筛面弯曲变形。若发现筛面有磨穿的地方，应立即更换，编织筛网应均匀牢固地张紧在木筛框上，不应有凹凸不平。

2. 电机轴承每三个月加一次高温润滑脂。要经常检查各手柄、手轮、螺栓是否松动，要特别注意拧紧振动电机的螺栓。

3. 工作过程中，若出现振动混乱，应检查两台电机转速是否有明显差异，偏心块是否松动，支撑弹簧、调节杆、橡胶圈等是否损坏。

（七）吸式比重去石机常见故障及处理方法

吸式比重去石机常见故障及处理方法见表2—14。

表2—14　吸式比重去石机常见故障及处理方法

故障	原因	排除方法
料中含石多	1. 筛面倾角过大	1. 矫正倾角
	2. 流量过大	2. 调整流量
	3. 总风量过大或过小，物料自动分级不良	3. 矫正风量
	4. 反向风过大	4. 关小反向风阀门
	5. 物料走单边	5. 矫正走单边
	6. 筛体振动混乱	6. 调整振动电机使之一致
	7. 橡胶轴承磨损过度	7. 更换橡胶轴承
石中含料多	1. 筛面倾角过小	1. 矫正倾角
	2. 反向风过小	2. 开大反向风阀门
	3. 总风量过小	3. 增大进风量
	4. 橡胶轴承磨损过度	4. 更换橡胶轴承
物料走单边	1. 筛面横向不水平	1. 在物料多的一侧筛体下衬垫矫正
	2. 进料横向不均匀	2. 调节压力门或料管的下料方位
	3. 吊杆歪扭；振动电机不同步；偏心轴与连杆不垂直	3. 严格加以矫正或更换
	4. 导风板的齿角发生歪斜，使去石筛板两侧的风力不一致	4. 矫正导风板
石子走单边	1. 筛面横向不水平	1. 在筛体下衬垫矫平
	2. 导风板变形	2. 矫正导风板
	3. 吊杆歪扭	3. 矫正吊杆
排石不畅或不排石	1. 总风量过大	1. 关小风门
	2. 反向风过大	2. 关小反向风阀门
	3. 筛体频率不足	3. 测试转速，收紧传动带或更换振动电机
	4. 精选室筛孔被铁钉等杂质卡塞	4. 清除精选室筛面杂质
物料流层太厚	1. 总风量不足	1. 加大风量
	2. 流量过大	2. 调整流量
	3. 筛面倾角过小	3. 调整倾角

【课后习题】

1. 筛选是怎样除杂的？常用的筛选设备有哪些？

2. 筛板和筛网各有什么优点？怎样选用？

3. 为什么要进行筛面组合？如欲除去大豆、棉籽、油菜籽、花生仁中的大杂、小杂，分别应怎样组合？试选择筛面的材料及筛孔的形状和大小。

4. 简述振动筛的结构，其振动机构有哪几种？

5. 试述流量对筛选效果的影响，为什么要求均匀供料？

6. SM型平面回转筛筛体的运动呈什么轨迹？为什么？

7. 旋转筛分为哪几种？试比较其结构及特点。

8. 简述风选的原理。风力分选器由哪几部分组成？

9. 除铁装置有哪几种？各有什么优缺点？

10. 什么叫“并肩泥”？去除并肩泥可采用什么设备？其工作原理是什么？

11. 吸式比重去石机是如何去石的？它适宜哪些物料的去石？

任务3　清理工艺

【课前引导】

清理工艺流程的编制原则是什么？为达成清理效果，往往需要几种清理设备组合使用进行，如何选择工艺设备和流程则是我们这一任务需要解决的。

【任务描述】

通过本任务的学习，掌握常用油料清理工艺的选择原则，并能根据油料特点合理编制清理工艺流程。

【任务目标】

1. 理解并掌握清理工艺编制原则。

2. 能编制常见油料清理工艺流程。

2.3.1 清理工艺流程编制原则

清理工艺流程是将各种清选设备适当组合成生产作业线。清理流程的具体确定必须根据生产规模大小、油料种类、油料含杂量、杂质的种类和性质、清理设备的性能等实际情况来综合考虑，以充分除去油料中的大杂、小杂、轻杂、重杂和并肩泥杂质为目的。在达到除杂要求的前提下，应尽量使清理流程缩短，选用设备结构简单，操作方便。

然而，油厂往往需要加工多种原料，在编制清理工艺流程及选择设备时，应能对设备进行适当的调整和组合，使之具有机动性。例如，原来生产大豆油，现在要求生产油菜籽油，对清理工艺及设备就要进行适当调整。清选大豆的筛板就要改用筛网，用于大豆破碎的圆盘剥壳机就可以用来清除油菜籽中的并肩泥，这样只需增加筛选设备去除磨碎的泥灰就可以了。

2.3.2 几种主要油料清理流程

（一）大豆

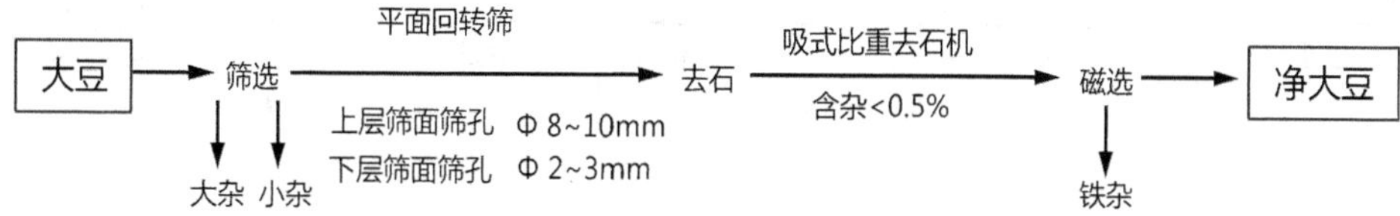

（二）棉籽

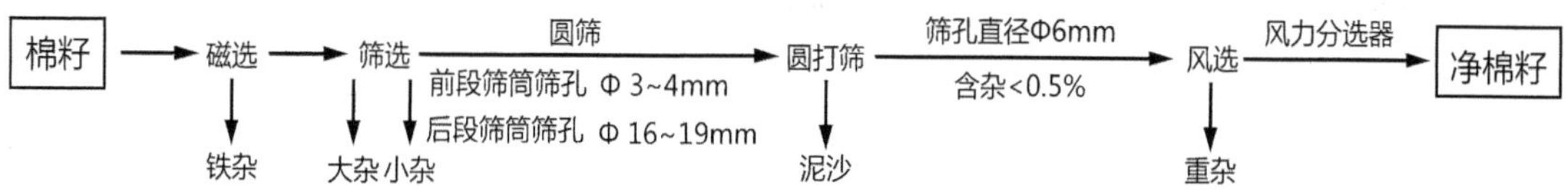

（三）油菜籽

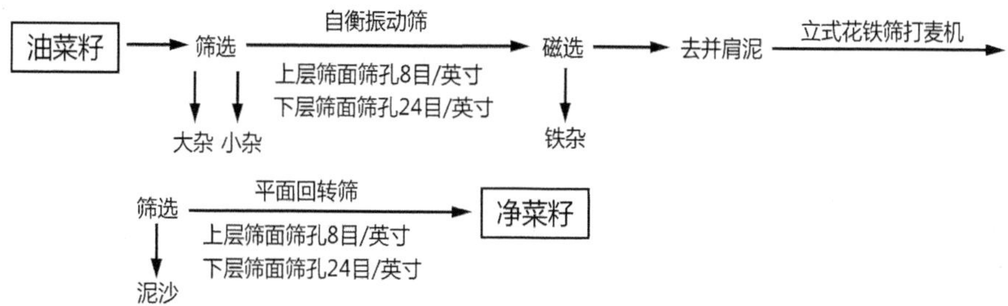

（四）葵花子

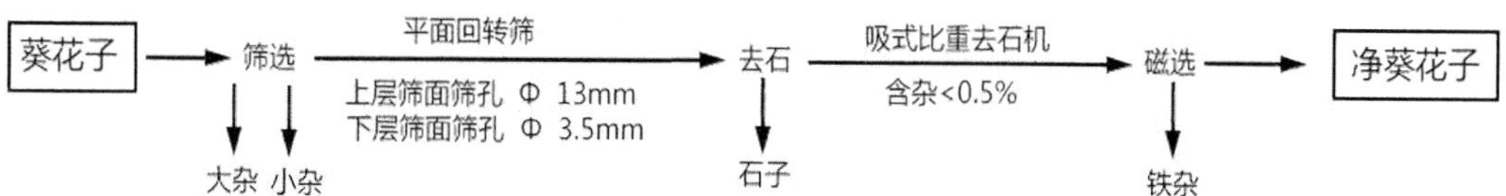

（五）花生

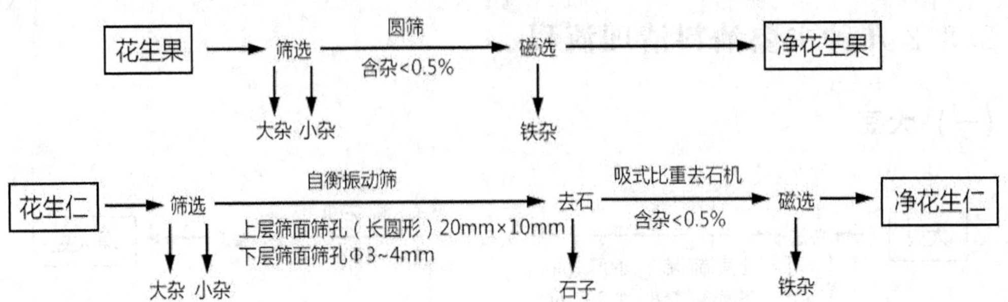

【课后习题】

1. 清理工艺流程选择时应注意哪些问题？
2. 试绘制棉籽常用清理工艺流程示意图。
3. 试绘制油菜籽常用清理工艺流程示意图。

项目三　油料的脱绒、剥壳和去皮

【项目概述】

油厂收购的油料，大多都带有皮壳。有些油料的皮壳制油前必须除去，以利于制油生产。本项目中主要学习棉籽脱绒及剥壳、花生及葵花子的剥壳、仁壳分离的工艺及设备。要求掌握不同油料剥壳的特点、设备的结构及工作原理。

【项目目标】

1. 了解棉籽脱绒、油料剥壳和去皮的意义。
2. 掌握剥壳的方法与基本原理。
3. 理解剥壳工艺过程。
4. 熟悉常用棉籽脱绒、油料剥壳和去皮设备的主要结构、工作原理及使用特点。

任务1　棉籽脱绒

【课前引导】

为什么要进行脱绒？脱绒的目的是什么？目前使用的脱绒机有哪些？这些问题是我们这一节任务需要解决的。

【任务描述】

通过本任务的学习，了解棉籽脱绒的意义，了解脱绒机设备的结构及工作原理，能根据工艺参数要求操作设备。

【任务目标】

1. 了解脱绒的目的和要求。
2. 熟悉脱绒机的设备及工作原理。

3.1.1 棉籽脱绒的目的与要求

（一）脱绒目的

1. 提高出油率及毛油和饼粕质量

棉籽不脱绒就制油，棉短绒在制油过程中会吸收一定量的油脂，降低出油率，增加油分总消耗。而且棉短绒中还含有一定数量的蜡，既影响毛油的质量，棉籽饼粕也因含有棉绒而导致使用价值降低。因此，棉籽脱绒后制油可提高出油率及毛油和饼粕的质量。

2. **提供工业原料，增加经济效益**

棉短绒在轻工、化工、国防工业均有广泛的用途。例如用于纺制粗纱、棉毯、棉絮等制造无烟火药、胶卷、尼龙、塑料、高级纸张、涂料等多种产品。因此，棉籽短绒可为工业上提供多种用途的原料。

(二) 脱绒要求

1. **分道脱绒**

按国家标准规定，棉短绒分为三类：

一类绒，其手扯纤维长度应在 13mm 以上，若不到 13mm，则 12mm 以上的重量应在 25％以上；

二类绒，其长度是 12mm 以上者少于 25％，而 3mm 以下者不大于 60％；

三类绒，其长度是 12mm 以上的质量少于 5％，而 3mm 以下的不大于 80％。

通常头道绒为一类，二道绒为二类，三道绒为三类。由于各类棉短绒的用途和经济价值不同，因此，应该对棉籽进行分道脱绒，以得到不同质量等级的棉短绒。

2. **清除杂质**

棉短绒中含有一定的杂质，如果含杂量过多，就会降低使用价值和售价。因此，棉籽脱绒前进行清理非常必要，脱绒后的棉籽短绒也应在清绒后再打包。

3. **不损伤棉籽**

如果脱绒不当而损伤棉籽，棉籽壳就会混入棉短绒，从而影响棉短绒的质量。

影响棉短绒质量的另一个因素是棉籽的水分含量。当棉籽水分低，棉壳干燥而较脆，在脱绒时锯齿容易将棉壳表面一层纤维质刮下，使棉短绒中渣屑（黑点）增多；若水分过低时（如陈棉籽），棉壳很脆，在脱绒过程中短绒容易连壳一起撕下，这样的短绒质量就更差了。

棉籽脱绒水分要求比较严格，一般经验表明，水分在 11％为宜，水分低于 11％的棉籽就容易在脱绒时脱壳（脆壳），因而在脱绒前应注意增湿调节水分。

4. **残绒适当**

棉籽经三道脱绒后，其残绒率一般不应超过 3.5％。目前进入油厂制油的棉籽，有的在轧花厂已脱过棉绒，有的未经脱绒，有的虽经脱绒，但残绒率不符合要求。为了符合锦籽的制油要求，对未经脱绒和残绒率不符合要求的棉籽，从提高毛油和饼粕质量角度出发，都应进行脱绒。

3.1.2 脱绒机

常用的脱绒机以锯齿式脱绒机为主。锯齿式脱绒机按锯片的多少又可分为 106 片式、141 片式、160 片式及 176 片式 4 种脱绒机。我国制造和普遍使用的脱绒机，主要是 141 片毛刷式脱绒机。

（一）毛刷式脱绒机的结构与工作原理

毛刷式脱绒机主要包括喂料机构、脱绒机构、刷绒机构、传动机构等几部分。毛刷式脱绒机的结构如图 3—1 所示。

1. 喂料机构

喂料机构的作用是将棉籽均匀地喂入棉籽室，同时除去部分金属杂质。它由装在喂料斗（1）内旋转的喂料辊（2）均匀喂料，在棉籽流向棉籽室（3）的斜淌板上装有两块磁铁，以除去金属杂质。进料量的大小可由喂料斗中部的调节板调节。

2. 脱绒机构

脱绒机构包括拨料辊、蓖栅、圆锯辊、抱和板和棉籽梳等几部分。

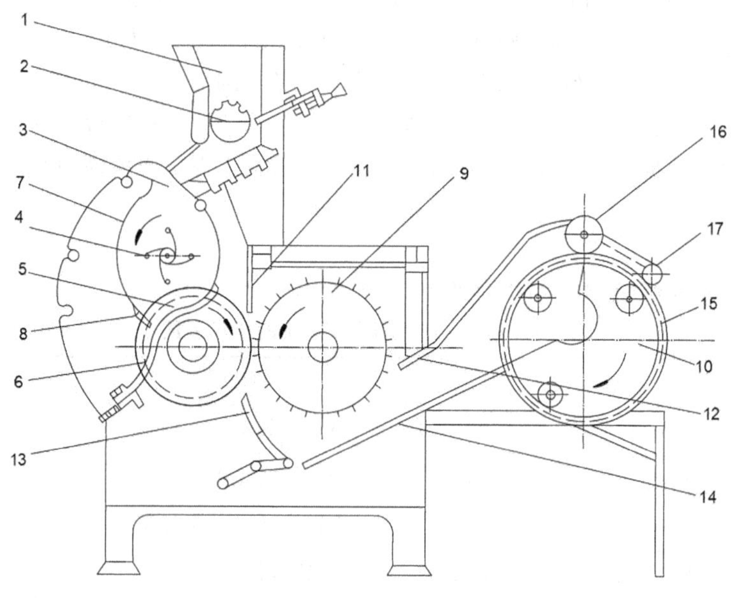

图 3—1 毛刷式脱绒机

1—喂料斗 2—喂料辊 3—棉籽室 4—拨料辊 5—圆锯辊 6—蓖栅 7—抱和板
8—棉籽梳 9—毛刷辊 10—集绒器 11—前挡风板 12—后挡风板 13—除杂板
14—托绒板 15—集绒尘笼 16—压绒辊 17—卷绒辊

拨料辊（4）转轴上装有四块钢板作叶片，使进入棉籽室的棉籽成卷，以便被圆锯辊的锯片齿尖钩取棉绒。圆锯辊（5）由 141 片锯片组成，锯片之间有隔圈，使锯片保持一定的间距，而且锯片的齿尖穿过蓖栅（6）。蓖栅的形状像肋条，与抱和板（7）、棉籽梳（8）共同组成排出棉籽的通道。

工作时，圆锯辊的转速快。拨料辊转速慢，两者存在一定的速差且方向相反，使锯齿尖顺利地把拨料辊上棉籽的短绒钩取下来。圆锯辊、蓖栅、拨料辊、毛刷辊应相互配合，若配合不好就会影响其正常工作。

3. **刷绒机构**

刷绒机构包括毛刷辊、前后挡风板、托绒板和除杂板等几部分。其作用是将棉短绒顺利地引向集绒器并除去其中部分杂质。

毛刷辊是在白铁皮包制的圆筒表面上等距离排列 36 条毛刷，毛刷与齿尖间距 1mm。它与圆锯辊转向相反，能将锯片上的棉短绒刷下来。前后挡风板、托绒板用以控制气流方向、速度；将刷下的短绒送出。除杂板位于圆锯辊的下方，通过调节气流速度，除去棉短绒中的重杂质。

毛刷式脱绒机工作时，棉籽进入喂料斗（1）后借助喂料辊（2）的转动使棉籽均匀下落，沿着喂料器底装有磁铁的斜淌板进入棉籽室（3），由于棉籽表面带有短绒，散落性差，互相牵连，在棉籽室内随着拨料辊（4）的转动，棉籽被缠绕成一个紧紧的棉籽卷，随着拨料辊一起转动。下面的圆锯辊（5）的转动方向与拨料辊相反，因此圆锯辊上的锯片的尖齿便钩下棉籽上的短绒使之与棉籽分离。经脱绒后的棉籽率与棉籽卷的结合力减弱，落入蓖栅（6）中，蓖栅与棉籽梳（8）都插入圆锯辊的锯片之间的空隙中，棉籽就沿着蓖栅经过棉籽梳排出机外。从棉籽上脱下的短绒随着锯片齿带过蓖条，在毛刷辊（9）旋转时所产生的风力和刷力作用下，从锯齿上刷落下来，被吹向集绒卷网或集绒管道。前挡风板即圆锯辊挡风板、后挡风板即刮绒板及托绒板，用以控制和调节气流方向及流量，保证短绒能顺利排出机外。

（二）技术参数

141 片型毛刷式脱绒机的技术参数见表 3—1。

表 3—1　141 片型毛刷式脱绒机的技术参数

项目	规格	项目	规格
圆锯辊长度（mm）	2233	圆锯辊转速（r/min）	600～700
圆锯辊轴径（mm）	475	圆锯辊外缘线速度（m/s）	12.2
圆锯辊齿片（片）	141	毛刷辊外缘线速度（m/s）	23～26
圆锯辊齿片间距（mm）	10.32	毛刷辊外径（mm）	Φ457
圆锯辊齿片直径（mm）	Φ320	毛刷辊转速（r/min）	950～1100
圆锯辊齿片厚度（mm）	0.95	拨料辊转速（r/min）	300～330
圆锯辊齿片齿数（齿）	330	电机功率（kW）	9～15
圆锯辊与拨料辊外缘间距离（mm）	9～12	脱绒能力（kg/h）	9～15
圆锯辊与前挡风板的间距（mm）	1.5～2.5	处理棉籽（kg/h）	470
圆锯辊与毛刷辊的间距（mm）	1	外形尺寸×宽×高（mm）	3000×1600×2300

3.1.3 脱绒机的工序实训

（一）脱绒机的操作规程和要求

1. 进机的物料必须除净硬杂、大杂，开机前检查各部件是否正常。

2. 采用快齿轻剥。要求圆锯片的齿尖锋利，要勤铣、勤锉。要使棉籽卷对抱和板的压力小一些，达到轻剥的目的。

3. 适当掌握圆锯辊、拨料辊的转速。圆锯辊的转速越大，生产效率越高，但绒中含杂将随之增加，一般控制在 650r/min 左右。拨料辊的转速一般控制在圆锯辊转速的 50%左右，即 330r/min 左右。

4. 控制拨料辊与圆锯辊外缘间距，减少棉籽的破碎率。一般头道绒控制在 11～12mm，二道绒控制在 10～11mm，三道绒控制在 9～10mm。

（二）脱绒机的维护保养要点

1. 圆锯片的铣、锉。脱头道绒时每星期铣锉一次，脱二、三道绒时应每隔一二天就铣锉一次。铣锉后应在砂箱中砂磨，以磨去毛刺，以不刺手为宜。

2. 及时清理集绒器，防止尘笼堵塞。

3. 正确调整除杂板、挡风板，使除杂顺利，风道通畅。

【课后习题】

1. 简述毛刷式脱绒机的工作原理，其主要构件有哪些？

2. 脱绒的要求有哪些？

任务 2　油料的剥壳和去皮

【课前引导】

我国植物油料种类很多，其中带壳油料不少，如棉籽、花生果、油茶籽、葵花子、椰子干、油棕、油桐籽、蓖麻籽、红花籽、苍耳籽等，都带有一定数量的皮壳，而且有些油料皮壳很坚硬，制油前必须剥除。为什么要进行剥壳、去皮？其目的和要求有哪些？这些问题是我们这一节任务需要解决的。

【任务描述】

通过本任务的学习，掌握剥壳的方法与基本原理，理解剥壳工艺过程，熟悉常用棉籽脱绒、油料剥壳和去皮设备的主要结构、工作原理及使用特点。

【任务目标】

1. 了解剥壳的目的和要求。
2. 熟悉剥壳的设备及工作原理。
3. 了解去皮目的和要求及工艺与原理。

3.2.1 油料剥壳制油的目的和要求

(一) 目的

1. 提高出油率

在一般情况下，油料的皮壳主要由纤维素和半纤维素组成，含油量极少，如果带壳压榨或浸出，或者仁中含壳多，则皮壳会吸取一部分油脂，影响出油率。从表3－2中可以看出，除大豆和油菜籽外，其他油料的皮壳含量一般都在20%以上，有的甚至高达50%以上，且皮壳的含油率很低，为此必须进行剥壳去皮。

表3－2　几种油料含量率及含油率　　单位：%

油料	含仁率	含皮壳率	含油率		
			油料	仁	壳
棉籽	45～60	40～55	14～25	30～40	0.3～1
葵花子	45～60	40～55	22～36	45～54	0.5～0.9
花生果	68～72	28～32	27～36	40～51	0.5～1
油菜籽	62～78	22～38	35～48	55～60	
油桐籽	55～65	35～45	30～40	52～60	
蓖麻籽	70～80	20～30	40～48	57～60	1～2
亚麻籽	57	43	35～40	58	2.2
大豆	92～93	7～8	16～22		0.70～0.98
油茶籽	82	18	33～47		
大麻籽	62	28	30～35		

2. 提高设备处理量

各类制油设备，都有其额定的处理量。由于皮壳占有一定的体积和重量，所以带壳油料经剥壳后再制油可提高制油设备的处理量，例如，葵花子仁中含壳率由8%减少至3%时，预榨浸出设备的处理量会提高10%左右。

3. 减轻对设备的磨损

有些油料皮壳很坚硬，若剥壳效果不好或仁中含壳量多，会对制油设备造成强烈磨损，使各种机件很快磨损。如对轧胚机的轧辊，输送绞龙的叶片，特别是榨油机的榨螺、榨条和榨圈等零件造成的磨损。剥壳效率高，仁中含皮壳少，就能减轻对设备的磨损，对生产有利，并能延长设备的使用寿命。

4. **提高毛油和饼粕质量**

油料的皮壳都不同程度地带有一些色素和蜡。若仁中含壳多，会影响油脂的外观、滋味、气味、色泽和透明度。例如，棉籽除棉酚会加深毛棉油的色泽外，棉仁中含棉壳多，棉壳中的棕色素也会加深毛棉油的色泽。葵花子壳中含有蜡，当葵花子仁中含壳量在6%～8%时，预榨毛油中含蜡量为0.05%～0.10%，而浸出葵花子油中含蜡量为0.10%～0.35%。仁中含壳量高，饼粕的使用价值会相应降低。因此，剥壳效率提高，仁中含壳量少、制取的毛油和饼粕质量相应就高。

5. **利于轧胚**

将带壳油料或胚中含壳量高的仁进行轧胚时，往往不易轧制成较薄的胚片，因此，仁中含壳量少可塑性好，有利于轧胚，使轧出的胚片厚薄均匀，具有一定的弹性和强度。

6. **皮壳可综合利用**

皮壳混在油料中对制油不利，而剥壳后的皮壳从仁中分离出来，可以综合利用。例如，棉籽壳可以水解生产糠醛，棉籽壳、椰子壳和桐籽壳可生产活性炭，葵花子壳可以制纤维板等。

（二）剥壳要求

1. **总体要求**

（1）破壳率要高。油料剥壳主要是利用各种剥壳设备，先使带壳油料的壳破碎，然后将仁和壳加以分离。因此，要求油料剥壳时破壳率要高，以利于壳中含仁率的降低和漏籽。

（2）漏籽要少。由于油料籽粒大小不等，容易造成剥壳时小颗粒油料未经破碎而漏出，并在仁壳分离后和皮壳混在一起，这样就会增加油分的总损耗。因此，油料剥壳时，应尽量减少漏籽。有条件的工厂最好对油料进行先分级后剥壳。

（3）粉末度要小。油料剥壳造成的粉末易黏附在壳上增加油分总损失，同时粉末度大对制油也不利。

2. **具体要求**

（1）剥壳效率。剥壳效率的高低，取决于两个方面：剥壳设备的性能和剥壳的操作工艺。两者配合恰当，剥壳效率就高。

圆盘剥壳机剥壳率（用于棉籽、油桐籽、油茶籽时）：不低于80%；

刀板剥壳机剥壳率（用于棉籽时）：不低于90%；

锤击式或齿辊剥壳机剥壳率（用于花生果时）：不低于90%；

立式离心剥壳机对葵花子的剥壳率：达90%。

（2）壳中含仁率。分离出的壳中含仁率要求尽量低，同时要求剥壳时粉碎度要小，否则，产生的仁屑过细，油分易被挤出，使壳上黏有油脂以及仁屑混入壳中，影响出油率。另外，分离效果与设备及操作工艺也有关系，两者配合恰当就能做到壳中含仁率少，壳中含仁率的具体要求是：

棉籽壳：在0.5%以下（包括壳中整籽粒中的仁）；

花生壳：在0.5%以下；

葵花子壳：在0.5%以下；

桐籽壳：在0.5%以下。

(3) 仁中含壳率。对于棉籽，螺旋榨油机榨油的仁中含壳率一般要求不超过6%，液压榨油机榨油的仁中含壳率要求不超过10%。其他油料压榨制油时，也都应尽量减少仁中含壳率，一般要求在5%以下。葵花子剥壳分离后的仁中含壳率一般不超过2%。

当饼粕作为食用蛋白原料时，对仁中含壳率的要求更加严格，应尽量降低仁中皮壳的数量，减少纤维素的含量，以增加饼粕的食用价值。

以上这些要求能否达到，取决于油料的质量、操作工艺掌握是否正确、剥壳及分离设备使用是否合理。油料水分过低时，剥壳时壳脆易破碎、壳仁粉碎度高，仁、壳分离困难；设备使用不合理时，会产生漏籽或仁、壳粉碎度大，也会影响剥壳效果。

3.2.2 剥壳设备

(一) 刀板剥壳机

刀板剥壳机是棉籽剥壳专用设备，是大中型油厂常用的理想设备。其特点是整仁率高，粉末度小，仁壳容易分离，但易漏籽，剥壳效率低，故常与振动筛配套使用，以便整籽返回重剥。

1. 结构

刀板剥壳机由进料斗、喂料器、调节器，除铁装置、转鼓、刀板、刀板座等部件组成，其结构如图3－2所示。

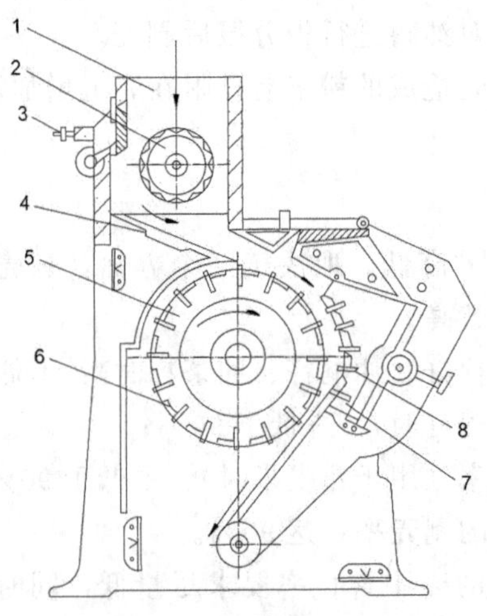

图3－2 刀板剥壳机的结构

1－进料斗 2－喂料器 3－调节器 4－磁铁 5－转鼓 6、8－刀板 7－刀板座

(1) 喂料机构由进料斗 (1)、喂料器 (2) 及进料斗侧面的调节器 (3) 组成，用来控制进料流量，保证供料均匀。喂料器外圆呈齿形，在轴端装有离合器。以便控制喂料器运行或停止、在喂料器下面的斜淌板，装有磁钢用以除去棉籽中的磁性金属杂质。

(2) 剥壳机构

①转鼓。转鼓是由球墨铸铁铸成的内空圆柱体，转轴穿过转鼓中心，以键固定。在转鼓表面有间距相等的刀槽，刀板用压板和螺栓紧固在刀槽内。刀板数量的多少，视转鼓直径而定。例如，转鼓为 1450mm×1220mm 上装有 14 条刀板。工作时转鼓的转速较高，为 1000r/min 左右，会产生剥壳剪切力，因此，转鼓应有足够的机械强度和耐磨性能。

②刀板。刀板是剥壳时产生剪切力、冲击力和摩擦作用的主要工作部件。刀板用 20Cr 钢经热处理后制成。主要工作面刀刃表面渗碳厚度 3 毫米，表面硬度 HRC60°～63°。压板也用同样材料制成，表面渗碳厚度 0.8～1.0 毫米；表面硬度 HRC60°～63°。

③刀板座。刀板座也由球墨铸铁制成，座上有 5～8 条刀板槽，槽内用压板固定住刀板。刀板座的工作面呈圆弧形凹面，与转鼓配合工作，两者之间有一定的间距，此间距的大小可通过刀板架上的偏心轴加以调节，一般为 3～4 毫米。

④固定刀板架。它用以固定刀板座由两块墙板及定位撑组成。墙板下端由一固定轴与机架连接，上端依靠定位条和定位梗等固定刀板架的位置，以保持刀板座和转鼓之间的一定间距。

2. 工作原理

棉籽在刀板间受剪切剥壳的情况如图 3－3 所示。进入刀板剥壳机的棉籽，经喂料机构均匀流入转鼓 (1) 和刀板座 (2) 之间，由于高速旋转的刀板的前切作用，使外壳被切裂打开，棉籽被剥壳。

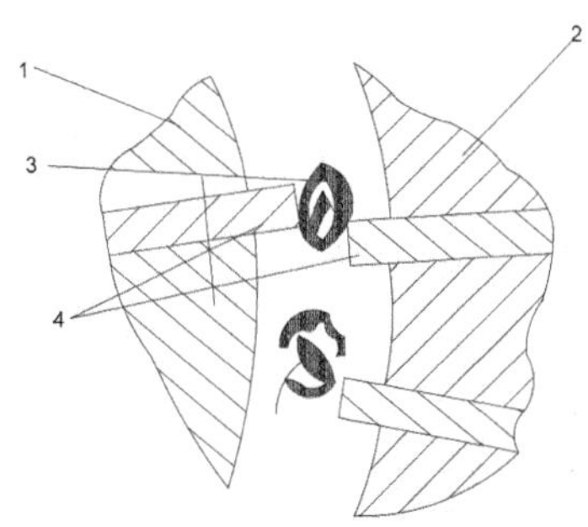

图 3－3　刀板剥壳机工作原理

1－转鼓　2－刀板座　3－棉籽　4－刀板

3. 影响刀板剥壳机剥壳效率的因素

(1) 棉籽的含水量。水分低时，壳较脆，剥壳效率高，但粉碎度大；水分高时，剥出物的整仁率高，粉碎率低，但剥壳效率也低。

(2) 转鼓转速。转速高，刀板剪切棉籽的次数增加，剥壳率就高，相应整仁率则较低。

(3) 喂料量。在转鼓转速相同的情况下，喂料量大，剥出物的整仁率较高，处理量加大，但漏籽较多，重剥率也大。

(4) 刀板间隙。刀板剥壳机刀板之间的间隙大小，对处理量、剥壳率、整仁率都有影响。当刀板间隙增大时，漏籽增多，剥壳率和处理量大大下降，但粉碎度减小，整仁率相应增高。刀板间隙控制在 3.5mm 左右比较适当。

4. 产品系列

刀板剥壳机的产品系列及主要技术参数见表 3—3。

表 3—3 刀板剥壳机的产品系列及主要技术参数

转鼓直径×长度 (mm)	转鼓转速 (r/min)	喂料辊转速 (r/min)	生产能力 (t/d)	电机功率 (kW)	外形尺寸 长×宽×高 (mm)
Φ350×600	1000	40	30	13	1300×785×1250
Φ450×915	970	40	50	22	
Φ450×1220	950～970	40	100	28	1600×1000×1475
Φ450×1370	970	40	110	30	
Φ596×760	950～970		头道 70 二道 95	20～22	2012×900×1460

(二) 圆盘剥壳机

圆盘剥壳机又称“牙板剥壳机”，是借一对磨盘表面齿纹的搓碎作用，使油料外壳破碎的一种剥壳设备，它主要用于棉籽的剥壳，也可用于花生果、油桐籽等带壳油料的剥壳。此外还可以用作破碎各种油料和经粗碎后的油饼。其特点是结构比较简单、调整使用方便，应用范围广。但圆盘剥壳机对油料剥壳时粉碎度大，形成较多的碎仁碎壳，使仁壳分离困难而导致油脂损失。

1. 结构

圆盘剥壳机的结构如图 3—4 所示。它主要由喂料器、磨盘、调节器、传动机构和机座等部件组成。

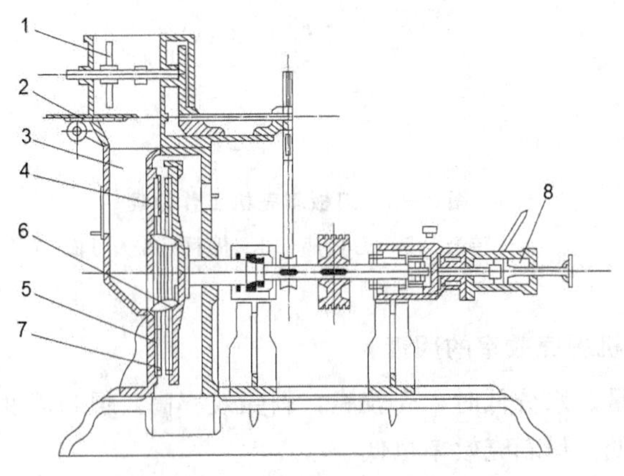

图 3—4 圆盘剥壳机的结构

1—喂料翼 2—调节板 3—棉籽通道 4—固定盘 5、7—磨片 6—转动盘 8—调节器

（1）喂料器。喂料器由喂料翼、喂料轴和调节板等组成。喂料翼（1）安装在喂料轴上，共有两对交叉排列。调节板（2）的底面则固定有齿条，并有齿轮与其啮合。当转动齿轮时，齿条带动调节板前后移动，从而减小或增大进料量。

（2）磨盘。磨盘由若干块扇形磨片固定在底盘上而成，是圆盘剥壳机的主要部件之一。圆盘剥壳机有两片磨盘，一片是固定的（俗称“死盘”），固定不动；另一片是转动的（俗称“活盘”），与传动轴相连接，随轴一起旋转。在活动磨盘上装有四把打刀，打刀的作用主要是把油料甩入磨盘之间进行剥壳。

磨盘上的磨片由铁铸成，呈扇形。每片磨盘上装有4～6块磨片，组成圆环形。磨片有细密的斜条槽纹和方格槽纹两种类型。斜条槽纹磨片常用于棉籽剥壳，方格槽纹磨片用于破碎。每块磨片上都有3个孔，以便用沉头螺钉固定在底盘上。

（3）调节器。调节器安装在传动轴的右端，传动轴的左端与转动磨盘固定在一起（见图3—4）。调节器就是使传动轴前后移动，达到调节磨盘间距和自动排除混入磨盘之间的铁块、石块等坚硬异物的目的。

调节器由两个弹簧、推动盘、顶杆、凸轮、手柄及调节手轮等零部件组成。扳动手柄可以使转动磨盘前后移动13mm，用于开关机及出现故障时的大调节；旋转调节手轮可用于微调磨盘间距。当有硬杂如铁块等进入磨盘之间时，活动磨盘会向外移动，待硬杂落下后再自动复原，起到自动排除硬杂的目的，以保护磨片不致损坏。

（4）传动机构。圆盘剥壳机的传动机构包括主轴和喂料轴两部分传动，其中主轴是通过一对三角带轮由电动机带动，而喂料轴是通过一对齿轮和一对平皮带轮由主轴带动。

2. 工作过程

工作时，油料依靠喂料翼（1）的不停转动，均匀地进入机内，其流量由调节板（2）控制。由于活动盘上装有四把打刀，快速转动时将油料均匀地打入两磨盘之间，使油料受到磨片的搓碾作用，壳被破碎，形成仁壳混合物，经剥壳机底部排料口排出。磨片之间的工作间距由调节器进行调节。

3. 圆盘剥壳机产品系列

圆盘剥壳机产品系列及主要技术参数见表3—4。

表3—4　圆盘剥壳机产品系列及主要技术参数

磨盘外径（mm）	生产能力（t/d）	主轴转速（r/min）	电机功率（kW）	外形尺寸（mm）长×宽×高
406	24	1700	7.5	
609	20	1100～1200	7.5	1630×860×1199
660	24～28	1200	10	1300×991×1373
710	33～36	1000～1100	22	1943×1004×1494
762	36～40	1000～1100	17	
812	38～43	1000～1100	20	
864	43～48	1000～1100	20	
914	48～60	1000～1100	22	2200×1080×1790

(三) 刀笼剥壳机

刀笼剥壳机又称“锤击剥壳机”，用于对花生果的剥壳，它是利用带有锤击头的刀笼在半圆形的笼栅内旋转，将进入笼栅内的花生果锤击、挤压使之破碎，然后通过风选和筛选将穿过笼栅的仁与壳分离。该设备的特点是结构比较简单，操作方便，剥壳效率高，同时还能使仁壳分离，是一种剥壳与仁壳分离的联合设备。

刀笼剥壳机的结构如图 3－5 所示。它主要由喂料机构、剥壳机构、仁壳分离机构和传动机构等部件组成。工作时，花生果从进料斗通过调节器和拨料辊控制流量并形成较薄料流均匀地下落。在花生果下落的过程中，从风道吹出的气流将杂质吹走，经导风板后部落入笼栅。花生果内的重杂则垂直落入溜管，排出机外。溜管上部有一调节活门可予控制，以防花生果也落入其内。至于花生果在气流的作用下偏向左边流入笼栅内，笼栅中间为刀笼，刀笼上有锤击头，刀笼以 100 转/分的转速旋转，花生果在锤击头的打击和挤压作用下被破碎，并通过下部的半圆形笼栅缝隙下落。尚未破碎的花生果则维续留在笼栅内，自至被破碎而通过缝隙。从笼栅缝隙下落的花生壳和花生仁，遇到风机吹来的经调节风门调节好的气流作用，将碎壳吹向集壳管，果壳从集壳管下部的出口排出，壳屑等轻杂质从集壳管中部壳屑出口排出，另行收集。

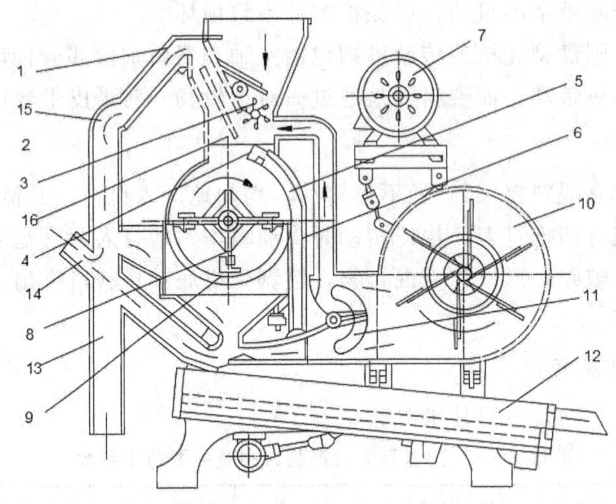

图 3－5 刀笼剥壳机的结构

1—存料斗 2—调节板 3—拨料辊 4—调节活门 5—风道 6—溜管 7—电动机 8—刀笼 9—笼栅 10—通风机 11—调节风门 12—振动筛 13—果壳出口 14—壳屑出口 15—集壳管 16—导风板

从笼栅下落的花生仁及少量小花生果则进入振动筛进行再分离。振动筛共 3 层筛面，第一层分离花生果和花生仁，筛上面的花生果则需返回再剥壳；第二层是分离颗粒大小不一的花生仁；第三层是用来筛出细小的杂质。

因为花生果的颗粒大小相差较大，为了提高剥壳效果，大型油厂应在剥壳前对花生果先进行前路分级，然后再分别予以剥壳。

YBKD·6I×57 型刀笼剥壳机的主要技术参数如表 3—5 所示。

表 3—5　YBKD·6I×57 型刀笼剥壳机的主要技术参数

项目	指标	项目	指标
处理量（t/d）	48	刀笼转速（r/min）	100
刀笼直径（mm）	612	拨料辊转速（r/min）	50
刀笼长度（mm）	570	电机功率（kW）	10
笼栅直径（mm）	650	外形尺寸：长×宽×高（mm）	2850×1365×2372
通风机转速（r/min）	500	总重量（kg）	1500
笼栅长度（mm）	600		

（四）离心剥壳机

离心剥壳机是在离心力的作用下，使带壳油料进入设备后猛烈撞击设备壁面，其外壳被破碎的一种设备，有立式离心剥壳机、卧式离心剥壳机，其中立式离心剥壳机最为常见。

立式离心剥壳机又称“透平剥壳机”，是葵花子剥壳的专用设备。立式离心剥壳机的结构如图 3—6 所示。它由进料斗、转鼓（转盘）、传动机构和机壳等部件组成。工作时，葵花子进入进料斗（1）后，经调节料门（4）下落至快速旋转的转盘（6）上，葵花子被高速甩向四周，首先受到转盘上打板的冲击；葵花子壳即破裂，然后，破裂及尚未破裂的葵花子又以高速撞击到挡板（7）上，使之进一步破碎，以达到充分剥壳的目的。从挡板下落的仁与壳一起流入出料口排出机外，再另行分离。

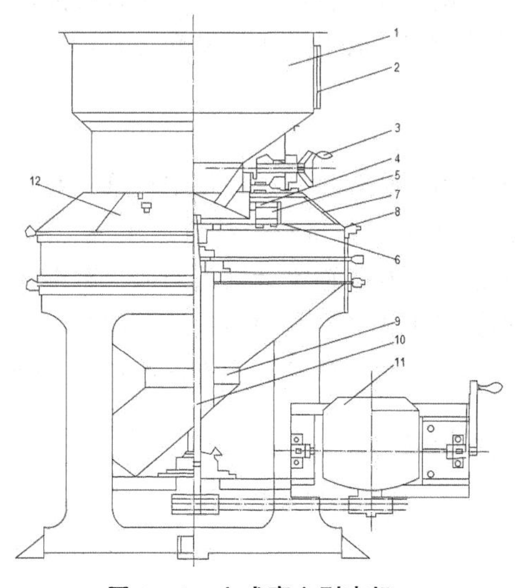

图 3—6　立式离心剥壳机

1—进料斗　2—视镜　3—手柄　4—调节料门　5—打板　6—转盘　7—挡板
8—上机壳　9—下机壳　10—主轴　11—电动机　12—检查门

立式离心剥壳机的优点是处理量大；剥壳效率高，达90%；整仁率为70%～80%，粉碎度小；打板利用率高，而且结构紧凑，节省动力。缺点是设备结构较复杂，开始操作时调整较麻烦。

立式离心剥壳机的主要参数见表3－6。

表3－6 立式离心剥壳机的主要参数

项目＼型号	YBKT·40	YBKT·80
生产能力（t/d）	20～25	40～50
转盘直径（mm）	400	800
转盘转速（r/min）	1400～1500	1400～1500
打板数（块）	12	24
电机功率（kW）	1.7	

3.2.3 油料去皮

随着油料生产和油脂工业的发展，油料的去皮具有一定的现实意义。油料的种皮主要由纤维素和半纤维素组成，去皮后制油可得到蛋白质含量高的饼粕，利于食用或提取蛋白质，同时，一般油料的皮含油极少，还带有色素，故去皮后制油可提高出油率，并改善油脂色泽；因此，油料去皮对饼粕的综合利用、油脂制取和油脂加工等方面，都具有重要的意义。

一般油料种皮较薄，与籽仁的结合附着力也较强，如大豆的豆皮、花生的红衣都紧贴在籽仁上，使用一般的方法很难使皮和仁分离，特别是小颗粒的油菜籽、芝麻更难使其皮仁分离，不过掌握油料的一些特性使用适合的去皮设备和工艺，还是能够去皮的。

（一）油料去皮原理

油料的种皮和籽仁的主要组成成分不同。籽仁中纤维素和半纤维素含量很低，其主要成分为脂肪和蛋白质，而种皮主要由纤维素和半纤维素组成。生产中通常利用油料的这一特性，将油料经加热、干燥使油料颗粒表面水分降低到适当范围，然后冷却，使油料的种皮变脆和爆裂，便于与籽仁分离。经干燥和冷却的油料，采用搓碾、搓撕或挤压的方法，即可把籽仁外面的种皮脱离下来，然后用风选或筛选的方法使仁、皮分离。

（二）油料去皮工艺与设备

1. 去皮工艺

常见的去皮工艺如下：

油料加热—干燥—冷却—脱皮—风选去皮—脱皮油料。

2. 去皮设备及工作过程

（1）干燥与冷却。大豆脱皮前通常采用烘干塔进行干燥。塔内有烘干段与冷却段，上段用热风（温度为 60℃～70℃）加热，大豆温度有 50℃～60℃，下段用冷风冷却后出料。大豆在塔内总共停留 2 小时，烘干后大豆水分为 5%～6%，这样便于脱皮，也有利于浸出。

花生仁去皮干燥时，要求快速加热至适当温度后冷却，花生仁外皮松脆。可采用滚筒干燥器、远红外干燥器等设备来加热。

芝麻加热至适当温度，外皮即爆裂，通过风选即可去皮。

(2) 脱皮。经干燥冷却后的大豆、花生常用胶辊砻谷机脱皮。胶辊砻谷机是碾米厂用作稻谷脱壳的设备。该设备有一对铁芯橡胶辊筒，工作时，以一定的线速差相对转动，进入胶辊间隙中的油料将受到强烈的摩擦、搓碾作用，表皮很容易破裂并脱离籽仁。同时，由于胶辊具有一定的弹性，籽仁不易或很少破碎，这样有利于仁、皮的分离。

大豆也可采用双对辊破碎机，破碎成 2～8 瓣，大豆外面的豆皮也同时被破碎并从籽仁上脱落，使脱皮和破碎两道工序合二为一，去除豆皮后的豆瓣可直接软化。但油料破碎后会产生部分粉末，造成分离困难，增加油脂损失，特别是对于高油分油料（如花生仁）影响更大。因此，在破碎过程中应尽可能减少粉末度。

(3) 仁、皮分离。用胶辊砻谷机脱皮后的仁皮混合物料由砻谷机本身带有的风网除去外皮，得到的仁比较完整。但当采用双对辊破碎机脱豆皮时，因有一部分豆粒被破碎成粉末易被风力吸走，应先用脱皮筛进行筛选。脱皮筛是有两层筛面的振动筛，第一层筛面的筛上物主要是整粒和大粒大豆，在吸走豆皮后要返回重新破碎，第二层筛面的筛上物是仁粒和豆皮，经风力分选器除去豆皮后与筛下的仁屑和粉末一起送至下道工序。

3.2.4 籽仁与皮壳的分离

油料经过剥壳、脱皮后得到一种混合物料，它包括整仁、仁屑、壳、壳屑、未经破碎的完整油料等。在生产中要求把这种混合物料加以分离，分离出来的仁和仁屑送入下道工序，壳和壳屑送入仓库，完整的油料再重新剥壳。仁壳分离是一道比较复杂的工序，分离的效果如何，直接关系到制油出油率的高低和油脂饼粕的质量。

（一）分离设备

在生产中常采用筛选法和风选法来分离仁、壳和整粒油料的混合物料。有些剥壳设备本身就带有筛选或风选系统，组成联合设备，同时完成剥壳和仁、壳的分离。

1. 筛选设备

筛选设备分离仁、壳，一般采用振动筛及旋转筛等设备。对葵花子壳仁分离的专用设备有葵花子壳、仁分离筛等。

筛选设备用于仁壳分离时，其结构、原理都与用于清理时相同，仅仅是筛板、筛孔规格有所不同，应根据剥壳与仁壳分离要求进行选择。表 3－7 列出了几种筛选设备的筛孔规格。

表 3－7 几种筛选设备的筛孔规格

筛选设备	筛孔直径（mm）			用途
	进料段	中段	出料料段	
振动平筛	4		6	棉籽剥壳后仁、壳、整籽初分离
圆筛	6.3	6.3	6.3	仁、壳分离
圆筒打筛	6		4	分离壳中残留的仁屑

（1）振动筛。用于棉籽剥壳仁、壳分离的振动筛，筛板做成瓦楞状，以便物料在筛面上更好地翻动，有利于仁、壳的分离。由于从剥壳机刚落下的物料在筛面上较松散，经振动时壳、仁聚集在一起流动性差，因而出料段略为放大筛孔有利于籽仁分离。

（2）圆筒打筛。圆筒打筛用于棉籽的仁壳分离效果较好。其筛孔在筛筒上的排列由大到小，是由于进入圆筒打筛前段的物料散落性差，经打棒不断拍打翻动后，物料逐渐松散，后段筛孔适当放小些可以尽量减少壳屑通过筛孔混入仁中。

（3）葵花子壳、仁分离筛。葵花子剥壳后的仁壳在大小、密度等方面相差不大，较难分离。该设备是葵花子壳仁分离的专用设备，与振动筛基本相同，由进料机构、仁筛、壳筛、风机和传动机构组成。

工作原理与比重去石机相同。工作时，葵花子、仁和壳一起从进料斗均匀地落入仁筛中部，在筛面上首先受到来自鱼鳞形筛孔下面吹出的气流作用而呈悬浮状态。由于子、壳的悬浮速度比仁小，子及壳就悬浮于仁的上层，再加上筛体的振动，会增大整子、仁、壳三者自动分级，仁沉积在筛面上。仁在筛面上由于受到惯性力、凸起筛孔之推力以及吹出的风力等的作用，逐渐向其筛面上端移动，最后从出口排出。子和壳则在自身重力和惯性力作用下，沿着筛面倾斜方向下滑，最后从筛面下端的子、壳出口沿溜板进入壳筛中部。与仁筛一样，子与壳在此分离，整子向上运动从筛面上端排出，壳从筛面下端排出。经分离后，仁中含壳量小于 2%。

2. 风选设备

棉籽和其他油料剥壳后，破碎的壳和仁粒或整粒有时大小相差较小，同时仁屑和壳屑在外形和大小上也无明显差别，此时采用筛选方法就难以使仁屑和壳屑、整粒与碎壳分离。通常可利用这些油料之间悬浮速度的不同，采用风力分选的方法来进行分离，如采用专门的风选设备籽壳分离机或其他类型的吸风分离器将此类物料分离。对于不同的物料，应按照工艺要求，分别选用适当的悬浮速度来确定其风选设备的类型及大小。现将籽壳分离机介绍如下。

籽壳分离机一般用于两道棉籽循环剥壳工艺，用来分离壳中整粒棉籽。它通常与刀板剥壳机配套使用。它是利用风力将整粒棉籽与壳进行分离的设备，其结构如图 3－7 所示。

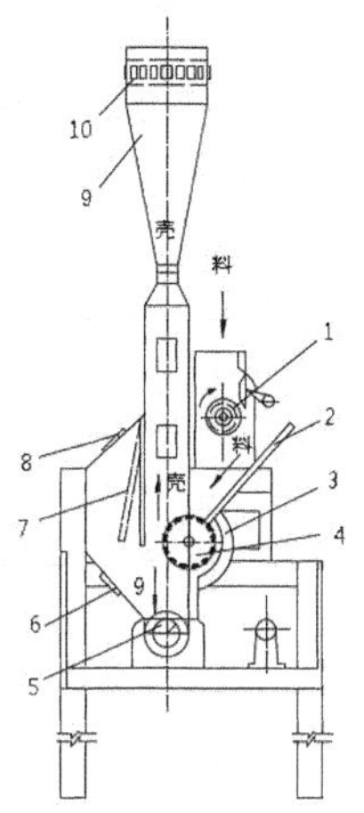

图 3—7　籽壳分离机的结构

1—喂料辊　2—淌板　3—弧形槽板　4—刀辊　5—螺旋输送机

6、8—风门　7—导向板　9—风室　10—风口圈

工作时，物料由进料斗进入，在喂料辊（1）的作用下均匀下料。然后，经淌板（2）落入弧形槽板（3）和刀辊（4）之间，使物料分成均匀的薄层，便于风力将其中的棉籽壳吸走。整粒棉籽由于比重较大，就直接落入下部的螺旋输送机（5）排出机外，而棉壳由于比重轻，在风力的作用下，从风室（9）经风口圈（10）由上部吸风管排出机外，送至集壳器。风门（6）和（8）、导向板（7）以及风口圈都是用来调节风量与风速的，以便籽壳有效地分离。通常风室的吸风道处的风速为 4.5～5.0 米/秒，籽壳分离机的主要技术参数见表 3—8。

表 3—8　籽壳分离机的主要技术参数

项目	指标	项目	指标
生产能力（t/d）	70	配用风机风量（m3/h）	340
刀辊尺寸：直径×长度（mm）	Φ172×1675	配用风机风压（Pa）	1569
刀辊转速（r/min）	11	配用风机转速（r/min）	2230
主轴转速（r/min）	570	配用风机功率（kW）	2.8～3
所需功率（kW）	15	外形尺寸：长×宽×高（mm）	2420×980×2800

（二）几种油料剥壳和仁壳分离的工艺流程

1. 棉籽剥壳和仁壳分离的工艺流程

目前国内棉籽油厂，有的生产规模较小，有的生产规模较大。规模小的中小型油厂，由于油料品种多样化，不同季节生产不同的油料，对清选剥壳的设备就要求一机多用，选用的设备就要从适合多种油料来考虑。这样，对于不同油料的生产，只要适当地调整一些设备和工艺流程，就能适应多种油料生产。例如，棉籽剥壳可采用圆盘剥壳机，因为它对油料的剥壳和破碎都适用，且工艺流程和设备都较简单，不足是出油率较低。

规模大的油厂可采用棉籽剥壳专用设备，其工艺流程完善，剥壳效果较好，出油率较高。其不足是由于选用设备多，剥壳的费用就较高，但这部分费用可从提高出油率方面得到补偿。

（1）棉籽一次剥壳工艺流程（见图 3－8）。

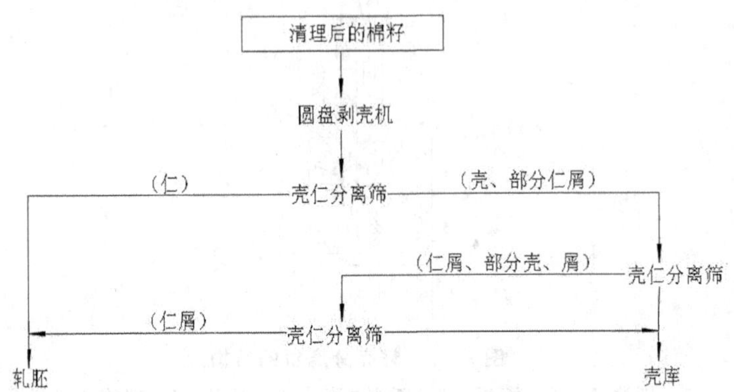

图 3－8　棉籽一次剥壳工艺流程

（2）棉籽二次剥壳工艺流程（见图 3－9）。

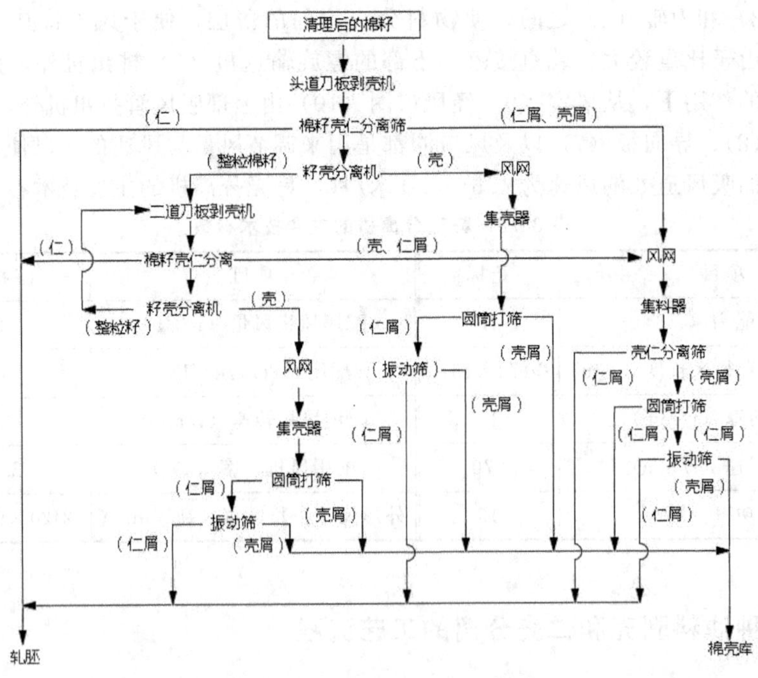

图 3－9　棉籽二次剥壳工艺流程

2. 花生剥壳和仁壳分离工艺流程

花生果壳质松，而且仁壳之间有一定的空隙，经锤击式剥壳机锤击和挤压即破碎，其工艺流程如图 3－10 所示。

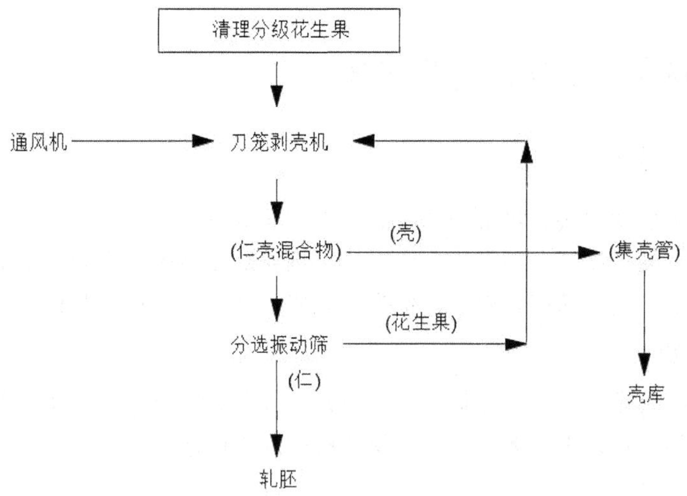

图 3－10　**花生剥壳和仁壳分离工艺流程**

3. 葵花子剥壳和仁壳分离工艺流程

葵花子壳薄而脆，其剥壳工艺也较简单，通常采用立式离心剥壳机，使皮壳破裂，然后再进行仁壳分离，其工艺流程如图 3－11 所示。

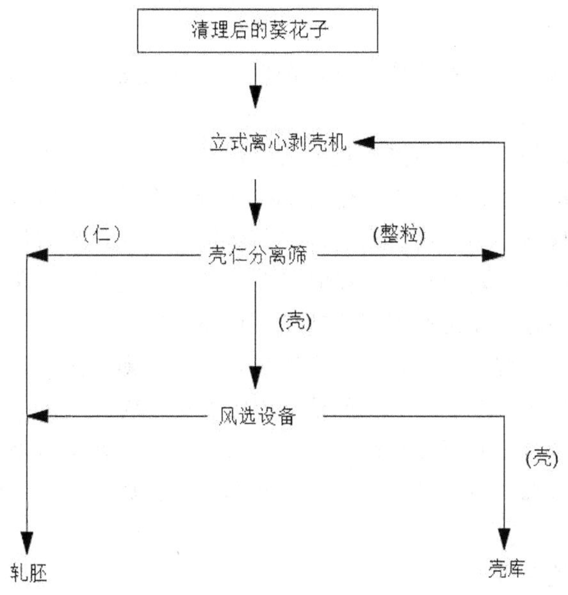

图 3－11　**葵花子剥壳和仁壳分离工艺流程**

3.2.5 剥壳、去皮的工艺实训

（一）剥壳设备

剥壳是利用机械方法，将带壳油料的外壳破碎的过程。油厂常用的剥壳设备有：用于棉籽剥壳的刀板剥壳机和圆盘剥壳机，用于花生剥壳的刀笼剥壳机和用于葵花子剥壳的离心式剥壳机等。以最为复杂的棉籽剥壳设备为例说明其操作及维护，其他设备的操作基本相同。

1. 刀板剥壳机

刀板剥壳机由进料机构、刀板转鼓和刀板座等部分组成，其工作原理是利用转鼓上的刀板与刀板座上的固定刀板的剪切作用，使油料的皮壳破碎。

（1）操作要点

①开车前，应先认真检查进料淌板上磁钢的吸铁能力，若吸力不够，则需更换或进行充磁；用手扳动转鼓，注意倾听有无撞击声，运转是否平稳。

②开车后，要空车运转 3～5min，观察有无异常现象，等一切正常后，才能开闸下料。

③经常检查喂料辊，保持下料畅通，无杂物阻塞，并使喂料均匀。

④根据油料水分高低，颗粒大小，适当调节转鼓与刀板座之间的间距，一般为 3～4mm。调整的方法是：两侧同时调节刀板架的偏心机构，使刀板座与转鼓刀板之间呈合适间隙。

（2）维护保养要点

①每次开车前要认真检查各部分螺丝是否拧紧，特别是刀板上的螺丝不能有松动，应保证转动件有足够的润滑剂。

②平时要保持机件的整洁，不能让灰尘落进传动件内。每周进行一次小维修，每季要进行一次大维修，对易损件要即时更换，使各部件保持应有的工作效能。

③刀板检修。刀板在使用一段时间后，刀口磨钝，此时可将刀板换面后继续使用。当刀板两面均磨损后，即应更换新刀板，更换时只要将刀板压板的内六角螺钉卸下即可。更新刀板时，应使刀板重量一致，安装要牢固平整，刀口要在同一圆周上。

④转鼓检修。转鼓上装有刀板，刀板靠压板及内六角螺钉固定在转鼓上，转鼓用键连接在主轴上随轴作高速旋转。工厂中一般的检修仅需要更换转鼓上的刀板，更换刀板后，要求进行转鼓静平衡矫正。矫正时可在平衡支架上进行，也可以在机器轴承座上简易判断。若用手扳动转鼓，每次停留部位不一样，说明转鼓基本平衡，如果每次停留在同一位置则表明该位置的刀板偏重，应更换。

（3）常见故障及处理方法

刀板剥壳机的常见故障及处理方法见表 3－9。

表 3—9　刀板剥壳机的常见故障及处理方法

故障现象	故障原因	处理方法
转鼓轴承发热，超过允许温升	1. 轴承缺乏润滑油 2. 负荷过大	1. 立即加注润滑油 2. 适当减少加料，给料均匀
出料破壳率低	1. 刀板的刀口磨损 2. 转鼓与刀板座间距偏大	1. 更换刀面或更新刀板 2. 调节间距
噪声大	1. 轴承出了故障 2. 刀板转鼓静平衡未矫正 3. 地脚螺栓松弛 4. 物料中含有较大的硬杂	1. 更换轴承 2. 矫正转鼓静平衡 3. 拧紧地脚螺栓、螺母 4. 调整清理工艺

2. 圆盘剥壳机

圆盘剥壳机由喂料器、固定圆盘磨片、活动圆盘磨片及打刀、机壳、调节器组成。工作时，借助一对磨盘的搓碾作用，使油料外壳破碎。

（1）操作规程

①开车前应认真检查各螺丝是否拧紧（特别是磨片盘上的螺丝），各转动件是否有足够的润滑剂。进机物料应除净硬杂。

②开车前首先要人工盘动主轴，推动调节器上的手把，要求两片磨片在运转状态时不接触（听不到磨片摩擦的声音），然后再把手把推回到原来的位置。

③开车后等主轴运转到正常状态，推动手把，调节手轮，使两片磨片稍微有点接触（听到一点声音），然后打开进料斗，检查下料的粒度，如还感到不符合要求，再调节手轮直至得到合格粒度后，再用锁紧螺母固定。

④在正常运转时，要随时注意磨片中有无进入硬的杂质（如铁块等），一经发现异声，应立即扳动调节器手把，把活动盘拉开，避免磨片被击碎。磨片放开时，没有处理的油料应收集起来，重新处理。

⑤在操作时经常注意动力负荷情况。在负荷升高时，应及时减少供应量；当动力负荷突然增大，应检查剥壳机内是否堵塞，如有应停机拆开外壳清理。

⑥停车前先要关上进料斗，然后将手把往后拉，使磨片相互脱离。

（2）维护保养要点

①在调换磨片时，要严格保证磨片的平衡。因为磨片转速较高，如不平衡，运转时将引起振动，且有危险。新换的磨片要逐个称重，把重量基本相同者对称安装。

②安装调整。安装完毕后，用手转动槽轮，主轴转动应灵活，轴向无窜动，径向无跳动，推动凸轮手把时，主轴向前移动，拉回手把，主轴在弹簧的作用下应马上复位。空载试验时，应保证转动平稳，无噪声，主轴应无跳动和窜动现象，并在凸轮手把的操纵下轴向应能移动和顺利复位。

③保持良好的润滑状态。定期在各轴承部位加注润滑油。

(3) 常见故障及处理方法（见表3—10）

表3—10　圆盘剥壳机的常见故障及处理方法

故障现象	故障原因	处理方法
磨盘间压力突然增大（负荷增大）	1. 磨片间混入铁石等大型杂质 2. 流量过大，致使堵塞	1. 扳动手柄使磨片处于停止工作状态 2. 减少供料量，堵塞严重时，立即停机拆开外壳清理
剥壳机振动厉害	1. 活盘上两对角磨片重量不一致，致使不平衡 2. 地脚螺栓松动	1. 立即停机，矫正平衡，将磨片拆下称重，把重量基本相同者对角安装 2. 立即拧紧地脚螺栓

(二) 仁壳分离设备

油料剥壳后，通常是以混合物料排出机外的，这种混合物包括籽仁、仁屑、皮壳、壳屑，此外还有漏剥的整籽油料，在工艺上需要将这部分物料加以分离。分离方法有筛选法和风选法。

1. 仁壳分离筛

仁壳分离筛除了筛孔大小及筛面形状需根据仁壳分离要求而与清理用筛选设备稍有不同外，其余操作和维修要点基本相同。

2. 应用风选法的仁壳分离设备

用于将整粒的油料与皮壳分离的常用设备是籽壳分离机，是利用皮壳和籽粒悬浮速度的不同，控制一定风速，用风力将籽与壳分离。

(1) 籽壳分离机的操作规程

①进料前，检查分离机有无漏风。漏风严重时，要查明原因，密封后才能开始进料。

②进料时要控制好物料流量，调节好风量及风速，使出料籽粒中基本不含皮壳，或皮壳中基本不带籽粒。

③停车时，先停止进料，然后关停风机及出料绞笼。

(2) 常见故障及处理方法

籽壳分离机的常见故障及处理方法见表3—11。

表3—11 籽壳分离机的常见故障及处理方法

故障现象	故障原因	处理方法
壳中含籽较多	1. 风速过大 2. 油料破壳率低	1. 调小风速 2. 调整剥壳操作
籽中含有较多皮壳	1. 吸风速度小 2. 流量过大	1. 增大风速 2. 适当减少流量

【课后习题】

1. 哪些油料需要剥壳？有什么具体要求？
2. 简述刀板剥壳机的结构和工作原理。
3. 应从哪几方面来考虑提高刀板剥壳机的剥壳效率？
4. 简述圆盘剥壳机的结构和工作原理。
5. 比较圆盘剥壳机和刀板剥壳机的使用特点，两种剥壳机工作间隙应如何调整？
6. 花生果、葵花子、棉籽应选用什么剥壳机剥壳？其工作原理是什么？
7. 油料脱皮具有什么意义？大豆、花生仁如何脱皮？
8. 为什么棉籽的仁壳分离常采用圆筒打筛？
9. 简述葵花子仁壳分离的工作原理。
10. 试编制中型油厂棉籽剥壳和仁壳分离的工艺流程（注明选用设备名称及工艺要求）。

项目四　生胚制备

【项目概述】

生胚制备是油料蒸炒或浸出之前的重要工序，胚片质量的好坏直接影响油料的出油率。生胚制备主要是油料颗粒经过破碎、软化、轧胚等工序被压成生胚的过程，要求了解破碎、软化和轧胚的工艺要求，掌握主要设备的工作原理及结构特点，设备的选择及操作、保养维护。

【项目目标】

1. 掌握破碎与软化的方法与轧胚基本原理。
2. 掌握油料破碎、软化与轧胚设备操作过程。
3. 能分析影响轧胚工艺效果的因素。
4. 能分析和解决破碎、软化与轧胚设备的常见问题。

任务 1　油料破碎

【课前引导】

油料的颗粒大小不同，为了满足软化，轧胚工艺要求，要对油料进行破碎，对不同油料采用什么样的设备，达到什么要求？在操作过程中应注意哪些问题？这些问题是我们这一节任务需要解决的。

【任务描述】

通过本任务的学习，熟悉破碎的工艺要求和工艺参数，了解常用破碎设备的结构及工作原理，能根据工艺参数要求操作设备。

【任务目标】

1. 了解破碎工艺要求。
2. 熟悉常用破碎设备及工作原理。
3. 掌握破碎设备操作要点。

破碎是将油料粒度变小的工序。

4.1.1 破碎的目的和要求

（一）目的

植物油厂在油脂制取过程中有两种性质的破碎，一种是大颗粒油料必须进行破碎，如花生、大豆、桐籽等。这首先因为大颗粒油料不宜于轧胚，料粒不易进入轧胚机的轧辊缝隙，因此必须使其变小，以符合轧胚条件。其次对大颗粒油料进行水分和温度的调节比较困难，以致油料水分和温度内外不均，达不到所需要的可塑性，也就制备不出符合要求的生胚，从而影响油脂的制取。另一种是预榨饼或一次压榨后的饼也必须进行破碎，使大的饼块成为较小的饼块，才利于浸出制油或经水分温度调节和轧胚后进行二次压榨制油。

（二）工艺要求

对破碎工序的要求，一般随油料的不同和工艺要求的不同而异，总的说来，其要求是：

1. 破碎后粒度均匀，符合规格。大豆一般破成2～4瓣，花生仁4～6瓣，桐籽掌握在8～12瓣，油饼块破成对角线6～10mm为宜。

2. 不漏油、不成团、少出粉。破碎物过20目/25.4mm筛的筛下物质量要求：花生仁＜8%、大豆＜10%（用圆盘剥壳机）或＜5%（用辊式破碎机）。

3. 水分要求。为了达到以上工艺要求，油料在破碎前的水分含量要适宜。水分过高，不易破碎，有时会压扁、结团、出油，同时影响浸出效果；水分过低，又会造成粉末度大、粒度不均匀。一般要求大豆水分控制在10%～15%，花生仁7%～12%，桐籽11%～15%为宜。预榨饼水分一般以7%左右为好。

4.1.2 破碎的设备

（一）种类

植物油厂常用的破碎设备，按结构的不同可划分为辊式破碎机、齿辊破碎机和锤式破碎机等几类。这些破碎设备通常采用挤压、剪切、撞击或几种方式相结合的形式来破碎油料。

带槽的辊式破碎机可用于破碎大豆、花生仁，齿辊破碎机可用于整椰子干片和大块预榨饼的初次破碎。此外，圆盘剥壳机也可用作破碎设备，只是需换成方格磨片，将转速调低到200～300r/min即可。

（二）破碎设备

常见的破碎设备主要是辊式破碎机和齿辊式破碎机。

1. 辊式破碎机

辊式破碎机分为单对辊破碎机和双对辊破碎机两种，它们的结构基本上是相同的，只是前者较后者更为简单，动力消耗也相应小些。具体选用则应根据实际生产情况而定。现将双对辊破碎机介绍如下。

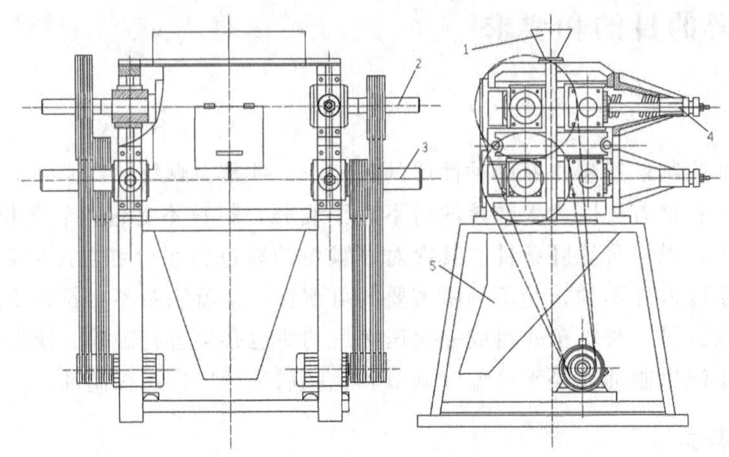

图 4—1 双对辊破碎机的结构

1—进料斗 2—上破碎辊 3—下破碎辊 4—轧距调节装置 5—出料斗

图 4—1 所示为双对辊破碎机的结构。它主要由进料斗、破碎辊、轧距调节装置、出料斗、传动机构和机座等部件组成：

油料进入进料斗（1）后，首先落入上破碎辊（2）之间进行破碎，紧接着落入下破碎辊（3）之间进行第二次破碎。其中上破碎辊的一个辊面有经齿，另一个辊面有纬齿，故这一对辊又叫作“经纬辊”，而下破碎辊的两个辊面均为斜齿。两辊之间的距离通过轧距调节装置（4）由人工进行调节。经破碎后的油料从出料斗（5）排出机外。

双对辊破碎机的传动是由两个电动机分别带动两对三角皮带轮而使上、下破碎辊转动的。双对辊破碎机的产品系列列于表 4—1。PJS · 25×80 型双对辊破碎机技术参数列于表 4—2。

表 4—1 双对辊破碎机的产品系列

项目 \ 型号	PJS · 25×50	PJS · 25×30	PJS · 25×80
辊径（mm）	250	250	250
辊长（mm）	300	500	800
单位辊长产量（t/cm · d）	1.25	1.25	1.25
处理量（t/d）	38	63	100
单位功率产量（t/kW · d）	6.0～6.5	6.0～6.5	6.0～6.5
配备功率（kW）	7.5	10	15

表 4—2　PJS•25×80 型双对辊破碎机技术参数

项目	规格	项目	规格
处理量（t/d）	100	下破碎辊快辊转速（r/min）	700
破碎辊直径（mm）	250	下破碎辊慢辊转速（r/min）	350
破碎辊长度（mm）	800	所需功率（kW）：快辊	10
上破碎辊快辊转速（r/min）	800	所需功率（kW）：慢辊	5
上破碎辊慢辊转速（r/min）	400	外形尺寸：长×宽×高（mm）	1640×1305×1750

2. 齿辊破碎机

齿辊破碎机由进料斗、齿辊、辊距调节装置、机座和传动机构等部件组成。其结构见图 4—2。

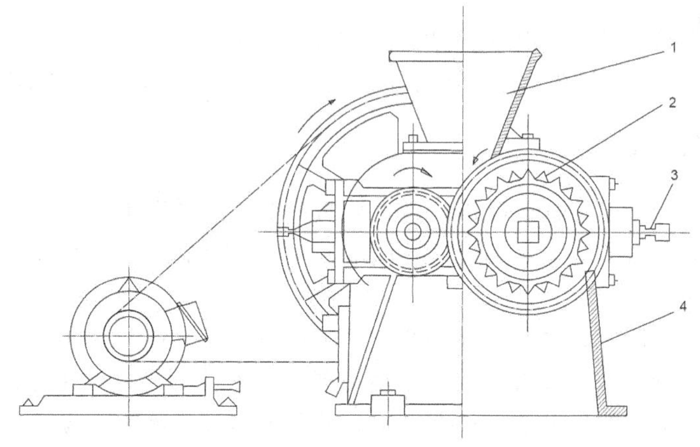

图 4—2　齿辊破碎机

1—进料斗　2—齿棍　3—辊距调节装置　4—机座

齿辊破碎机工作时，油料从进料斗均匀落入两个相向转动的齿辊之间进行破碎。齿辊是由锯齿形圆片和填片相间叠置形成。两辊之间距由调节装置进行调节，以控制油饼的破碎程度。经破碎后的油料由机座下部排出机外。

PJS•28 型（也称“703 型”）齿辊破碎机的技术参数见表 4—3。

表 4—3　PJS•28 型（也称 703 型）齿辊破碎机的技术参数

项目	规格	项目	规格
锯齿形圆片直径（mm）	280	处理量（t/d）	40～50
锯齿形圆片厚度（mm）	10	所需功率（kW）	3
锯齿形圆片片数（片）	32	重量（kg）	610
主动齿辊轴转速（r/min）	140	外形尺寸：长×宽×高（mm）	930×880×790

4.1.3 破碎机的操作

油厂常用辊式破碎机或齿辊式破碎机将大颗粒油料破碎成为适宜轧胚的程度。大豆、花生仁破碎采用辊式破碎机，预榨饼破碎则常采用齿辊式破碎机。

（一）操作规程及要求

1. 破碎机在开车前应严格按照操作规程做好开车前的准备和检查工作，开车后应作短时间的空车运转，以查看各传动部件是否运转灵活。空载正常后方可投料生产。

2. 在生产进程中，通过料门来控制流量，破碎粒度可通过弹簧调节机构调节辊间隙达到。当需要调节间隙时，必须停机调节，以免发生事故。

3. 机器工作时，要保证料箱中物料呈半充满状态，使喂料均匀，以达到辊面磨损一致，延长齿辊的使用寿命。

4. 运行中如发现有铁块或其他硬杂卡住破碎辊，要紧急停车，松开辊子，人工盘车或用专用工具取出杂物。重新开车前，须经空载运转，一切正常后，方可继续进料。

（二）维护保养要点

1. 油料进机前应经过筛选、磁选处理，切勿将铁石等硬杂混入机内，以免损坏辊面。

2. 破碎机在破碎油料时，辊面会逐渐磨损，当磨损到一定程度时，要及时进行修理。如重新拉丝或更换辊子。

3. 调节破碎机间距时，要注意保持两个辊子互相平行，防止歪斜。

4. 运行中要经常检查各润滑点的润滑情况是否良好，并检查轴承温度，轴承温升不得超过40℃，最高温度不得超过75℃。轴承处出现异常振动和噪声，应停车检查，排除故障。

5. 一般情况下，不要将新带和旧带合起来使用，因为在拉长时两者长度不同。工作时，应定期将三角带紧一紧，一般每300工时左右，要求检查一次三角带，为提高三角带的使用寿命，应尽量避免长期在温度高于70℃条件下工作。

6. 应经常检查机器的振动情况，如发现振动增加，就应检查辊子同心运转是否超过了本机的规定。

（三）常见故障及处理方法

破碎机的常见故障及处理方法见表4—4。

表4—4 破碎机的常见故障及处理方法

故障现象	故障原因	处理方法
轴承发热，超过允许温升	1. 轴承缺乏润滑油 2. 润滑油质量不好或太脏 3. 负荷过大	1. 立即加注润滑油 2. 更换润滑油脂 3. 适当减少加料，均匀加料
三角带过热	三角带不够紧，产生相对滑动	立即调紧三角带轮

续表

故障现象	故障原因	处理方法
辊面破碎	1. 物料清理不干净，含有大的硬杂质 2. 辊子同轴误差过大 3. 喂料不均匀，辊端磨损低于辊子其他部位	1. 调整清理工艺及设备 2. 修矫辊轴 3. 注意均匀给料
两辊卡死	铁块或硬杂卡死	立即停机检查，并将铁块或硬杂物取出
出料颗粒大	1. 双辊磨损，间隙增大 2. 活动轴承座弹簧力不够	1. 辊面修正或更换辊子 2. 调节弹簧
振动式噪声	1. 轴承出了故障 2. 辊子运转同轴度误差太大 3. 物料中含有过大的硬杂质 4. 轧距间隙调节不当 5. 地脚螺栓松弛	1. 更换轴承 2. 矫正辊轴 3. 调整清理工艺及设备 4. 检查两辊是否歪斜，并重新调节两辊间隙 5. 拧紧地脚螺栓螺母

【课后习题】

1. 哪些油料需要破碎？有什么要求？

2. 破碎的设备有哪些？分别可用于哪些油料？

任务 2　油料软化

【课前引导】

油料的弹性与韧性不同，为了满足轧胚工艺要求，要对油料进行软化，采用什么样的设备进行，达到什么要求？在操作过程中应注意哪些问题？这些问题是我们这一节任务需要解决的。

【任务描述】

通过本任务的学习，熟悉软化的工艺要求和工艺参数，了解常用软化设备的结构及工作原理，能根据工艺参数要求操作设备。

【任务目标】

1. 了解软化工艺要求。

2. 熟悉常用软化设备及工作原理。

3. 掌握软化设备操作要点。

软化是适当地调节油料的水分和温度，使其组织变软适合于轧胚的工序。

4.2.1 软化的作用和工艺条件

(一) 软化的作用

软化的作用在于通过对油料进行水分和温度的调节，改变其硬度和脆性，使其具有适宜的可塑性，以利于轧胚。

对于含油量较低、品质较硬、较脆的油料，如大豆、水分含量低的棉籽、油菜籽等，软化是必不可少的。如未经软化就予轧胚，势必会产生很多粉末或轧出的料胚过厚，这对压榨或浸出制油都不利，会严重影响出油率。所以，对于这类油料必须进行软化。

对于含油量较高的油料，如花生仁、蓖麻籽、茶籽仁、椰子等，一般不进行软化直接进行轧胚，不然易造成轧胚时出油等不良现象。

(二) 软化的工艺条件

软化的工艺条件一般应根据油料水分含量和含油率高低来具体掌握，适当地进行温度和水分的调节。几种油料软化的工艺条件见表4—5。

表4—5 部分油料软化的工艺条件

油料	软化水分（%）	软化温度（℃）	软化时间（min）
大豆冷榨	10～12	45～50	20左右
大豆热榨	15～16	70～90	20左右
棉仁	10～12	60～65	10左右
油菜籽	9左右	50～60	10～15

4.2.2 软化设备

软化设备应用较广的是层式软化锅。

(一) 层式软化锅

层式软化锅是一种圆柱形锅体并带有蒸汽夹层和搅拌装置的层式软化设备。它由锅体、搅拌叶、出料口、蒸汽管路和传动装置等部件组成。其结构如图4—3所示，与蒸炒锅基本相同，只是层数较少些，一般为2～4层。

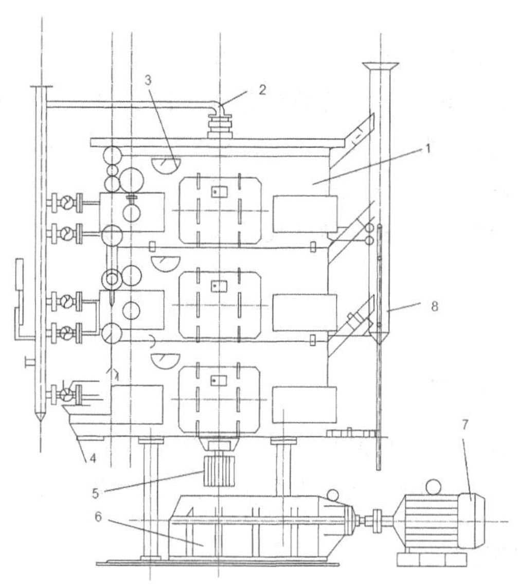

图 4—3　层式软化锅式

1—锅体　2—直接蒸汽喷管　3—自动料门　4—出料门　5—联轴器
6—减速器　7—电动机　8—排气管

软化锅工作时，油料进入第一层锅体，受到蒸汽夹层的加热，随着搅拌叶从料门落入第二层锅体内继续加热，这样逐层加热，直到底层从出料口排出。在第一层锅体内确湿润装置，可调节油料的水分含量。

部分软化锅的系列规格列于表 4—6。

表 4—6　部分软化锅的系列规格

项目 \ 型号	YPHG・120×2	YPHG・120×3	YPHG・150×3	YPHG・180×3
处理量（t/d）	15～20	20～30	25～50	40～70
配用动力（kW）	4.0	4.5		
机重（t）	1.43	1.60	3.30	
外形尺寸（mm）长×宽×高	1785×1366×2641	2030×1740×2590	2480×1930×3690	

（二）其他软化设备

其他软化设备还有蒸汽绞笼和软化箱。

蒸汽绞笼是带有蒸汽加热夹套的螺旋输送机。它是在输送的过程中进行加热的，其螺旋叶片采用桨叶式、月牙式，可使物料在缓慢推进过程中不断翻动而能受热均匀。为防止螺旋输送机内蒸汽逸出，保持机内温度，该机应制成封闭式。另外，在机内装有蒸汽喷管，可进行蒸汽润湿。

由于蒸汽绞笼是在输送过程中进行软化操作的，其路程较长时，软化条件更容易控制，油料可以得到充分而均匀的软化，而且可简化流程，减少设备。但传热效果差一些。

软化箱常直接装置在轧胚机的上面。它是一个有锥形底部的盛料箱。外面装有蒸汽夹层，内部有蒸汽管，用以软化大豆或其他油料，也可直接喷蒸汽或加热水，以调节油料水分。该设备不需动力，较经济。其缺点是软化不均匀，死角处易积料焦煳，造成油分损失，降低热效率。

4.2.3 软化设备的操作

软化是适当地调节油料的水分和温度，使其组织变软适合于轧胚的工序。大豆、棉仁、菜籽一般需要进行软化处理。常用的软化设备为层式软化锅，操作及维修如下：

（一）操作规程及要求

1. 开车前检查各层蒸锅，清除杂物，然后将料门调节到所要求位置，一般第一、二层装料不少于80%，其余每层装料约为40%，以便在软化过程中水汽排出。

2. 检查搅拌刮刀夹紧螺栓有无松动。刮刀在转运时，避免与锅底、锅边相碰，一般各留间距5mm左右。

3. 先开启电动机进行空车运转，检查运转正常后投料。

4. 投料前，先开启蒸汽或导热油进出口阀门，将锅体预热后，开始投料。当锅内有一定料位时，喷直接蒸汽或加水调节油料水分含量。注意出料流量大小与投料量应保持一致。

5. 在操作过程中，应注意调节直接蒸汽压力和加热介质温度的高低，以控制油料的温度和水分，以达到工艺要求。

为了掌握油料的含水量，一是要定时抽样检验水分含量，二是要看下一道轧胚工序效果。总之，油料水分低的，软化时需加足水；油料水分高的，需少加水，过高的可不加水。

油料的软化温度一般根据油料水分高低来掌握。含水量高者软化温度应低一些（这时不加或少加水），含水量低者软化温度可高一些，使油料具有适宜的可塑性。

6. 保证足够的软化时间。在软化操作时，为使油料吃透水汽，达到温度均匀一致，往往需要一定的时间。具体软化时间长短因油料、软化设备的不同而异。常用的层式软化锅，其具体时间一般为10～15min。

7. 操作中应经常检查轴承和减速箱，并定期加添润滑油，保证各部件正常工作。

8. 停车时，先停止进料，将各层油料放尽，同时关闭加热介质、直接蒸汽进汽阀门，最后关电动机停车。

如因故紧急停车时，则应立即关电机，停止蒸锅进料，并关闭加热介质及进汽阀门，然后将锅内油料全部从检修门清出。检查完好，再按开车顺序，重新开车进料。

（二）维护及保养要点

1. 软化锅为一类压力容器，使用与管理必须严格执行《压力容器安全监察规程》的有关条款。

2. 对轴承和减速器应经常检查、定期更换及添加润滑油。减速器必须加入 30 号机油或齿轮油到油标中线以上，使用 200h 后清洗换油，以后每用 2000h 后清洗换油一次，干油杯每班加一次。

【课后习题】

1. 哪些油料需要软化？软化的工艺条件是什么？

2. 油料软化设备有哪些？比较优缺点。

任务 3　油料的轧胚

【课前引导】

制胚工序是制油工艺重要的一道工序，轧胚的好坏直接影响油料的出油率及油脂的品质，轧胚采用的设备要达到什么要求？在操作过程中应注意哪些问题？这些问题是我们这一节任务需要解决的。

【任务描述】

通过本任务的学习，熟悉轧胚的工艺要求和工艺参数，了解常用轧胚设备的结构及工作原理，能根据工艺参数要求操作设备。

【任务目标】

1. 了解轧胚工艺要求。

2. 熟悉常用轧胚设备及工作原理。

3. 掌握轧胚设备操作要点。

轧胚是将油料利用机械压制成片状物料的工序。轧胚后的胚片称为“生胚”；生胚经蒸炒合格后称为“熟胚”。

4.3.1 轧胚的目的与要求

（一）轧胚的目的

1. 破坏细胞结构

油料的细胞，其表面是一层比较坚韧的细胞壁，而油脂和其他物质包含在它的里面。因此，要提取细胞内的油脂，就需破坏其表面的细胞壁。油料的轧胚就是借助轧辊的碾轧和油料细胞之间的相互挤压作用，将油料由粒状压成片状，从而使细胞壁受到破坏。同时，细胞内部的油体原生质及其中细胞质凝胶的微小结构，也不可避免地会受到破坏。轧胚时油料细胞破坏得越多，生胚表面所吸附的油脂也就越多，油脂就越容易被提取出来。总的来说，胚轧得越薄，被破坏的细胞也就越多。

2. **缩短油路**

颗粒油料经轧胚成薄片后，大大缩短了油脂从油料中被提取出来的路程，从而为压榨或浸出制油工序提供了有利的条件。

3. **有利于蒸炒**

由于油料被轧制成薄片后，表面积增大、厚度减小使得料胚在蒸炒中既便于吸收水分和热量，又便于水分的蒸发，从而更有利于料胚中蛋白质的变性和细胞性质的改变。

（二）轧胚的要求

1. **入料要求**

轧辊间的缝隙很小，进入轧胚机的油料要预先进行适当的处理，对于大颗粒油料如花生仁和大豆等应先予破碎，对含油量较低的大豆及水分含量低、组织较硬的油菜籽、棉籽等油料需经软化。

2. **胚片厚度**

轧胚后的胚片要求薄而匀，少成粉，不漏油三者兼顾。几种主要油料在轧胚后所要求的胚片厚度列于表 4－7。

表 4－7　几种油料的胚片的厚度（mm）

油料	胚片的厚度		
	螺旋榨油机	人力螺旋榨油机，液压榨	浸出器
大豆	冷榨 0.4～0.5，热榨<0.3	冷榨 0.3～0.6，热榨 0.2～0.4	<0.3
花生仁	<0.5	<0.5	<0.5
棉仁	0.3～0.4	<0.5	<0.4
油菜籽	0.2 左右	0.2～0.3	<0.35
芝麻	0.3～0.4	0.3～0.4	

（三）轧胚原理

轧胚机是利用轧辊所产生的碾压力，将油料由粒状压制成片状的设备。

平列式轧胚机的轧辊在正常工作时，被压制的物料受到 3 个力的作用：物料自重 G，辊面对粒料正压力的反作用力 P 的合力 R_2 和摩擦力 F 的合力 R_1，料粒受力分析见图 4－4。

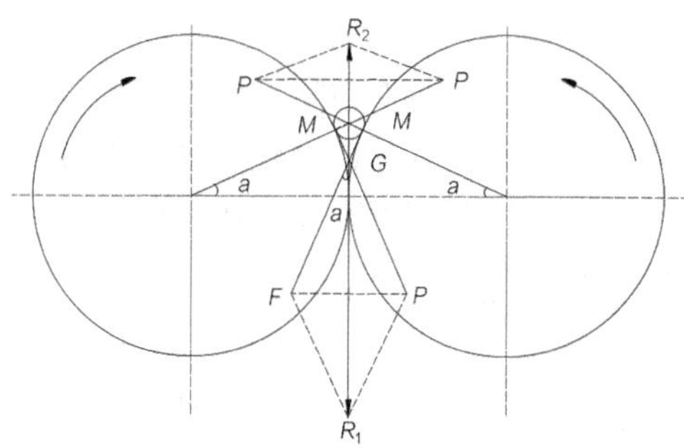

图 4－4　轧胚机工作时料粒受力分析示意

要使轧胚机正常工作，必须满足条件：$R_1 + G > R_2$。但因料粒很小，故 G 可忽略不计，于是上述条件变成 $R_1 > R_2$，即料粒在工作范围所受到辊面的摩擦力必须能够克服轧辊对它的向上推力才能被拉入轧辊之间。以下条件见图 4－4，进一步计算可得出：

$$\oint > a$$

式中：$\oint$——料粒对于辊面的摩擦角；

a——料粒对于轧辊的啮入角，即两个轧辊的中心线和油料与轧辊接触点 M 到轧辊中心线构成的夹角。

也就是说，粒子能够被轧辊拉入并通过其两辊间工作间隙的条件是：摩擦角必须大于啮入角。

因此，料粒在轧辊表面上的摩擦系数越大，即摩擦角越大，那么把物料拉入两辊缝隙的力也就越大，物料受轧条件就越好。同样，轧辊直径越大，则啮入角也越小，物料也越易进入缝隙。

当然，轧辊间的缝隙实际上是很有限的，为了得到要求厚度的生胚，其缝隙通常是很小的。在实际生产中，往往采用油料的破碎和软化增湿等方法来增大摩擦力和减小啮入角。在工艺设计选择轧胚机时则应根据物料情况考虑辊径大小和表面槽纹。

4.3.2 轧胚设备

轧胚机的类型，按其轧辊的排列方式分为平列、直列和斜列三种形式。植物油厂以采用前两种为主，后者较为少见。平列轧胚机有单对辊轧胚机和双对辊轧胚机。直列轧胚机由三辊轧胚机和五辊轧胚机。各种类型的轧胚机，根据其辊径、辊长的不同又分成许多规格，它们的性能及生产能力等均有差别。要按不同的工艺要求选型。以下主要介绍轧辊平列形式和直列形式的两类轧胚机。

（一）平列轧胚机

平列轧胚机有单对辊轧胚机和双对辊轧胚机两种类型，其工作原理基本相同，是由一对或上下两对大小相同的轧辊水平装置并相对转动，形成一条或两条轧辊工作缝隙而进行轧胚。这种轧胚机适用于大颗粒油料。如花生、大豆等轧胚。

1. 结构

单对辊轧胚机和双对辊轧胚机的结构基本相同，由喂料机构、轧辊、轧距调节装置、挡板和刮刀、传动装置、机架和机座等部件组成。单对辊轧胚机有弹簧紧辊（YYPT－B型）和液压紧辊（YYPY－A 型）两种类型。其中，YYPT－B 型弹簧紧辊轧胚机的结构见图 4－5。YYPY－A 液压紧辊轧胚机的结构见图 4－7。

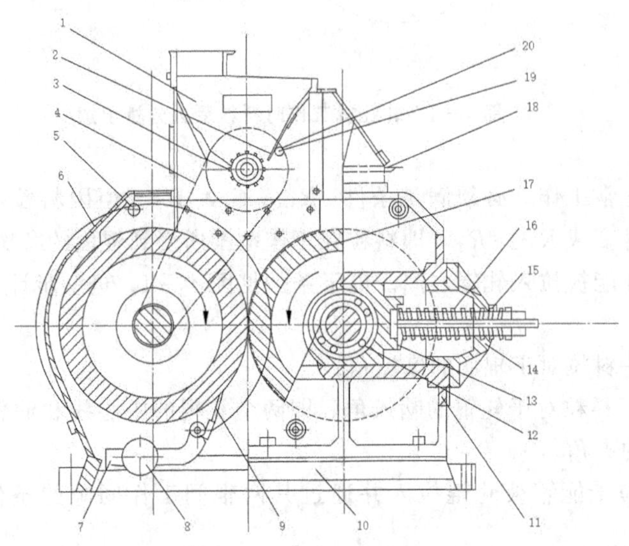

图 4－5　YYPT－B 单对辊轧胚机

1－料斗　2－调节门　3－喂料　4－链条　5－后辊　6－皮带轮　7－重锤柄　8－重锤　9－刮刀　10－机座　11－机架　12－轴承　13－轴承座　14－调节螺杆　15－调节螺母　16－弹簧　17－前辊　18－调节手柄　19－凸轮轴　20－凸轮

①喂料机构。喂料机构的作用，是保证在整个轧辊长度上均匀下料。如果下料不匀，就会造成轧辊磨损程度不一致，在运行中产生跳动，轧出的胚片厚度达不到均匀一致的要求。喂料辊上有粗而宽的长槽，由三角皮带轮带动。当它不断转动时，使油料经下料缝隙均匀地落入轧缝。其下料量大小可用调节门控制。

②轧辊。轧辊是轧胚机的主要工作部件，其结构见图 4－6。

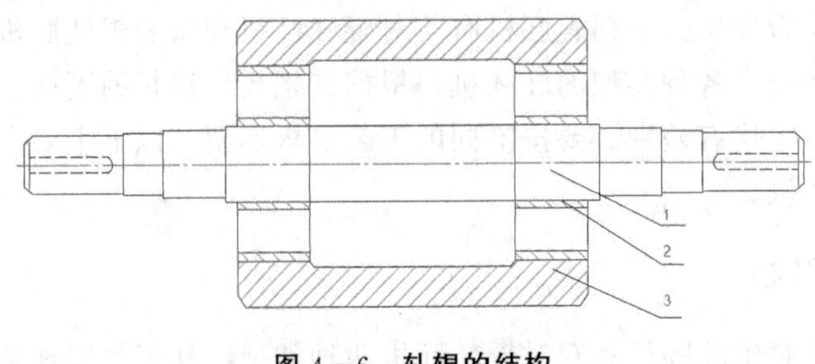

图 4－6　轧辊的结构

1－辊轴　2－圈套　3－辊体

轧辊由辊体及轴经过热压“冷缩”紧配合连接在一起，辊体中空以减轻重量，节省材料和动力消耗。辊体壁厚 100～150 毫米。轧辊的材料以铸铁和铸钢为主体，含有少量微量元素（如 P、Mn、Si、Ni、Cr 等），使其具有较好的耐磨性和足够的硬度（HRC50°～60°）。辊面外层为白口层，硬层深度为 20～50mm。

平列轧胚机的轧辊平行排列，其辊径较直列式要大。轧辊一般分光面辊及槽辊（拉丝辊）两种。槽辊主要用于双对辊轧胚机的头道轧辊，以增大辊体对油料的摩擦系数，便于轧辊吃料。槽辊的表面均匀地开有宽度约为 2 毫米、截面呈“V”形、角度为 45°的斜槽，槽长方向与辊面母线呈 6°～7°。

③轧距调节装置。平列轧胚机的轧距调节装置一般采用弹簧压紧装置和液压紧辊装置。轧距调节装置的主要作用是保持两辊之间的压紧力，以控制所轧制胚片的厚度；当大块坚硬异物混入工作缝隙时，能自动排杂，起到缓冲保护作用，不致损坏辊面。

弹簧压紧装置是靠弹簧的弹力使两辊保持压紧力的。辊轴放置在两边墙板内，可随导轨前后移动。当旋转墙板上的螺母时，可使辊轴作前后移动，从而改变两辊之间的工作间隙，调节适当后分别以锁紧螺母锁紧。

液压紧辊装置是利用液压原理来产生压力的。液压紧辊系统由油泵、油缸、活塞、连杆及轧距调节螺杆等组成。该系统由液压产生的压力，可使辊间压力最大达到 14 吨，同时辊间间隙也可以进行调节。工作时，当达到要求的油缸压力后，油泵可自动停止进油，当油缸压力降低到一定限度时，又能自动启动向油缸供油，以保证稳定的压力。该过程通过电气控制系统来完成，从而保证自动控制液压紧辊的稳定操作。YYPY－A 液压紧辊轧胚的结构见图 4－7。

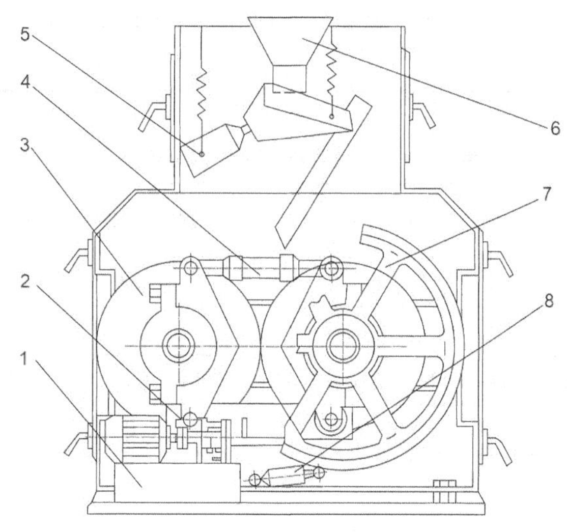

图 4－7　YYPY－A 液压紧辊轧胚机结构

1－油箱　2－油泵　3－轧辊　4－油缸　5－电磁振动给料器
6－进料碑　7－传动皮带轮　8－刮刀油缸

液压紧辊轧胚机由于轧辊间可造成强大的压力，轧出的料胚薄而结实，粉末度小，胚片质量好，且设备的生产能力也相应提高。液压紧辊轧胚机在大型油厂得到广泛应用。

④刮刀。刮刀的作用是除净辊面上的料胚。由于油料水分高或挤出油脂等原因，部分料胚会黏附在辊面随辊转动，利用刮刀将轧辊表面上的料胚及时刮去，就可以保持辊面的光滑。刮刀通常依靠弹簧或重锤与杠杆的作用，使其和辊面保持经常接触状态。

此外，刮刀也可通过液压系统来控制，当需刮除轧辊上黏结的物料时，刮刀即可在液压油缸及活塞的控制下自动靠拢辊面进行刮料，刮净后又能自动与辊面脱离，这样即可避免长期紧贴辊面而加快磨损。

⑤传动装置。单对辊轧胚机的传动，通常采用两台电动机通过三角皮带直接带动辊轴上的三角带轮。喂料辊也多半采用单机传动，也有的由轧辊上的皮带轮通过三角带拖动。双对辊轧胚机的传动，则一般采用若干对链轮及链条来进行传动。

2. **平列轧胚机的产品系列**

平列轧胚机的产品系列见表4—8、表4—9。

表4—8　平列弹簧紧辊轧胚机部分产品系列

型号 项目	单对辊轧胚机				双对辊轧胚机	
	YYPT·2×50×80	YYPT·2×60×80	YYPT·2×60×100	YYPT·2×60×125	YYPT·4×40×80	YYPT·4×50×80
生产能力（t/d）	80	100	108	148	35	40
配备动力（kW）	15	15×2	22×2	30×2	18.5	30
机重（t）	4.5	5.2	5.8	7.5	7.5	5.3
外形尺寸：(mm) 长×宽×高	1680×1707×1200	2125×1740×1490	2270×1540×1852	2410×1540×1852	1680×1700×1900	1680×1707×1911

表4—9　平列液压轧胚机部分产品系列

型号 项目	YYPY·2×60×63	YYPY·2×60×100	YYPY·2×60×100A
生产能力（t/d）	60	100	150
配备动力（kW）	22×2	45×2	45×2
外形尺寸：长×宽×高（mm）	1920×1330×1453	1920×1750×1453	1920×1750×1453
机重（t）	3.5	5	5.5

（二）直列轧胚机

直列轧胚机通常有三辊和五辊两种。这两种轧胚机的结构与工作原理基本相同，其轧辊都是依次垂直放置。被轧物料从上到下顺次通过轧辊的两道或四道工作缝隙而形成胚片。直列轧胚机的特点是轧辊的利用率高，轧胚次数多，但大颗粒物料不易进入轧辊间，所以适用于小颗粒油料，如菜籽、棉仁等轧胚。

现介绍常用的三辊轧胚机。

1. 结构

三辊轧胚机由喂料器、轧辊、轧距调节装置、挡板、刮刀、传动机构、机座和机架等部件组成。其结构如图 4—8 所示。

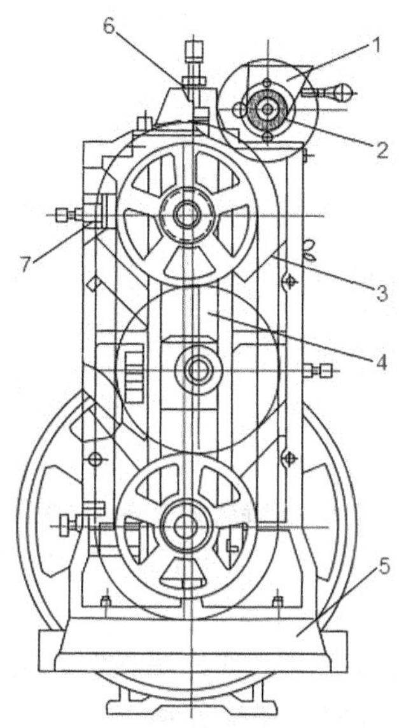

图 4—8 三辊轧胚机的结构

1—喂料器 2 —喂料辊 3—挡板 4—轧辊 5—机座 6—轧距调节装置 7—刮刀

①轧辊。轧辊的结构与材料和平列式的轧辊相同，但三辊轧胚机的轧辊是上下垂直放置。采用交错排列，以利吃料，三辊轧胚机第一、三轧辊的中心线在同一垂直面上，中间辊（第二辊）的轴中心线在另一垂直面上，两垂直面相距 25mm 左右。五辊轧胚机与此相仿第一、三、五辊与第二、四辊的中心线相距仍为 25mm 左右。

②轧距调节装置。三辊轧胚机的轧距调节装置位于第一辊的两端轴承盒上。该装置通过带螺杆的手轮调节作用，使压力通过弹簧将轴承盒压紧，并逐次将压力传递给下面的轧辊，整个轧胚机处于压紧状态。

轧距调节装置的主要作用：防止在工作过程中物料通过辊间缝隙时使轧辊产生向上跳动现象；控制胚片厚度；当硬物进入辊间缝隙时弹簧片压缩保护轧辊不被损坏。

③挡板和刮刀。三辊轧胚机的挡板装置位于进料缝隙一侧，起物料导向作用。根据出胚的部位，三辊轧胚机的挡板可以是两块或三块。

刮刀是为了刮除辊面黏结的料胚。安装在轧辊的下方，依靠弹簧或重锤与杠杆的作用，使刮刀与辊面保持经常的接触状态，以保持工作辊面的光滑状态。

④传动装置。三辊轧胚机的传动装置如图 4—9 所示。

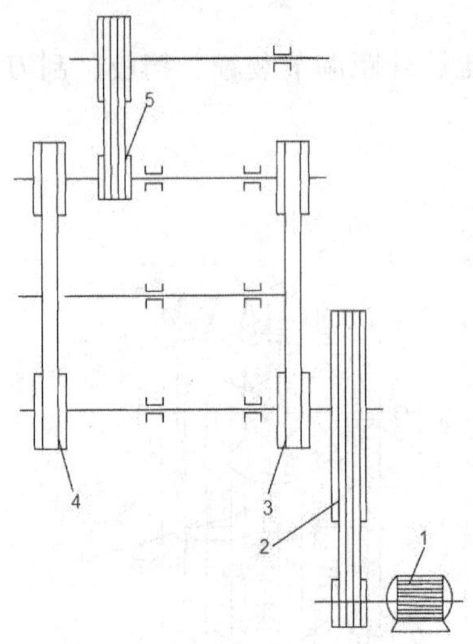

图 4—9　三辊轧胚机的传动装置

1—电动机　2、5—三角皮带轮　3、4—平皮带轮

⑤机架和机座。三辊轧胚机的机架（也称“墙板”）为两块可装拆的铸件，它通过螺栓与机座相结合。机座再通过地脚螺钉固定于工作面上。

2. 产品系列

三辊轧胚机与五辊轧胚机产品系列及技术参数见表 4—10、表 4—11。

表 4—10　三辊轧胚机部分产品系列及技术参数

项目 \ 型号	YPS·30.5×38.1	YPS·30.5×46	YPS·40×60	YPS·40×76	78001
辊径（mm）	305	305	400	400	上中辊 500 下辊 550
辊长（mm）	381	460	600	760	1100
处理量（t/d）	8	8～10	24	20～30	80
主动辊转速（r/min）	220	180～220		200	180
喂料辊转速（t/min）	50 左右	50 左右		50 左右	
功率（kW）	4～5.5	7.5	10	15	22
机重（t）	1.0	1.2	3.2	3.2	8.7
外形尺寸：（长×宽×高）（mm）	1969×784×1615	1285×710×1785	1623×890×1790	1550×946×1655	2500×1190×2050

表 4—11 五辊轧胚机部分产品系列及技术参数

项目＼型号	YPW·30.5×50.8	YPW·35.6×81.2	YPW·35.6×93	YPW·35.6×107	YPW·35.6×122	YPW·35.6×152.5	YPW·30.5×50.8
辊径（mm）第 1～4 辊	305	356	356	356	356	356	305
第 5 辊	407	407	407	407407	407	305	
辊长（mm）	508	812	930	1070	1220	1525	508
主动辊转速（r/min）	220	190	190	190	190	190	180～200
喂料辊转速（r/min）	50 左右	50 左右	50 左右	50 左右	50 左右	50 左右	50 左右
处理量（t/d）	16	22	40	60	80	100	18～20
功率（kW）	10	17～22	20～22	22	30	40	10
机重（t）	2.4	3.8	16.2	18.0	20.0	22.0	3.0
外形尺寸：长×宽×高（mm）	1829×875×2200	2600×1600×2600	2720×1600×2600	2720×1600×2600	2970×1600×2600	3350×1600×1600	1780×980×2430

4.3.3 轧胚设备的操作

轧胚是将油料利用轧胚机压制成片状物料的工序，轧胚机分弹簧紧辊平列轧胚机、液压紧辊平列轧胚机、直列轧胚机。

（一）轧胚机的操作要点

1. 待轧胚油料必须达到入轧要求。

油料必须经过严格的清理，以除去坚硬的大块杂质，如石块、铁块等。为此，必须将磁选设备装置于轧胚工序之前。

控制好待轧胚油料的水分和粒度。水分不能太高，否则易黏辊；粒度大的应破碎，否则不易入轧。

2. 开机时先启动轧辊电机，液压泵站，紧辊后再启动喂料电机，待运转正常后再进料。

轧胚时，存料斗内要经常保持有一定的存料。喂料要均匀，使整个辊面均匀吃料，要避免因喂料不均匀使轧辊面磨损，而影响料胚厚度的均匀性。

3. 轧辊必须圆整，在运转中不得有径向跳动或轴向窜动等现象。

4. 刮刀要平直，操作中要经常检查刮刀与辊表面的贴合程度，防止黏辊现象发生。

5. 经常检查料胚的质量，要求厚薄均匀一致，符合轧胚工艺要求。检查时，应以轧辊的左、中、右三段取样，并加以比较，如发现厚薄不均匀情况，则应立即关机调节轧距。

6. 采用普通弹簧紧辊的轧胚机调节轧距时，要注意使两压紧弹簧保持一致，同时不应压得过紧，以免轴承发热，造成烧坏轴承的严重后果；轧辊未松开前，不得长时间空转，以免损坏机件。

7. 采用液压紧辊的轧胚机，进退辊、辊间压力调节等由液压泵站控制。只要根据胚片在辊长方向的厚薄情况，调节左右两个油缸活塞位置即可。

将两侧活塞杆上的锁紧螺母尽量左转后移，使油缸一侧螺纹露出 20～30mm，打开泵站转换开关，启动紧辊按钮，当泵站压力表达到 4.5MPa 时，两辊靠紧油泵自动停机，然后将螺母旋紧并锁牢。根据胚片厚薄情况，可以再行调整紧辊压力。

8. 轧辊不吃料时，应即停止进料，并松开轧辊或停机清理。清理出的油料应回机重轧。

9. 轧辊两端面不得与机架摩擦，但也不应有过大间隙，以免漏料。

10. 严禁在轧胚机运转时触及轧辊，或登上轧胚机进行修理。如果有杂物落入轧辊中，应停机取出，不得用手或其他工具去取。

11. 停车时应先停止喂料，让料走完后再停机。如发生突然停车，应立即关闭进料斗内调节门，并松开轧辊放出物料。

（二）维护保养要点

1. 轧胚机的运转部分必须装有防护罩，尤其在运转时，切不可将防护罩除去，以保证设备及人身安全。

2. 开机前，应周密检查各机件是否正常，轴承是否加有润滑油。

3. 启动时，应在空载下进行，以免电机超负荷。

4. 要经常检查轴承润滑情况，发现缺油应及时加注钙基润滑脂，并随时观察轴承端盖下端污油排出孔，发现有漏油现象应及时补加。

5. 经常检查轴承温升，在常温状态下 1～3h 内轴承温升不得超过 40℃，轴承最高温度不得超过 75℃，如发现轴承温升过高或轴承有异常响动要及时停车检查，发现故障应及时排除再开机，如果轴承损坏，应及时更换。

6. 要经常检查液压泵站油标的油位，如油面接近下限时要及时加油。油温高于 70℃时，应停机检查或加换新油，液压油每三个月要彻底更换一次。液压泵站的用油是 20 号液压油或是 20 号机械油，不要使用混合油。加油时应该过滤，以保证油的清洁，延长液压原件的使用寿命。

7. 要经常检查轧辊磨损情况，如发现轧制的胚片中部厚，两端薄时，要及时用磨辊器修磨轧辊，以避免因压力集中而造成轧辊掉边等损坏。轧辊应该每周修磨两端一次，使之形成 150mm 长，0.1mm 宽的锥度，每月对轧辊进行一次全面修磨。如有特殊情况，可随时修磨。

8. 定期检查三角皮带的磨损程度及张紧情况，有松懈情况要及时调整，发现有磨损严重的要及时更换新带，但不能新带旧带混用，以避免新带的加速磨损。

9. 要经常检查各部件的螺栓、螺母是否有松动现象，发现后要及时拧紧。

10. 轧胚机使用时，要有专人看管，定时记录压力，如果没有任何调整，液压压力突然升高或发出异常声响，应及时检查油路有无堵塞或更换新的液压油。

11. 定期对机器进行大修保养，一般一年大修及全面保养一次。保养内容包括：

（1）全面修磨轧辊，当辊径减少 20mm 以上时需要更换新轧辊。

（2）清洗各部位轴承，更换新润滑油。

（3）检查各部位螺栓、螺母、液压系统及液压元件的磨损情况，如磨损严重要及时更换。

(4) 检查连接铰链及销轴的磨损情况，如磨损严重又无法修复，要更换新件。

(5) 检查各板件的锈蚀情况，把锈垢清理干净，然后重涂防锈漆，外表面必要时可重喷漆。

(三) 常见故障及处理方法

轧胚机的常见故障及处理方法见表4—12。

表4—12　轧胚机的常见故障及处理方法

故障现象	故障原因	处理方法
轴承发热，超过允许温升	1. 轴承缺乏润滑油 2. 润滑油质量不好或太脏 3. 紧辊弹簧压得过紧 4. 负荷过大	1. 立即加注润滑油 2. 更换润滑油 3. 在胚片厚度达到要求的情况下，适当松开压紧弹簧 4. 适当减少加料，均匀进料
辊面破损	1. 油料未清理干净，含有硬（铁）杂质 2. 辊子同轴误差过大 3. 喂料不均匀，辊端磨损低于辊子其他部位	1. 轧胚机进料口处增设磁选设备 2. 修正辊轴 3. 注意均匀给料
不吃料或吃料困难	1. 油料颗粒过大 2. 物料中皮或壳含量过高，致使皮悬浮辊间，使油料难以进入辊间 3. 轧胚机振动大，抖动的轧辊不断地给油料一个向上的力，使油料被轧辊抛起、落下	1. 调整破碎操作 2. 使清理（剥壳）后的油料皮壳含量降至要求 3. 检查轧胚机传动系统
断轴和掉辊边	1. 铸造质量不好（两头硬度和脆性比中间大） 2. 弹簧压紧力过大 3. 硬杂入机瞬间冲击超过疲劳强度	1. 提高铸造质量 2. 调节弹簧力适中 3. 加强清理
胚片厚薄不匀或过厚	1. 双辊磨损 2. 弹簧压紧力不够 3. 软化效果差	1. 修磨辊面或更换轧辊 2. 调节弹簧 3. 调节软化工艺
振动式噪声	1. 轴承出了故障 2. 辊子运转同轴度误差大，产生径向跳动 3. 辊子轴向窜动 4. 轧距间隙调节不当 5. 地脚螺栓松弛	1. 更换轴承 2. 矫正辊轴 3. 压紧止退圈 4. 检查两辊是否歪斜，并重新调节两辊 5. 拧紧地脚螺栓、螺母

续表

故障现象	故障原因	处理方法
液压系统压力不稳定（液压紧辊轧胚机）	1. 活塞杆弯曲变形 2. 油缸密封圈损坏 3. 油缸局部磨损	1. 修复或改进活塞杆 2. 更换密封圈 3. 换用新的油缸系统

【课后习题】

1. 简述为什么要对油料进行轧胚？有哪些要求？
2. 简述平列轧胚机和直列轧胚机的结构和工作过程。

项目五　料胚的蒸炒

【项目概述】

油料的蒸炒是制油的非常重要工序，其效果的好坏直接影响到出油率、产品质量及生产的正常进行。在项目中主要学习油厂中蒸炒工序及设备。要求了解蒸炒的目的，理解蒸炒的方法，掌握蒸炒的作用和设备的结构及工作原理，能够对设备正确地操作调节。

【项目目标】

1. 了解蒸炒的意义。

2. 掌握蒸炒的方法。

3. 熟悉常用蒸炒设备的主要结构、工作原理及使用特点。

任务1　蒸炒的概念及理论

【课前引导】

在油脂制取工艺过程中，蒸炒工序是一项十分重要的工序。为什么要蒸炒？蒸炒有哪些方法？蒸炒有哪些作用？这些问题是我们这一节任务需要解决的。

【任务描述】

通过本任务的学习，熟悉料胚蒸炒的工序，会操作蒸炒设备，会分析和解决蒸炒设备的常见问题

【任务目标】

1. 了解蒸炒的作用。

2. 熟悉常用蒸炒的设备及工作原理。

3. 掌握蒸炒的方法。

5.1.1 蒸炒概念及方法

（一）蒸炒的概念

蒸炒是将生胚经过加水（湿润）、加热（蒸胚）、干燥（炒胚）等处理，使之成为熟胚的工艺过程。

在油脂制取工艺过程中，蒸炒工序是一项十分重要的工序。在蒸炒过程中，料胚的结构在破碎工序和轧胚工序受到初步破坏的基础上，继续发生一系列变化。例如，细胞进一步受到破坏，蛋白质凝固变性，磷脂、棉酚的离析、结合等，这些变化不仅有利于油脂从料胚中被提取出来，而且有利于毛油质量的提高。

（二）蒸炒的方法

料胚蒸炒的方法可分为湿润蒸炒法、高水分蒸炒法和加热—蒸胚三种。本项目以介绍湿润蒸炒法为主。并说明高水分蒸炒法与润湿蒸炒法的主要区别。加热—蒸胚属小型加工作坊的土法操作，在此不作介绍。

5.1.2 蒸炒的作用

（一）破坏细胞

生胚是油料经过清理，大颗粒油料经过破碎后，再经过轧胚得到的胚片。油料通过破碎和轧胚工序加工以后，其细胞结构已经受到一定程度的破坏。如前所述，主要是其细胞壁部分受到破坏。

生胚进入蒸炒工序时，其细胞结构会受到更进一步的破坏。为了阐明其被破坏的过程，有必要回顾一下油脂在油料细胞中的油体原生质内的存在状态。

油脂主要存在于细胞的油体原生质之中，它以两种状态存在：一种是游离态油脂，它以极小的微粒分布于胶束网状的通道之中，所占油脂的比例较多；另一种是结合态油脂，它与蛋白质的疏水基团相结合，被包藏在球蛋白内部，球蛋白的亲水基因则被裸露在外表面。结合态油脂所占比例较少。

蒸炒时，由于细胞中蛋白质等成分的表面具有极强的亲水基因，当对生胚进行湿润时，水分便渗透进入完整的细胞内部，被蛋白质等成分吸收，并产生膨胀，在加热和机械搅拌的联合作用下，使细胞壁破裂，油体原生质外流。与此同时，原生质内的超显微通道也受到压缩，从而迫使分散在通道内的部分油脂被挤压出来，聚集在料胚的表面。在生产过程中，蒸炒后的熟胚往往可以看到油脂的闪光就是这个道理。

（二）使蛋白质凝固变性

蛋白质变性是在外界条件（温度、水分、压力等）的影响下，因其结构受到破坏而导致物理、化学性质发生变化的情况。蛋白质变性后，凝结成固态，溶解度下降，故又称“凝固变性”。

蒸炒过程中，在温度和水分的作用下，蛋白质的亲水基吸水膨胀，稳定的结构受到破坏而变性，这时蛋白质的亲水基互相吸引而凝聚，导致此结构重新排列。这样，原来被包围在球蛋白内部的油脂被翻到外围。因此，油脂就比较容易被提取出来；试验和生产都已证明，蛋白质变性程度越高，出油率也越高。

影响蛋白质变性程度的因素有以下三个方面：

一是温度，大豆蛋白质随温度升高而变性的情况见图 5—1。

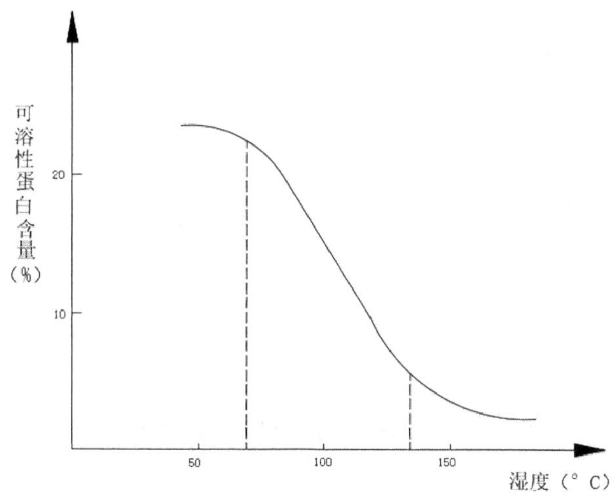

图 5—1　大豆蛋白质随温度变性曲线图

从图 5—1 中可以看出，蛋白质的变性程度，随温度升高而增大。当温度升至 70℃～135℃范围时，图中曲线的斜率较大，蛋白质的变性速度较快。当温度超过 135℃时，蛋白质变性速度缓慢，且会使料胚焦化，影响油和饼的质量。因此，蒸炒温度一般不超过 130℃。

二是水分，棉籽蛋白质随水分增加而变性的情况见图 5—2。

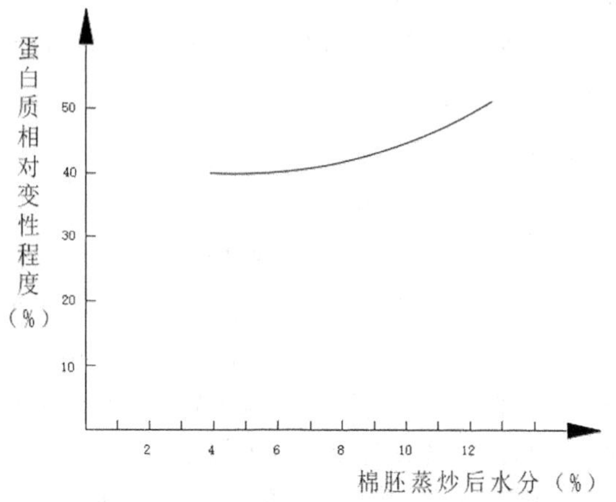

图 5—2　棉籽蛋白质随水分变性曲线图

从图 5—2 中可以看出，当蒸炒的温度和时间相同时，棉籽蛋白质的变性程度随蒸炒水分的增高而增大。由此可知，高水分蒸炒法有利于蛋白质充分变性。

三是蒸炒时间，棉籽蛋白质随蒸炒时间的变性情况见图 5—3。

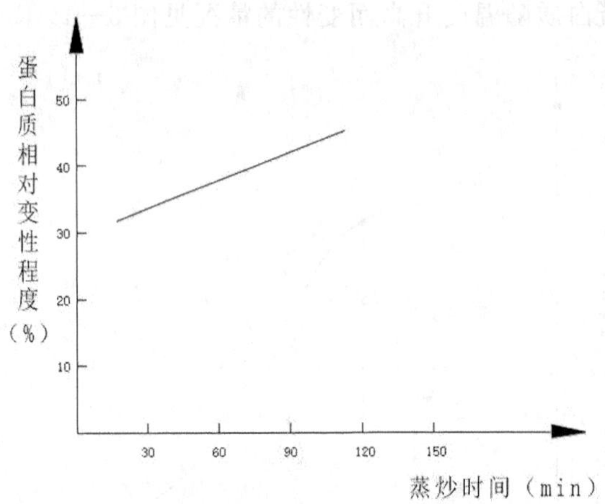

图 5—3　棉籽蛋白质随蒸炒时间变性曲线图

从图 5—3 中可以看出，当蒸炒温度和湿润水分一定时，蒸炒时间越长，蛋白质变性程度越高。一般在开始阶段变性较快，因此，生产实践中蒸炒时间也不宜太长，立式五层蒸炒锅蒸炒用于压榨的料胚时，其蒸炒时间一般控制在 60min 左右。

（三）使磷脂吸水膨胀

1. 磷脂在油料中的存在状态

磷脂在油料中是以游离态和结合态两种形式存在的。其中，结合状态的磷脂是指磷脂与蛋白质、糖类等物质相结合而成的复合物，至于结合磷脂和游离磷脂的含量，通常前者要比后者多一些。因此，毛油中的磷脂含量不仅取决于油料本身的磷脂含量，而且也取决于磷脂，尤其是结合磷脂在蒸炒过程中的变化情况。

2. 磷脂在蒸炒过程中的变化

一般来说，磷脂与油脂一样，当它和蛋白质的疏水基因结合在一起时，主要存在于其内部，当蒸炒时，由于蛋白质凝固变性，其结构受到破坏，从而使与蛋白质疏水基因结合在一起的磷脂被“释放”出来。这一部分磷脂在制油时就可溶于油脂之中，为何热榨大豆油较冷榨大豆油中的磷脂含量较高，其原因就在于此。但是，如果在蒸炒过程中使料胚尽量“吃足”水分，并让其内的这一部分磷脂首先吸水膨胀而成凝聚状态，此时经吸水膨胀而凝聚的磷脂就不再溶于油脂之中，因此，在制油时这些磷脂就留于粕之内而减少了其在毛油中的含量。

综上所述，在蒸炒过程中若能尽量增大料胚的含水量并使磷脂吸水膨胀，这对于降低毛油中的磷脂含量，进一步地提高毛油质量具有很大的意义。尤其是在加工棉籽时，对毛棉油质量的提高具有更加明显的作用。

（四）使棉酚与蛋白质相结合

棉仁中通常含有 1.4％～2.1％（以干物料计）的棉酚。棉壳中也含有少量的棉酚（一般小于 0.01％）。由于棉酚在湿润蒸炒过程中受到水、热和空气的作用，会产生很复杂的化学变化。这些变化将直接影响到毛油的色泽、精炼过程中脱除棉酚的难易程度，同时对精炼率也有影响。因而有必要对棉酚在湿润蒸炒以及高水分蒸炒过程中的变化情况进行讨论。

1. 棉酚的结构

棉酚的分子式为 $C_{30}H_{30}O_8$，分子量 518，它的结构式为：

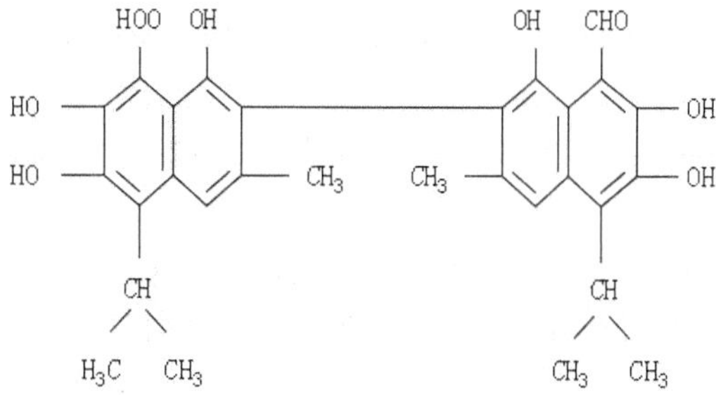

2. 棉酚的性质

（1）物理性质。棉酚为黄色晶体物质，是一种有毒的酚型色素。它通常是以游离态和结合态两种形式存在的。以游离态存在的棉酚称为“游离棉酚”，或简称“棉酚”。以结合态存在的棉酚称为“结合棉酚”。

游离棉酚易溶于油脂、乙醚、氯仿、丙酮等溶剂，不溶于水，具有毒性；结合棉酚不溶于油脂，但与磷脂生成的结合物（结合棉酚）能溶于油脂，它不具毒性。

（2）化学性质

①与碱中和生成盐。棉酚分子中具有两个奈核、两个醛基和六个羟基。六个羟基中，有两个与醛基邻位的羟基具有酸性。它能与碱作用生成一种能溶于水而不能溶于油脂和有机溶剂的盐类。油脂在碱炼过程中，这种盐即可与皂脚一起被除去。

②与苯胺作用生成二苯胺棉酚。游离棉酚的两个活性醛基，可与两个苯胺分子结合而放出两分子水，生成二苯胺棉酚。这个反应常用作棉酚定性分析的基础。因为二苯胺棉酚难溶于有机溶剂，更难溶解于石油醚。

③棉酚的变性。棉酚在水、热、空气和日光等的作用下，会失去活性醛基而使其化学性质发生改变。这种现象称为“棉酚的变性”。这种改变了原来化学性质的棉酚则叫“变性棉酚”。

变性棉酚呈中性，不能再与碱起中和反应，也不能与苯胺作用。其色泽比游离棉酚深，呈棕红色或棕黑色。可见含于棉油中的变性棉酚会使油色变深，并在碱炼过程中也难去除。因此，在制油过程中应尽量避免变性棉酚的产生。

④与磷脂结合生成结合棉酚。游离棉酚能与磷脂作用生成结合棉酚。这种结合棉酚对棉油色泽的影响程度，比单独的变性棉酚的影响要严重得多。因此，在制油过程中同样要尽量避免游离棉酚与磷脂相结合。

⑤与蛋白质结合生成结合棉酚。游离棉酚能与蛋白质结合生成结合棉酚。它的着色能力也很强。因蛋白质不溶于或极难溶于油脂，所以这种结合棉酚只能留于固体物料中，因已失去毒性，故可用作饲料。因此，蒸炒过程中棉酚与蛋白质形成结合棉酚是我们所希望的。不

过，被结合的那部分蛋白质已失去营养价值。

3. **棉酚在蒸炒过程中的人为控制**

通过以上对棉酚理化性质的分析，我们看到，棉酚的性质有些对生产过程有利，如与碱作用生成盐，与蛋白质相结合生成结合棉酚。也有些对生产不利，如游离棉酚变性，与磷脂相结合，这两点都会使油色变深。然而棉酚和磷脂是棉籽中的固有物质，在制油过程中不可避免地会有一部分转入油中。那么，在制油过程中能否采取有效措施，使棉酚和磷脂的含量减少到最低的限度呢？

解决这个问题的方法就是高水分蒸炒法。在蒸炒之初的湿润阶段，先加足水分，让其占18%～22%（而湿润蒸炒法为12%～18%）。这样，一方面使磷脂首先吸水膨胀而留于料胚中，减少了其在毛油中的含量，从而减少与棉酚结合的机会；另一方面使棉酚也比较容易与蛋白质相结合而生成结合棉酚，进而留于料胚之中，可见高水分蒸炒法特别适用于棉籽的制油生产。

（五）其他作用

1. **降低油脂黏度**

在蒸炒时，由于加热作用可使料胚保持较高的温度，使其内油脂的黏度降低，从而增大了油脂的流动性。因此，制油时油脂就容易被提取出来。

2. **调整料胚的可塑性**

在蒸炒过程中，通过水分和温度的调节作用，可使料胚具有适宜的可塑性和抗压力，以适应于不同榨膛压力的榨油机压榨制油。

一般地说，不同型号的榨油机，其榨膛压力大小是不同的，这就要求我们在蒸炒过程中，对料胚进行适当的水分和温度调节。在操作中，一般温度低、水分低时，可塑性小，抗压力就大；而温度高、水分高时可塑性就大，这时的抗压力就小。鉴于此，我们通常选用高温低水分工艺，把温度和水分两个因素结合起来考虑。在控制一定温度的情况下，再来调节料胚的水分，以此达到其适宜的可塑性，进而达到理想的压榨效果。

3. **对酵素的破坏作用**

蒸炒过程中，由于提高了温度，使料胚内存在的酵素（酶）受到破坏，并可杀死微生物。一般酶类在温度达到80℃时即可完全被破坏，因为酶本身也是一种蛋白质，酶作用的破坏也是由于蛋白质的变性所引起的。因此，经过高温蒸炒的榨饼便于储藏就是这个道理。比如，鲜米糠蒸炒后所含解脂酶受到破坏，储藏一段时间后再制油，所得油的质量也不会受到大的影响。

【课后习题】

1. 为什么说蒸炒是压榨法制油工艺中一项十分重要的工序？
2. 生胚在蒸炒过程中会发生哪些变化？

任务 2　蒸炒工艺

【课前引导】

在油脂制取工艺过程中，蒸炒工艺有哪些方法？具体要求有哪些？这些问题是我们这一节任务需要解决的。

【任务描述】

通过本任务的学习，熟悉料胚蒸炒的工艺，着重介绍湿润蒸炒法。

【任务目标】

1. 了解蒸炒工艺的要求。
2. 熟悉湿润蒸炒法的每个环节。

5.2.1 湿润蒸炒法

湿润蒸炒法是指生胚在热处理开始时，先进行湿润，使之在一定的湿度和温度的条件下，进行较长时间的蒸胚和炒胚，使熟胚达到一定入榨条件的处理过程。

(一) 总的工艺要求

湿润蒸炒法总的工艺要求是，高水分蒸胚，蒸炒均匀，保证足够的蒸炒时间，做到水分含量低、温度高时紧接后续的压榨工序。

(二) 具体要求

湿润蒸炒法可分为湿润、蒸胚、炒胚三个环节，每个环节的具体要求如下：

1. 湿润环节

(1) 湿润方法。湿润方法有三种，一是在生胚内直接喷入蒸汽。此法的优点是湿润均匀，效果较好。但不符合“先湿后热”的原则，不能完全达到工艺要求。因最初尚无足够的水分，故对磷脂、蛋白质、棉酚等的变化不利。二是明水湿润。此法符合先湿后热原则，但湿润不匀。三是水汽并用。应用此法时可先在输送绞笼中加水，相继在蒸炒锅内喷汽。此法与前两种方法比较，效果较好，能达到先湿后热要求。

(2) 保持密闭。湿润环节要求密闭，关闭出气口的插板，防止蒸汽大量外逸，以提高湿润效果。

(3) 装料要足。湿润环节通常在立式五层蒸炒锅的第一层锅体内进行，一般要求湿润生胚的装入量为本层锅体容量的 80%～90%，以使生胚有充分的时间与水蒸气接触，达到湿润均匀的目的。

2. **蒸胚环节**

湿润后的料胚紧接着进行蒸胚。蒸胚同样在密闭的情况下进行，以使水分充分地渗透到料胚的内部，并保证经历一定时间让蛋白质、磷脂、棉酚等物质发生变化，破坏其细胞结构。

（1）密闭好、升温快。蒸胚环节要求在密闭的情况下升温要快，使料层空间保持较高湿度，减少料胚与空气接触的机会，避免氧化，也减少棉酚变性。一般蒸胚环节在立式五层蒸炒锅的第二、三层内进行。这两层都要把出气口的插板关闭好，才能将料胚蒸透蒸好。

（2）装料要足。一般要求立式五层蒸炒锅第二、三层的装料量为本层锅体容量的80%左右。

（3）温度控制。蒸胚环节的操作温度一般控制在95℃～100℃。

（4）经历时间。生胚从立式五层蒸炒锅上口进料，相继经过湿润环节和蒸胚环节，其经历时间控制在40分钟左右。

3. **炒胚环节**

炒胚是紧接蒸胚之后进行干燥脱水并使蛋白质等物质进一步变化的过程。炒胚是先在蒸炒锅的下面两层锅体内处理之后，然后再经输送设备转入榨油机上部的调节炒锅内进行处理的。

（1）及时排气。炒胚过程中，要及时排气。操作中要注意抽开立式五层蒸炒锅炒胚层的排气支管插板，让排气畅通。

（2）装料要少。炒胚层内装料要少，使料层薄些，空间留得大些。一般其装料量为锅体容积的40%～50%，以利排气。

（3）经历时间。一般炒胚过程先在立式五层蒸炒锅的第四、五层进行，然后转入调节炒锅继续炒胚。炒胚过程经历时间，前段控制在20分钟左右，后段控制在30分钟左右。这样，料胚通过湿润环节、蒸炒环节和炒胚环节共经历时间90分钟左右。当然，针对不同油料以及油料预处理的不同要求，各环节所经历时间还可相应调整，包括蒸胚环节和炒胚环节所处设备位置也可调整。

（4）注意输送设备保温。炒胚过程中，料胚要从立式五层蒸炒锅转到调节炒锅，输送过程。采用的输送设备要注意保温。比如，采用截面积为O形的立式绞笼和天绞笼进行输送，外壁可加做保温层。

4. **湿润蒸炒工艺条件**

几种料胚湿润蒸炒法的工艺条件见表5－1。

表5－1　几种料胚湿润蒸炒法的工艺条件

油料	生胚湿润后		熟胚从五层蒸炒锅出来		熟胚进入榨油机	
	水分（%）	温度（℃）	水分（%）	温度（℃）	水分（%）	温度（℃）
大豆	12～14	85～95	4～5	110	2.0～2.5	120～125
花生仁	11.0～12.5	85～95	2.5～3.5	110～115	1.0～1.2	120～125
棉籽仁	11.0～12.5	85～95	4.0～4.5	110	2.0～2.5	120
油菜籽	11.0～12.5	85～95	2.5～3.5	110～115	0.9～1.2	120～125
葵花子仁（含壳10%）	13～14	85～95	2.5～4.0	115～120	0.8～1.5	125～130

5.2.2 高水分蒸炒法

(一) 本法与湿润蒸炒法的区别

两法相比，主要区别在于高水分蒸炒法的湿润环节，所加入的水量比前者要多得多。料胚湿润后的最大含水量对于棉仁可占20%～22%。一般可控制在16%～20%。此外，本法较前法，更有利于料胚内的蛋白质变性，更能促使蛋白质与磷脂、棉酚、糖类相结合，使变性棉酚尽量减少而成为结合棉酚，可进一步提高出油率和油、粕质量。

(二) 工艺条件

几种主要油料高水分蒸炒的湿润水分见表5—2。

表5—2　几种主要油料高水分蒸炒的湿润水分

油料	湿润水分（%）	油料	湿润水分（%）
大豆	16～20	葵花子仁	16～18
花生仁	15～17	米糠	25～30
棉籽	18～22	芝麻	14～16
油菜籽	14～18		

【课后习题】

1. 什么叫“蛋白质凝固变性”？蒸炒过程中哪些因素如何影响油料蛋白质变性？
2. 湿润蒸炒法和高水分蒸炒法的主要区别是什么？

任务3　蒸炒设备

【课前引导】

在油脂制取工艺过程中，常用的蒸炒设备有哪些？具体有哪些结构？工作过程是怎样的？这些问题是我们这一节任务需要解决的。

【任务描述】

通过本任务的学习，熟悉蒸炒设备的名称，设备结构的作用及工作过程。

【任务目标】

1. 了解蒸炒设备的类型。
2. 熟悉蒸炒设备的每个环节。
3. 掌握每个结构的工作过程。

蒸炒设备有湿润蒸炒设备和土法蒸炒设备两类。前者主要是立式层式热炒锅，有三层、四层、五层的。后者有圆筒炒锅等。此外，还有用于直接浸出油料预处理的烘干设备。以下分别予以介绍。

5.3.1 立式五层蒸炒锅

(一) 结构

立式五层蒸炒锅由锅体、湿润装置、搅拌装置、自动料门，加热系统管路、传动装置、排气管及底座等部件构成，其结构见图 5—4。以下分部件进行介绍。

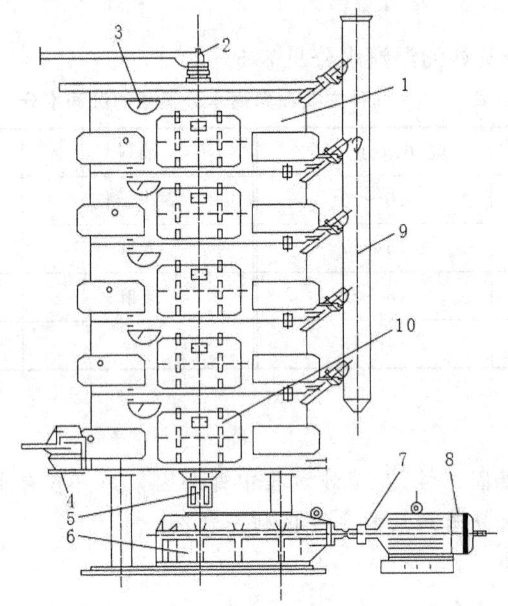

图 5—4　立式五层蒸炒锅的结构

1—锅体　2—直接蒸汽喷管　3—自动料门　4—出料门　5—刚性联轴器　6—减速器　7—弹性联轴器　8—电动机　9—排气管　10—检修门

1. 锅体

锅体由锅壁、加热边夹套和底夹套、检修门等零部件组成。在底层夹套内，为防止蒸汽短路还装有蒸汽导向隔板（见图 5—5)。

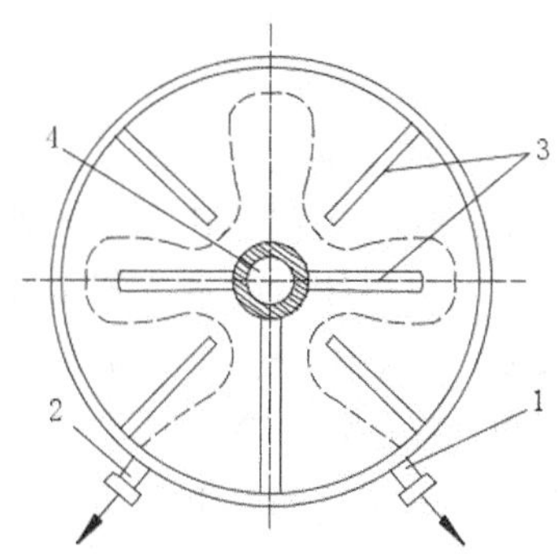

图 5—5　底夹套蒸汽导向隔板

1—蒸汽进口　2—蒸汽出口　3—导向隔板　4—轴孔

锅体规格有直径为 Φ1000、Φ1200、Φ1500、Φ1800、Φ2100mm 等几种。锅体层数有三、四、五层几种。常用的都是五层。每层结构大体相同，只是底层边壁开有出料口，并装有出料活门。其他各层都有下料口。

2. **湿润装置**

湿润方式有喷汽、喷水和水汽兼喷几种。

喷汽是在第一层锅体中心轴上端通入蒸汽，顺搅拌轴而下，经该层搅拌叶背后的焊贴管壁上排气孔眼喷出，混入料胚中达到湿润目的。这种湿润装置的结构见图 5—6。焊贴管上几排气孔孔径为 2.0～2.4mm。另一种喷汽方法，是在本层锅体内壁贴近底板处装置一圈喷汽管，喷汽进行湿润。但此法易形成堆料死角，积料易焦化，因而并不可取。

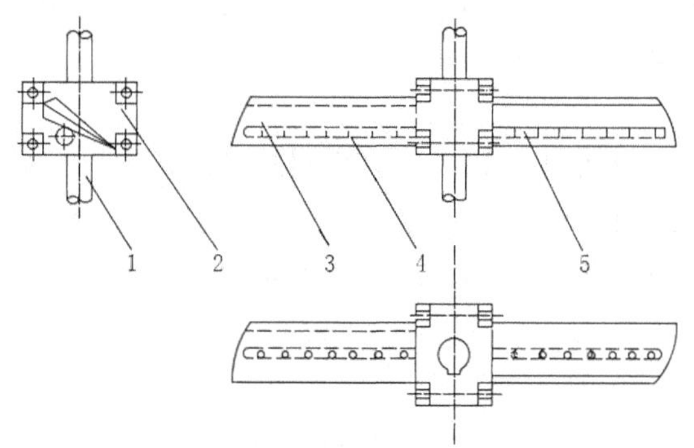

图 5—6　搅拌叶背面的焊贴管示意图

1—中心轴　2—联结器　3—搅拌轴　4—喷汽孔　5—焊贴管

喷水可装置莲蓬头，均匀洒入第一层锅体的料胚面层。也可在输送设备中预先喷水，湿润后再进入第一层锅体。

水汽兼喷时、可将水管汽管连通喷入，使之既均匀又成为热水，其湿润效果较好。

3. **搅拌装置**

搅拌装置由中心轴、搅拌叶等零件构成，搅拌叶转速 25～35r/min，上下各层锅体内的一对对搅拌叶方位系错开装置，使其负荷均匀。

4. **自动料门**

在锅体出料口下方，衔接装置有料胚流入下层锅体的自动料门。

料门用钢板制成弧形，通过支撑板和锅壁通孔套于转轴上。该转轴同时套有弧形的配重拖板。它与弧形料门成一定角，当下层锅体料位高度不足或无料时，拖板自动下垂，料门开启，呈接受来料状态。当下层锅体料层逐渐升高后，随着料层在搅拌叶搅拌旋转时的周期蠕动，使与料胚面层接触的拖板也相应浮动，并随料层升高逐渐抬高。逐渐使料门关小，直至完全关闭。自动料门即如此起到自动控制进料量的作用。其结构见图 5－7。

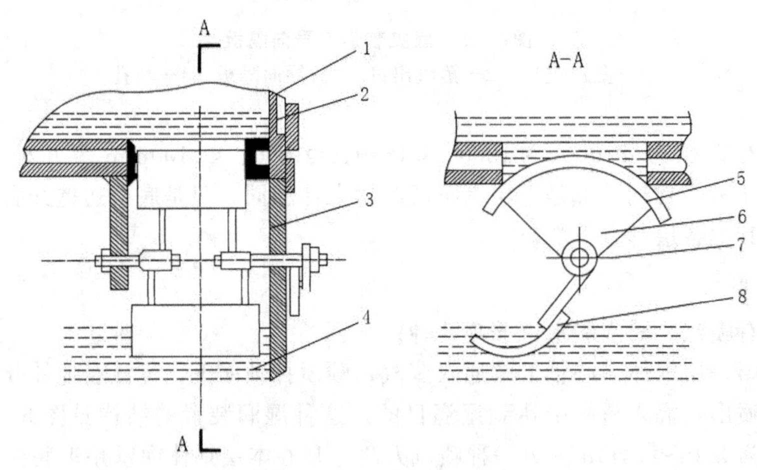

图 5－7　自动料门的结构

1－上层锅壁　2－上层锅料胚　3－下层锅壁　4－下层锅料胚　5－弧形料门
6－扇形支撑钢板　7－半轴　8－拖板

锅体内部料门所处开关大小程度以及锅体内料层高度，都由与料门转轴连在一起的锅体外壁指针的摆动情况反映出来。

料门和拖板的共同转轴由两根半轴组成，目的是使下料畅流、减少阻挡，半轴通过焊于锅底的支撑板悬挂。

5. **传动装置**

立式蒸炒锅的传动装置由电动机、减速器和传动轴构成。电动机的转轴通过弹性联轴器与减速器的输入轴相连。减速器的输出轴通过钢性联轴器与装置搅拌叶的搅拌轴相连，以此带动搅拌叶旋转。通常搅拌叶的转速为 30r/min 左右。

6. **排气管**

蒸炒锅各层锅体都装置有斜向排气支管，支管与锅体接管用法相连接。支管上装有插板，用以调节锅内的蒸汽排放量。各支管再汇集到一根直立的排气总管。此管上部装接同直径的管路直穿过屋顶排空。

(二) 工作过程

立式五层蒸炒锅工作时，生胚进入第一层锅体。被湿润装置喷出的直接蒸汽湿润。随着搅拌使湿润均匀。湿润料胚经自动料门落入蒸胚层，在搅拌中受到间接蒸汽加热，为利于蒸胚，插板紧闭。蒸后物料经自动料门落入炒胚层后，继续受到间接蒸汽加热，此间抽开插板排放蒸汽，使水分逐渐减少，最后料胚从底层出料口排出。

(三) 产品系列

立式蒸炒锅的部分产品系列见表 5—3。

表 5—3　立式蒸炒锅的部分产品系列

项目 型号规格	生产能力（t/d）	配用动力（kW）	机重（t）	外形尺寸：长×宽×高（mm）
YZCL・100×3	7～12	3.2	1.92	2060×2018×2650
YZCL・120×3	7		2.30	Φ1536×1825
YZCL・120×4	14	7.5	2.80	2220×1540×620
YZCL・150×3	17	17	4.60	3070×1950×3750
YZCL・150×4	24	17	5.50	2560×1880×3280
YZCL・150×5	19～48	18.5	6.04	3127×2017×3885
YZCL・150×5	25	17	6.50	2560×1880×3700
YZCL・180×4	40	22	7.10	2900×2550×4200
YZCL・180×4	36～65	22	7.75	3182×2093×3885
YZCL・210×5	96～120	22	11.50	3700×3700×6330
YZCL・210×5	72	30	12.50	3250×2850×5600
YZCL・210×5	50～90	30	8.10	3130×2700×3925

5.3.2 其他蒸炒设备

(一) 烘干设备

油料经预处理后制成的料胚，根据制油工艺的不同，有的用作压榨或预榨，有的则用作直接浸出。

用作直接浸出的料胚，在预处理后期需要通过干燥工序进行处理。除了立式蒸炒锅可用作烘干设备以外，还有专用的烘干设备，以下介绍一种油脂厂较常见的链式蒸汽烘干机，又称平板烘干机。

平板烘干机由机架、加热片、挡料板、张紧装置、进料斗、排潮气罩、进气管、冷凝水排除管、减速机、四周观察门等部件组成。其结构如图 5—8 所示。

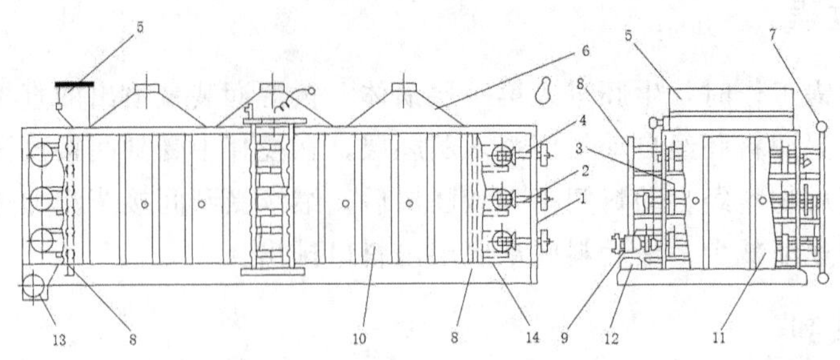

图 5—8 平板烘干机的结构

1—机架 2—加热片 3—挡料板 4—张紧装置 5—进料斗 6—排潮气罩 7—进气管 8—冷凝水排除管 9—减速机 10、11—四周观察门 12—减速机座 13—出料斗 14—刮板链条

从图 5—8 中可以看出传动机构的传动过程，电动机带动减速器，减速器输出轴带动底部链条轴，该轴通过链轮链条带动中部轴，中部轴再带动上部轴。进料斗内的喂料辊由减速器输出轴带动。

平板烘干机工作时，加热片内通入 0.5MPa 的蒸汽（或导热油），生胚片从进料斗投入，落于第一层加热片端头，随刮板拖进过程中接受加热。料胚运行至第一层末端时，即落入第二层加热片上，返回拖行中继续受到加热。再运行至第二层末端时，料胚继而落入第三层加热片，如此，相继经过第四、五、六层加热片的加热处理。最后，经干燥处理后的料胚落入出口处的螺旋输送机，被送出机外。

从图 5—8 中可以看出，拖载料胚的链条刮板来回运载，无空载。各层烘出的水分，汇入上部排气罩排出。料胚经干燥后，一般可降低水分 4 个百分点左右。

链式蒸汽烘干机的部分产品系列见表 5—4。

表 5—4 链式蒸汽烘干机的部分产品系列

规格型号 项目	LZH·20	LZH·36	LZH·72
处理量（t/d）	30	50	100
加热面积（m^2）	20	36	72
加热层数	6	8	8
加热片蒸气压（MPa）	0.5	0.5	0.5
链刮线速（m/s）	0.024～0.240	0.024～0.240	0.024～0.240
加热片最高工作温度（℃）	158.1	158.1	158.1
料层厚度（mm）	40	40	40
配备电机功率（kW）	1.5	2.2	4
外形尺寸（mm）	4100×2500×3000	4100×2500×3800	7100×2500×3800
机重（t）	8.5	10.8	16.8

（二）圆筒炒锅

圆筒炒锅是一种卧式炒锅，它是与小型榨油机配套的炒籽设备。这种设备的主体为纺锤形的转筒，内筒壁上焊有斜向翅片，转动时可翻动炒料。由于翅片具有方向性。反向转动则可全部卸出炒料。通常将其转筒安装于炉膛内，用直接火加热。并装置有反顺电机开关。

5.3.3 蒸炒工序实训

目前，用于油料蒸炒的设备多用五层立式蒸炒锅。此外，一些油厂近年来也尝试采用平板烘干机作为蒸炒设备。下面分别予以介绍。

（一）立式蒸炒锅

1. 结构

立式五层蒸炒锅由锅体、润湿装置、搅拌装置、自动料门、加热系统管路、排汽管及传动装置等部分组成。

2. 操作规程

（1）开车前检查各层锅体，清除杂物，然后将料门调整到所要求的位置。料门调整的方法是：根据各层装料的高度（一般一至三层为容积的80%左右，其余各层为容积的40%左右），将料门拖板抬到此位置（稍偏低一点），并使下料门正好将下料口全部封死，然后将料门摆杆上的顶丝顶紧即可。料门调整后，将各层下料门固定关闭。

（2）开启电动机，进行空车运转，运转正常后方能进行投料。

（3）投料前，先开启各冷凝水阀门，再慢慢开启各进汽阀门，排出冷凝水至锅底发热，然后开始投料。当第一层锅的料层达到预定高度后，即开启该层的下料门，把料胚慢慢送到第二层，依上述方法逐层放料至最底层锅体为止。检查最底层锅体内料胚的温度和水分，如达到工艺要求，即可开始出料。

（4）在操作过程中，应注意调节直接蒸汽和间接蒸汽的压力及排汽阀门的大小，以控制锅内料胚的温度和水分，使其达到工艺要求。

（5）停车时，先停止进料，将各层料胚放空，同时关闭进汽阀门，最后关电动机停车。

（6）因故障发生紧急停车时，应立即关闭电动机，停止投料，关闭进汽阀门，然后将锅内料胚全部从检修门清出。检修完毕后，再按开车顺序重新开车进料。

3. 维护保养要点

（1）立式蒸炒锅必须在最高蒸汽压力（一般表压为0.5MPa）内进行生产。进蒸缸蒸汽管路中应装置安全阀（限压阀）。

（2）对搅拌装置、自动料门和减速器应经常检查，以保证可靠工作。

（3）轴承和减速器的润滑油需要及时添加，使用一段时间后要予以更换。主轴轴承由于在高温下工作，每班应加注润滑油一次。

4. **常见故障及处理方法（见表5—5）**

表5—5 立式蒸炒锅常见的故障及处理方法

故障现象	故障原因	处理方法
齿轮箱噪声过大	1. 机械加工、装配精度不高 2. 缺少润滑油	1. 修配有关零部件，按规定精度装配 2. 及时、定期加注润滑油
蒸炒锅的下轴承辊子破裂	由于缺少润滑油而干摩擦造成	及时加润滑油
主轴旋转时，有发动现象	搅拌刮刀与锅底或侧壁严重相碰、摩擦	检查刮刀与锅底或侧壁间隙，重新紧固刮刀座
一、二层蒸炒锅下料口堵塞，下料不畅	蒸汽或水分过大，造成物料结块	按工艺要求调节蒸汽或水分加入量
料胚生熟不匀，水分和温度未达到要求	1. 物料结团 2. 加热底板结垢，传热效果差 3. 加热蒸汽压力低 4. 排汽不畅 5. 料门未调好，致使料层过厚或过薄	1. 注意湿润均匀，防止局部加水过多而使物料结团 2. 及时清理各层底板 3. 保证加热蒸汽质量 4. 注意经常疏通四、五层排汽口防止堵塞 5. 按要求调节好料门，使料层厚度达到工艺要求

（二）平板烘干机

1. 结构

平板烘干机又称“链式蒸汽烘干机”。由机架、进料斗、加热部件、传动部件、出料斗等部件组成，其结构参见图5—8。

2. 操作规程

（1）开车前，清除机内杂物及积料，检查各部件是否完好，检查各进、排汽管接头是否完好；检查润滑系统，保证润滑油充足；调整链条刮板的松紧程度，以在链条长度中部用手提起高度为50～80mm为宜。

（2）点动试车，检查周围挡料板、接料板等，不得阻碍链条刮板运行；空载运行，检查运行是否平稳，链条啮合是否正常，有无异常声音，若有异常情况要停车检查。

（3）空载运行正常后，慢慢开启加热介质进口阀门进行预热，开始流量可少一些，同时观察加热介质管道有无渗漏现象。如无异常情况，即可进料开始负载运行。

（4）烘干机正常工作时，料斗中应有一定量的存料，下料要保持均匀，使烘干板上的料胚厚度在40～80mm，入料出料要保持平衡，以不溢料不缺料满足工艺需要为度。

（5）正常运行中，要加强检查，防止刮板链条在光轮上跑偏，防止杆状物掉入机内，损坏刮板链条。

(6) 烘干机在停车前，应先停止进料，当刮板链条将料胚从烘干板上刮干净后，即可停车，同时关闭加热介质进口阀。这样，可防止停车后余热将料胚烘焦变质。

3. 维护保养要点

(1) 平板烘干机属于一类低压换热器，应按国家劳动部《压力容器安全监察规程》中的相关规定进行使用、管理和维护保养，当烘干机板壁厚腐蚀到一定程度时，烘干板应报劳动部门复查。

(2) 烘干机必须定期检查，每年至少进行一次外部检查，两年至少进行一次全面检查。

(3) 压力表、安全阀应定期检验，每年至少检查一次，经检验合格的压力表、安全阀应有铅封和检验合格证；经检验不合格或没有铅封的压力表、安全阀等不准使用。

(4) 烘干机长期不用时，应将烘干板中的存水（用水蒸气作加热介质时）排净。再用时应按《压力容器安全监察规程》的规定进行检查。

(5) 烘干机的机械部分至少半年保养一次，传动部分在运行时发出异常声音要立即停机检查处理。

(6) 摆线针轮减速机在工作初期要注意润滑油的清洁卫生，三个月检查一下油质，半年更换一次润滑油。

4. 常见故障及处理方法见表5—6。

表5—6　平板烘干机的常见故障及处理方法

故障现象	故障原因	处理方法
运动时发出异常声音	1. 传动部分润滑不好 2. 刮板与烘干板相碰	1. 查明原因，立即加注润滑油 2. 适当调整刮板链条的张紧程度
经处理的料胚温度、水分达不到工艺要求	1. 料胚流量过大，在平板上厚度太厚 2. 加热介质的温度及流量未达到要求 3. 烘干机保温不好或排汽不畅	1. 适当控制料胚流量及厚度 2. 适当提高加热介质的温度及流量，保证传热效果 3. 做好烘干机的保温及排汽工作
出烘干机料胚有焦味	1. 链条刮板磨损，致使烘干板上积料过多 2. 加热介质温度过高 3. 烘干板积垢严重，传热不均匀	1. 调整链条刮板的张力，更换已磨损的链条刮板 2. 适当降低加热介质的温度 3. 定期清理烘干板，保证传热均匀

【课后习题】

1. 简述立式五层蒸炒锅的结构和工作过程。

2. 简述立式蒸炒锅常见的故障及排除方法。

项目六 油料的压榨

【项目概述】

油料的压榨是制油的一种方法，其操作效果的好坏直接影响到出油率、产品质量。在项目中主要学习油厂中常用的几种压榨工艺及设备。要求了解压榨的方法，掌握压榨的操作要求和螺旋榨油机的结构及工作原理，能够针对不同油料独立编制清理工艺流程。

【项目目标】

1. 了解压榨的特点。
2. 掌握压榨基本原理。
3. 理解压榨工艺过程。
4. 熟悉常用榨油机的主要结构、工作原理及使用特点。

任务1 压榨法制油的基本理论

【课前引导】

随着浸出法制油的发展，压榨法制法所占比重日趋减少。但压榨法制油目前仍然具有不可替代的作用，在我国油脂工业中占有较为重要的地位。压榨法有哪些特点？目前常用的榨油机有哪些？胚料在压榨过程中有哪些变化？这些问题是我们这一节任务需要解决的。

【任务描述】

通过本任务的学习，熟悉压榨法的优缺点，了解常用的榨油机类型。

【任务目标】

1. 了解压榨法制油的特点。
2. 熟悉料胚在压榨过程中的变化。
3. 掌握目前国内常用榨油机的型号。

6.1.1 压榨法制油的概况

随着浸出法制油的发展，压榨法制法所占比重日趋减少。但压榨法制油目前仍然具有不可替代的作用，在我国油脂工业中占有较为重要的地位。现在，国内大中型油厂，包括一些小型油厂使用的榨油机主要是 ZX・18 型榨油机、ZY・24 型预榨机、ZY・28 型预榨机、ZY・32

型预榨机。部分小型油厂仍使用 ZX · 10 型榨油机和 ZQ · 35 液压榨油机。为了提高出油率或改善料胚的渗透性能，国内油厂大都采用了预榨—浸出制油工艺。因此，压榨法制油，尤其是螺旋榨油机榨油仍有其存在和研究的必要。

6.1.2 压榨法制油的特点

（一）适应性强

压榨法制油适用于多种油料加工和不同规模的生产。对动力设备要求不高，可以采用电力或其他动力，使用中灵活方便，特别适用工业不发达或交通不便的地区和农村。

（二）工艺及操作简便易行

通常油料经预处理后即可入榨，工艺流程简短，操作技术要求低，配套设备可土洋结合，投资少，见效快。使用小型榨油机时，还可用直接火炒籽，整籽入榨，但制得的毛油质量较差。

（三）生产比较安全

生产过程中，榨油机械运转平稳，主轴转速慢、ZX · 18 型为 8r/min，ZY · 24 型为 15r/min，ZX · 10 型为 28～35r/min，只要按生产操作规程进行制油生产，一般不会发生事故。

（四）缺点

压榨法制油主要存在以下缺点：一是榨饼残油率较浸出粕高；二是检修拆换易损件时劳动强度大；三是小型厂生产条件简陋时产品质量差。

由于压榨法制油生产还存在一些局限性，尤其是得到的榨饼残油率较高，一般可达 5%～8%，因此最好与浸出法制油配套生产，才能进一步取出榨饼中的残油，从而降低生产成本，提高企业效益。

6.1.3 料胚在压榨过程中的变化

料胚经过预处理后，必须具有适宜的可塑性和抗压力。料胚具有的这种特性，是使榨膛建立起足够压力的必要条件，是动力螺旋榨油机压榨料胚时使它的质点之间以及与榨膛的机械结构之间产生急剧摩擦的必要条件，也是一切榨油机在压榨过程中形成饼块的必不可少的条件。

物料在压榨过程中，所发生的变化以物理变化为主。具体表现是：榨料的体积逐渐缩小；油脂大量排出；料胚中微量水分逐渐被蒸发；油脂黏度不断降低；油脂中有色物质、固体物质以及胶体物质数量也逐渐增多；最后榨料形成饼块。

压榨过程中，榨料在发生物理变化的同时，也发生一系列化学变化。其表现是，胶体结构继续受到破坏；蛋白质深入变性，且与其他物质相结合；也有“离解”现象的发生，如蛋白质与磷脂、游离脂肪酸和棉酚已结合成的不稳定的结合产物发生离解导致油溶性杂质增加；碳水化合物也将由于温度的升高而部分碳化等。

可见，压榨过程中榨料发生的变化既有利于制油的一面，也有不利于油品质量的一面。当然前者占主导地位。

6.1.4 压榨过程中的排油动力和排油深度

（一）压榨过程中的排油动力

研究压榨过程中的排油动力问题，实质是研究油脂在压榨过程中从榨料的细胞内部排出的速率问题。我们知道，过程速率正比于推动力而反比于阻力。压力即为压榨过程的推动力，而黏度即为压榨过程的阻力。

油料经过预处理工序后，虽然已为油脂从熟胚中分离出来创造了必要和充分的条件，但油脂毕竟不会自动流出来。对于压榨法制油而言，还必须依靠机械施加足够强大的压力，才能使油脂摆脱料胚中固体物质的束缚。因此，榨机榨膛中就需要建立起强大的压力，才能使油脂从油料中顺利排出。

但是，在压榨过程中，仅仅建立了足够的压力，而没有较高的温度配合，出油效果也不会好。因为没有足够高的温度，油脂黏度就不可能降低很多，即油脂排出的阻力大，在压榨过程中油脂排出也就不顺畅。

由此可见，在压榨过程中，油脂的排出速率主要取决于“压力和温度”，压力是油脂从榨料中排出的必要前提，而温度则是降低排油阻力的必要条件。

（二）压榨过程中的排油深度

研究压榨过程中的排油深度问题，实质是研究油脂在压榨过程中的排净程度问题。我们知道，压榨过程的排油动力是压力和温度（或是黏度）。那么，我们能否设想，在压榨过程中，尽量地提高压力和温度，使油脂黏度降低到 0，把料胚中的油脂全部压榨出来呢？

事实上，在榨油过程中，榨膛压力不可能无止境地增大，料胚温度也不可能无限地提高。由于油分子在料胚中彼此之间的引力不可能降低到 0，故油脂黏度也就不可能降低到 0。因此，在压榨过程中最后形成的饼块内总会残留一定数量极薄的油膜（存在于饼块的内外表面，一般肉眼看不到）。所以，可以得出结论：在压榨过程中，即使在最适宜的压力和温度以及其他条件的配合下，油脂也不可能完全从料胚中被压榨出来。

此外，油料在预处理过程中，经过破碎、轧胚工序时，在强大的机械剪切力和压力的作用下，细胞结构（主要是细胞膜）已受到很大程度的破坏；在蒸炒过程中细胞的胶体结构又受到了进一步的破坏。但以上破坏都不会也不可能完全彻底。因此，油脂不可能完全被压榨出来。

再者，料胚在强烈的压榨过程中，排油缝隙已变得很小很小，其中的油膜已极薄，致使其失去了一般流体动力学的特性，近乎于塑性固体的性质，表现为固体物质分子引力及油分子之间的引力作用，总会滞留一层薄薄的油膜，因而导致饼块内的残油率不会太低。

由此可见，压榨过程既不可能将料胚中的油脂榨净，也不可能使饼中的残油率降到有很低。

6.1.5 饼块的形成

压榨过程中，随着油脂的大量排出，微量水分蒸发，榨料体积不断缩小，散粒体的榨料最后形成多孔性的塑性体——饼块。

饼块的形成过程伴随着发生几种变化过程，油脂从多排到少排的过程，压力从低到高的上升过程，榨料由不连续相形成连续相的过程。

榨料能形成饼块的必要条件是，榨料必须具有适宜的可塑性，且能承受压力。没有塑性的榨料，即使压力再大，也难以形成饼块。而影响料胚可塑性的因素是入榨料胚的水分和温度。

【课后习题】

1. 简述压榨法制油工艺的特点。
2. 压榨过程中榨料会发生哪些变化？其中哪些变化对压榨制油过程有利？

任务2　螺旋榨油机榨油

【课前引导】

螺旋榨油机作为目前常见的类型，它的工作原理是什么？有哪些主要结构？这些问题是我们这一节任务需要解决的。

【任务描述】

通过本任务的学习，熟悉螺旋型榨油机的工作原理，了解ZX・10型榨油机的结构。

【任务目标】

1. 了解ZX・10型榨油机的结构及使用特点。
2. 熟悉ZX・10型榨油机的螺旋轴上装配有哪些零件及其作用。

6.2.1 螺旋榨油机的工作原理及基本概念

（一）工作原理

螺旋榨油机的工作原理，概括地说，是由于旋转着的螺旋轴在榨膛内的推进作用，使榨料连续地向前推进。在此过程中，由于榨螺螺距逐渐缩小，榨螺螺纹宽度逐渐增大，榨螺根圆直径逐渐增大，使榨膛空间逐渐变小，榨料在榨膛内受到压缩而产生强大的挤压力。这样，油脂便从榨笼的缝隙中流出，固体物料被压制成饼块从螺旋轴末端不断排出。

榨料在压榨过程中，受到的挤压力来源于压缩力、出饼阻力和摩擦阻力。

1. **压缩力**

料胚进入榨机后，首先受到喂料螺旋垂直向下的压力，被强迫压入榨膛。物料在榨膛内由旋转着的榨螺向前推进。在推进的过程中，物料受到压缩的根本原因在于以下两个方面：

（1）榨螺方面。榨螺顺推料方向螺距逐渐缩小，螺纹宽度逐渐增大，根圆直径逐渐增大。

（2）榨膛方面。榨膛内径顺推料方向变小（ZX·10 型榨油机不具备此结构特点）。

榨料在几种国产螺旋榨油机榨膛内所经受的压缩过程，通常是由两级压榨实现的。

第一级压榨，物料进入榨膛后，由于榨膛空间逐渐缩小而受到压缩，排出大部分油脂。此时榨料的结构已比较紧密，随着榨螺的推送，进入第二级压榨。

第二级压榨，榨料刚进入此级压榨时，由于榨膛空间突然增大，使原来较紧密的榨料得到一个疏松机会，结构受到调整，油路得到疏通。接着，榨料随榨螺继续被推进，推进中，榨膛空间已较第一级压榨时更小，使榨料受到更加剧烈的压榨，以尽可能多地挤压出油脂。最后榨料从环形出饼缝隙挤出，成为饼块，从而完成第二级压榨。

2. **出饼阻力**

出饼端部的环形出饼缝隙是由螺旋轴上的抵饼圈（ZX·10 型榨油机）或短套筒（ZX·18 型榨油机）和嵌合在机架上的出饼圈套合构成的。其缝隙大小可以调节，从而控制排出的饼达到要求的厚度。出饼厚薄直接影响到料胚在榨膛内受到的阻力大小。当出饼缝隙调大时，饼的厚度大，排量多，容易排出，此时榨料在榨膛内受到的阻力会小些；当出饼缝隙调小时，饼的厚度薄，排量小，此时榨料受到的阻力就要大些。所以，在压榨过程中，为了取得好的工艺效果，应使榨料在榨膛内保持一定的压力，以保证料胚内的油脂尽可能多地压榨出来，这就要求掌握控制好出饼厚度。

3. **摩擦阻力**

料胚在榨膛内的运动有轴向移动和径向移动，这些移动均为不规则运动。这些不规则运动会产生多种摩擦阻力，包括料胚与榨条、榨圈，料胚与榨螺，料胚与料胚之间产生的摩擦阻力。这些摩擦阻力中，前一种摩擦阻力最大，因为榨条有棱角，榨圈内腔有径向齿状沟槽。其次是第二种摩擦阻力，尽管榨螺螺纹是光滑的，但它在旋转中推进榨料，因而其摩擦阻力也不小。后一种是料胚相互之间的摩擦阻力，它是由于料胚自身运动的不规则性产生的。以上这些摩擦阻力的最大作用是使榨料在榨膛内建立起足够的压力，同时对于不断地打开料胚之间的油路具有一定的好处。再者由于摩擦生热，使榨料温度进一步升高，从而进一步促进料胚中的蛋白质变性，细胞结构破坏，可塑性增大，油脂黏度降低，也有利于压榨出油。

关于榨膛内的压力，据有关机型的实测计算资料记载，ZX·10 型榨油机一次压榨时达 24.5～43.8MPa，ZX·18 型榨油机一次压榨时达 24.0MPa，ZY·24 型预榨机预榨时达 19.1MPa。

（二）基木概念

1. 榨膛的压缩曲线

在螺旋榨油机榨膛内，榨料进入进料段后，由于榨螺螺纹宽度逐节增加，螺距缩小，根圆直径增粗等原因，使物料在随榨螺旋转而被推进的过程中受到压缩。在榨膛内，其被压缩程度随着物料的推进而发生变化。把榨料在榨膛内被推进过程中的压缩程度的变化情况描绘成图像就叫“榨膛的压缩曲线”。榨膛的压榨曲线如图 6－1 所示。

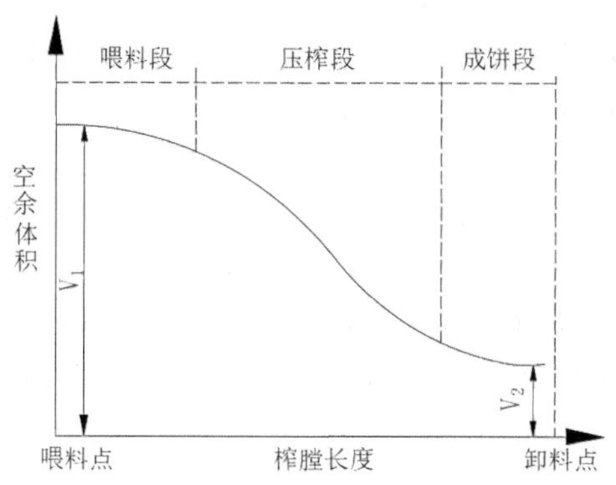

图 6－1　榨膛的压榨曲线

从图 6－1 中看出，榨料的压缩过程分为三段，分析如下：

(1) 进料段。榨料在进料段开始被挤紧，排出空气和水分，发生塑性变形并开始出油。因而在榨笼前段可看到少量的油滴，且有气泡。

(2) 压榨段。压榨段的榨膛空间迅速有规律地缩小，榨料受到强烈压榨，料粒间开始结合，形成连续的多孔物并大量排出油脂。在此过程中，物料在被压缩的同时还受到各种摩擦。具体地说，因榨螺螺旋中断，榨膛阻力、榨条棱角的剪切作用而引起料位的位移、断裂混合等现象，使油路不断被打开，所以能迅速充分地排出油脂。

(3) 成饼段。榨料在成饼段已形成瓦块状饼，几乎呈整体式推进，因而也有较大的轴向压缩阻力。这时瓦块饼的可压缩性已经不大，但需保持较高的压力，使油沥干，而且该过程应延长适当的时间，并减小轴向阻力（此处榨螺的几何尺寸已变化不大）。如果认为这时油已压净，从而放松压力，那么热饼就会膨胀疏松反而吸油，对压榨不利。最后排出的饼块一般由于弹性或膨胀作用会有所膨大。

2. 压缩比和总压缩比

(1) 榨螺的空余体积。榨螺的空余体积是指榨膛内每一导程（螺距）榨螺所包容的空间体积。

(2) 压缩比。压缩比是指相邻两导程榨螺前后对应的空余体积之比。设相邻两导程榨螺的空余体积分别为 V_n 和 V_{n+1}，则压缩比为：$\oint = V_n / V_{n+1}$

(3) 总压缩比。入料第一导程与出饼端的最后一个导程的空余体积之比为总压缩比。设第一导程的空余体积为 $V_{入}$，出饼端导程的空余体积为 $V_{末}$，总压缩比为：$\oint = V_{入} / V_{末}$

ZX · 10 型榨油机第一级压榨的压缩比为 5.98，总压缩比为 16.90；ZX · 18 型榨油机的总压缩比为 12.10；ZY · 24 型预榨机，一般设计配有两套榨螺，用于预榨中等含油率油料者，其总压缩比为 9.60；用于预榨高含油率油料者，其总压缩比为 11.50。

压缩比的意义在于表明榨膛空间的几何特性。它与不同油料的压榨进程关系极大。通常对于含油率高低不同的油料，压榨时应选择适宜压缩比的榨螺。

对含油率高的料胚，入榨前段的压缩比要大些才好。如果本段压缩比太小，压力不足，会使出油位置推后，而沥干段减少；对于含油率低的料胚，入榨前段的压缩比要小些才好。如果本段压缩比太大，就会造成饼块形成过早，而使一部分油被封闭在饼块内，使其不能顺利地排出。总之，要根据不同的油料，选择不同的压缩比，才会有好的压榨效果，也才不致使饼的残油率太高。

可见，压榨每种油料，按理都应配一套符合压缩比要求的榨螺，但现有榨油机一般都只配有一套榨螺。鉴于此，在实践中可以新旧榨螺兼用。

榨料的实际压缩比与理论压缩比相比，要小一些（因榨料有弹性变形，“回料”等因素）。一般理论压缩比与实际压缩比的比值为 1.5～4.5，ZX・18 型榨油机的实际压缩比为 3.11～4.00，ZY・24 型预榨机的实际压缩比为 2.18～2.96。

6.2.2 ZX・10 型榨油机

ZX・10 型榨油机原名叫 95 型榨油机。它是国内生产的一种小型榨油设备，已有近 40 年的历史。该机适用于压榨多种油料，如大豆、棉籽、油菜籽、玉米胚等。它具有以下一些特点：连续性生产，配套设备简单，机体矮小，操作方便，适宜于小规模生产。特别适用于农村乡镇企业和个体加工厂使用。

ZX・10 型榨油机由进料装置、螺旋轴、榨笼、机架、机座和传动机构等部件组成。其结构如图 6－2 所示。

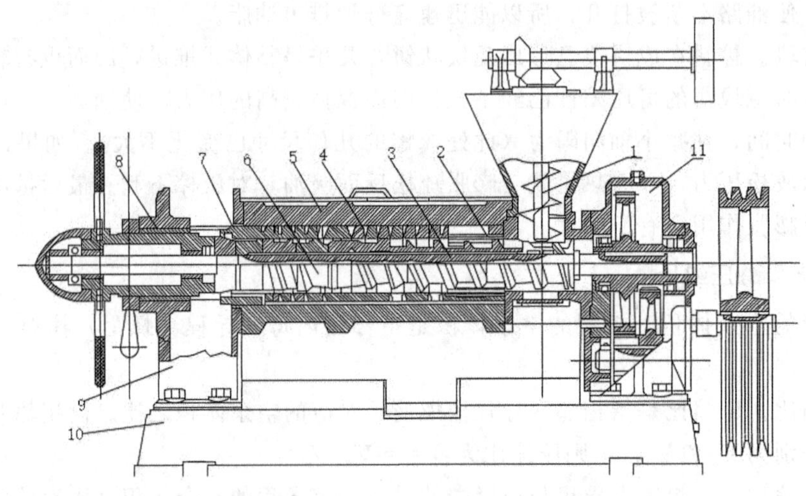

图 6－2　ZX・10 型榨油机的结构

1－喂料螺旋　2－榨条　3－螺旋轴　4－榨圈　5－榨笼　6－榨螺　7－压紧螺丝　8－调节螺栓　9－机架　10－机座　11－齿轮箱

（一）进料装置

进料装置主要包括存料斗、进料斗和拨料杆等部件，其结构如图 6－3 所示。

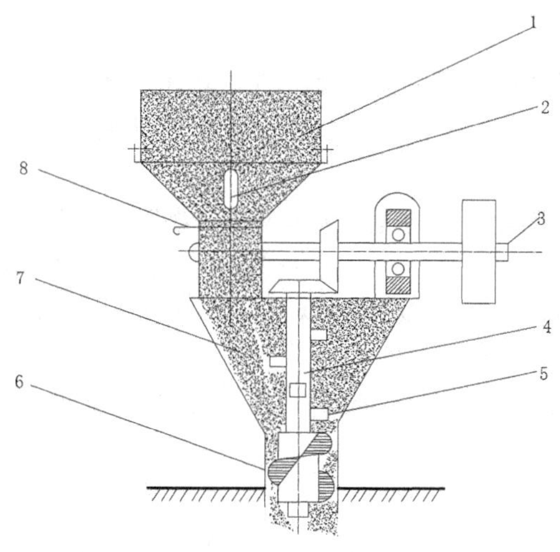

图 6—3　ZX·10 型榨油机的进料装置

1—存料斗　2—观察孔　3—轴　4—拨料杆　5—拨料翅　6—进料螺旋　7—进料斗　8—插板

存料斗是由铁板卷制成的圆筒和铸件锥体通过螺钉连接而成。锥体上有观察孔，下料口处装有插板，以调节物料量的大小。

铸件进料斗位于存料斗下部，装有带动拨料杆的传动装置。下料口处也装有控制下料量大小的插板。

拨料杆用圆钢制成，焊有 4 根拨料翅。下部还装有压料螺旋，用平键与拨料杆套接牢固。

(二) 螺旋轴

螺旋轴又称“榨螺轴”，是螺旋榨油机的主要部件之一。它是由榨轴、榨螺、锁紧螺母、挡圈、调节螺栓和紧定螺母等零件组成。其结构如图 6—4 所示。

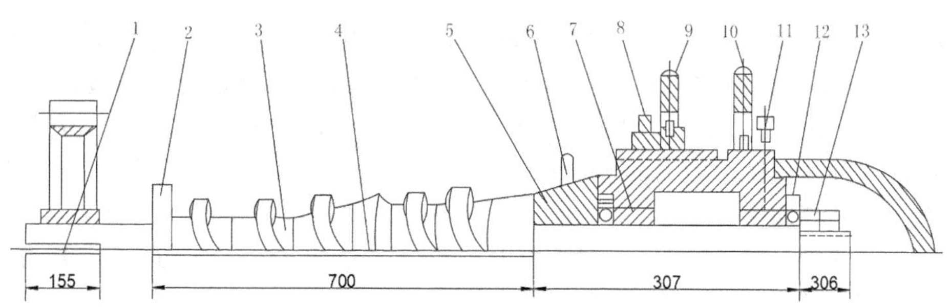

图 6—4　ZX·10 型榨油机螺旋轴示意图

1—平键　2—挡圈　3—榨螺　4—平键　5—锁紧螺母　6—打棒　7—轴套　8—机架
9—紧定螺母手柄　10—调节螺栓手柄　11—油杯　12—轴承　13—螺母

1. **榨轴**

榨轴又称“心轴”，是装配榨螺的高强度零件，其表面硬度为 HRC24°～28°。

榨轴（见图 6－4）左端有键槽，用以装配大齿轮。且轴可在大齿轮轮心内作水平的轴向移动，以调节出饼厚度。

榨轴的中部开有一条长键槽，从左至右顺次装配有挡圈和 7 节榨螺。再向右，榨轴上有一段长 80mm 的左旋螺纹，规格为 M48×3，用以套上锁紧螺母，固定榨螺使之不作轴向移动。

榨轴右端的轴颈，由调节螺栓内两端的两个轴套与之配合，并支撑其旋转。同时还套有滚动轴承，型号为 8307，以承受轴向推力。

调节螺栓的功能是调节螺旋轴的轴向位置，以此调节抵饼圈和出饼圈之间的环形缝隙的宽度，控制出饼厚度。

2. **榨螺**

ZX·10 型榨油机的榨螺是用优质碳素结构钢制成绕有一条螺纹筋的空心圆柱体零件。

ZX·10 型榨油机共有 7 节榨螺，其几何尺寸见表 6－1。

表 6－1　ZX·10 型榨油机榨螺规格

榨螺节次	榨螺长度（mm）	螺底直径（mm）	榨螺内径（mm）	螺纹外径（mm）	螺纹宽度（mm）	螺距（mm）
1	200	66	48	94.5	6	63
2	115	66	48	94.5	6	63
3	129	66～90.5	48	94.5	6～19.5	63
4	50	90.5～94.5～80	48			
5	75	80	48	94.5	8	50
6	75	80～94.5	48	94.5	8～18	50
7	75	94.5～106	78			

ZX·10 型榨油机榨螺的特点：顺着榨螺第 1 节至第 7 节的顺序，螺底直径逐渐增大，螺纹宽度逐渐加宽，螺距变小，螺纹高度降低。其中第 4 节榨螺没有螺纹，其长度为 50mm，外围顶峰前段长 35mm，其外围直径由 90.5mm 逐渐增大到 94.5mm。外围顶峰后段长 15mm，其外围直径由 94.5mm 逐渐缩小到 80mm。在中间处有一起伏，主要是造成二级压榨。第 7 节榨螺即抵饼圈，没有螺纹，其直径由 94.5mm 逐渐增大到 106mm。该抵饼圈内有衬套，以平键与其相配合。而衬套再由平键与榨轴相配合。榨螺的每节长度也顺次逐渐减短，每节榨螺都是用平键与榨轴紧密配合的。

3. **锁紧螺母和挡圈**

从图 6－4 中可以看出，锁紧螺母和挡圈都是用来固定榨螺的，以使榨螺不作轴向移动，且每节榨螺之间配合紧密。

锁紧螺母为灰口铁铸件，内孔通过左旋螺纹与榨轴配合。它的外圆周上均布有四个插孔，供松紧锁紧螺母之用。装上 4 根打棒时，又可供碎饼之用。

挡圈外径 85mm，内径 48mm，厚度为 20mm。它除了起榨螺的固定作用外，还可起进入榨膛物料与齿轮箱之间的阻隔作用。

4. **调节螺栓和紧定螺母**

调节螺栓为灰口铁铸件，其作用是调节出饼厚度。外缘有长 154 毫米的左旋梯形螺纹，每转动一周，可调节出饼厚度 0.4mm，调节螺栓上面安装有 4 根扳动手柄，轴瓦处还有油杯。

紧定螺母的作用是将调节好螺旋轴轴向位置的调节螺栓固定于机架上；以防止榨轴在运转过程中自行移位，使出饼厚度保持工艺要求。紧定螺母用 45 号钢或球墨铸铁制造。

(三) 榨笼

榨笼也是螺旋榨油机的主要部件之一。ZX·10 型榨油机的榨笼包括以下零件：榨笼壳、榨条圈、榨条、出饼圈、压紧螺丝、接油盘和罩壳等。榨笼结构如图 6—5 所示。

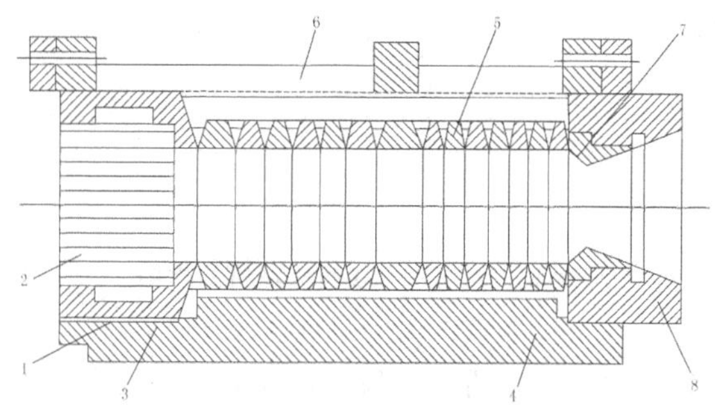

图 6—5　ZX·10 型榨油机的榨笼

1—榨条圈　2—榨条　3—键槽　4—下榨笼壳　5—榨圈　6—上榨笼壳　7—出饼圈　8—压紧螺丝

1. **榨笼壳**

榨笼壳用球墨铸铁制成，分上、下两半块，两半块用 10 根螺栓固定为一体。一般检修时只拆卸上半块即可。下榨笼壳的一端与机架连接，另一端与齿轮箱连接。下榨笼壳内圆中间开有键槽，用沉头螺钉固定有平键，用以固定榨条圈和榨圈。

2. **榨条及榨条圈**

榨条用 20 号优质碳素结构钢制成，并经渗碳、淬火处理。其形状如图 6—6 所示。

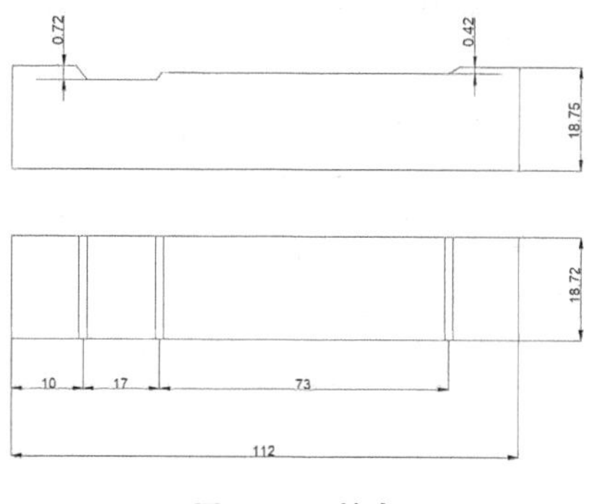

图 6—6　榨条

榨条装于榨条圈内，共16根，装成圆形。另外，还有一根锁紧榨条插入其间、使榨条结合紧密。榨条圈用HT20～40灰口铁铸成。与榨圈接触的端面有径向油槽220条，其深度为0.4～0.7mm。榨条圈外表面开有纵向键槽，它与榨笼壳通过平键配合。

3. **榨圈**

榨圈用20号优质碳素结构钢制成，并经渗碳、淬火处理。榨圈内圈加工成10条曲面锯齿，一个端面带有油槽。其结构如图6—7所示。

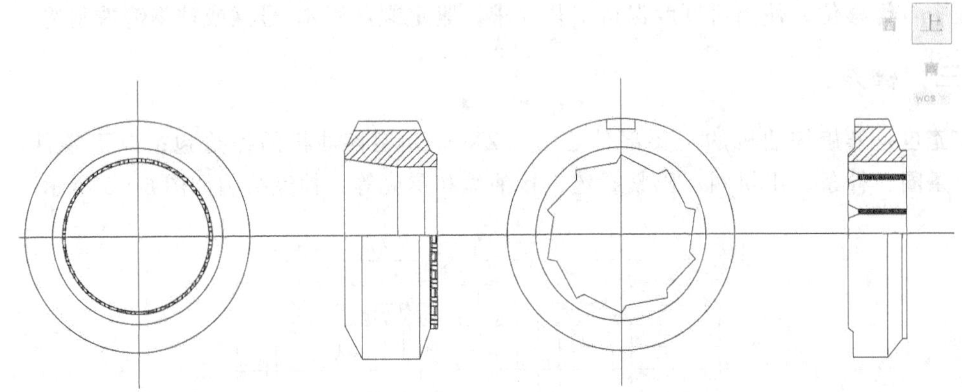

图6—7 ZX·10型榨油机的榨圈

ZX·10型榨油机榨圈内的10条曲面锯齿的作用，主要是使榨膛内形成不圆滑的曲面，以增大料胚在榨膛内的摩擦阻力和翻动能力。此外，榨圈内曲面锯齿的一端还有一部分锥面(倒角)，它起物料的缓冲过渡作用，各个榨圈的锥面位置不尽相同，有左侧的，也有右侧的。只有7号榨圈内没有曲面锯齿（见图6—7）。

ZX·10型榨油机的榨圈共14只，所有榨圈的外面均开有键槽，以与下榨笼壳中间的平键相配合，使之不随螺旋轴而转动。全部榨圈装配好后，圈内曲面锯齿是相互迭合的。

ZX·10型榨油机榨圈规格见表6—2。

表6—2 ZX·10型榨油机榨圈规格

榨圈号	外径 Φ_1（mm）	内径 Φ_2（mm）	内径 Φ_3（mm）	宽度B（mm）	锥面位置
1	150	102	97	40	左
2～5	150	102	97	30	左
6	150	102	97	30	右
7	150	130.5	98	60	左
8	150	102	97	20	左
9～13	150	102	97	20	左
14	150	102	97	20	右

4. **出饼圈与压紧螺丝**

出饼圈是用 20 号优质碳素结构钢制成的钢圈，经过渗碳和淬火处理，长度为 55mm。它的外圆经过精加工，嵌入压紧螺丝，与抵饼圈相配合形成出饼间隙。

压紧螺丝的功能是压紧榨圈和榨条圈，使之不作轴向移动。其一端内圈与出饼圈相配合，外围是长度为 45mm 的螺纹，以旋入榨笼壳出饼端的螺纹内，起到压紧作用。其另一端外圈钻有 6 个均匀的插孔，孔径为 25.5，供装拆时插用。

此外，在榨笼壳外围还套有罩壳，用以防止因榨膛压力大而油渣飞溅。在榨笼壳的下面还配有接油盘，用来汇集榨膛内压榨出来的油脂。

(四) 机架及机座

从前面总装图中可以看出，机架的外侧上部为调节螺栓的丝套，内侧与榨笼壳相连。凌架用 HT20～40 铸成。

机座用 HT15～33 铸成，它的一端结合机架，另一端结合齿轮箱。

(五) 传动机构

ZX・10 型榨油机的传动系统如图 6—8 所示。

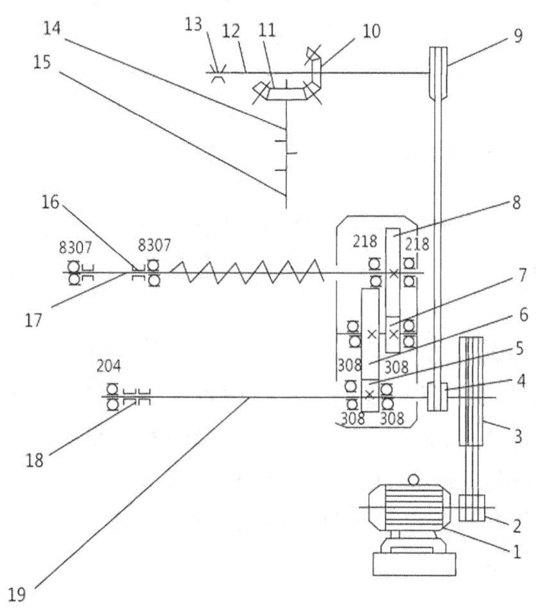

图 6—8　ZX・10 型榨油机的传动系统

1—电动机　2—小三角带轮　3—大三角带轮　4—小平皮带轮　5、7—小齿轮　6、8—大齿轮　9—大平皮带轮　10—小锥形齿轮　11—大锥形齿轮　12—轴　13—轴承　14—拨料杆　15—进料螺旋　16—轴套　17—螺旋轴　18—破碎装置　19—轴

（六）ZX·10型榨油机的生产能力及技术特征

ZX·10型榨油机压榨部分油料的生产能力及榨饼残油率指标见表6—3。

表6—3 ZX·10型榨油机压榨部分油料的生产能力及榨饼残油率指标

项目＼油料	大豆	花生仁	棉籽	油菜籽	米糠	油茶籽	芝麻
生产能力（t/d）	4.0～4.5	3.2～3.4	2.4～2.8	4.5～5.0	2	3.0～3.5	3.5～4.0
榨饼残油率（%）	6.7～7.0	6.5	5.5～6.5	6.5～7.0	8	6.5～7.0	6.7～7.5

ZX·10型榨油机的技术特征见表6—4。

表6—4 ZX·10型榨油机的技术特征

项目	指标	项目	指标
处理量（t/d）	3～5	实际压榨时间（S）	30～45
榨膛直径（mm）	97～102	齿轮箱速比	1:9.11
榨螺外径（mm）	94.5	所需功率（kW）	7.5
榨螺工作长度（mm）	719	外形尺寸（mm）	1690×700×1300
螺旋轴转速（r/min）	28～40	重量（kg）	650

6.2.3 ZX·18型榨油机

ZX·18型榨油机（原200型榨油机）是国产性能比较良好的一种榨油设备。它的用途广泛，普遍用于压榨油菜籽、花生、大豆、棉籽、葵花子、桐籽等油料。南方还可用于压榨椰干、米糠等油料。

ZX·18型榨油机的优点是结构紧凑，性能良好，操作方便，占用工作面较小。其缺点是耗电量大，需17～20kW容量的电动机。运行中若超负荷时本机无自动控制机构。拆换装配榨螺、榨条等易损件时，劳动强度大，难度大。当榨螺装配不紧密时，压榨过程中会出现心轴漏油现象。有时进料机构还会出现搭桥不进料现象。

ZX·18型榨油机由进料机构、螺旋轴、榨笼、校饼机构、调节炒锅和传动机构等部件组成。其结构如图6—9所示。

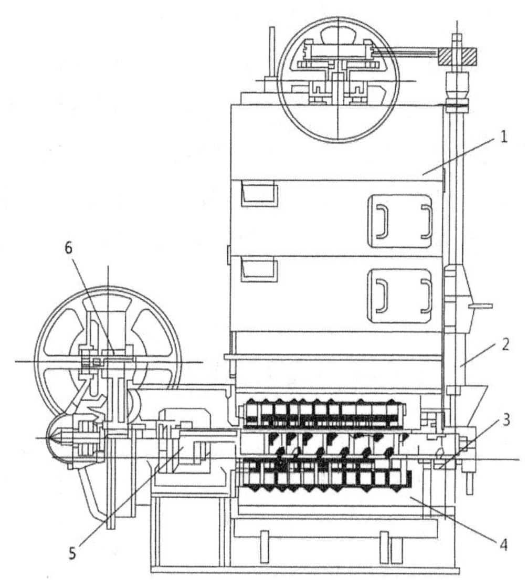

图 6—9　ZX·18 型榨油机的结构

1—调节炒锅　2—进料机构　3—螺旋轴　4—榨笼　5—校饼机构　6—传动机构

(一) 进料机构

进料机构由上、下进料斗组成。其功能分别是：上进料斗用以承接调节炒锅排出的熟胚，其流量大小通过扳动手柄转动活动料门来进行控制；下进料斗用以观察下料情况，如遇料胚“搭桥”可及时进行疏通。进料机构装有喂料轴，喂料轴的下端装有喂料螺旋，以将料胚强制性地压入榨膛。

(二) 螺旋轴

螺旋轴是 ZX·18 型榨油机的主要工作部件。它的心轴长度为 1960mm，上面套装有 7 节榨螺和 6 个衬圈，均用平键配合，组成左旋的螺旋轴。其外形如图 6—10 所示。

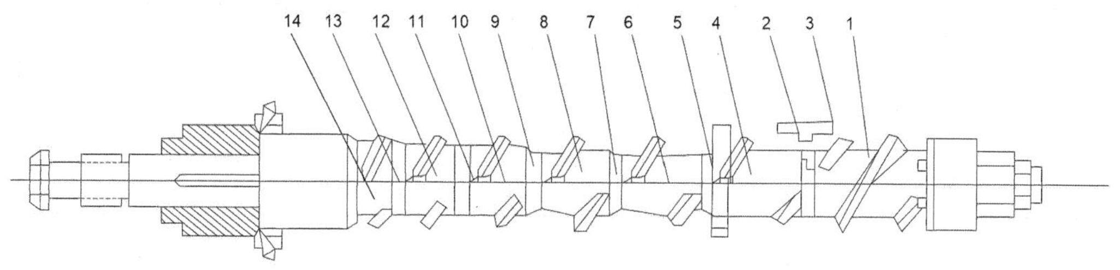

图 6—10　ZX·18 型榨油机的螺旋轴

1—第一节榨螺　2、11—衬圈　3—刮刀　4—第二节榨螺　5、7、9、13—锥形衬圈
6—第三节榨螺　8—第四节榨螺　10—第五节榨螺　12—第六节榨螺　14—第七节榨螺

从图 6—10 中可以看出，第一节榨螺为双头螺纹，以加速料胚的推进；第二节榨螺底径

末端呈锥形，至此组成第一级压榨此后为第二级压榨。螺旋轴上榨螺与榨螺之间装有衬圈，它起两个作用：一是起不同榨螺根径间的过渡作用；二是与衬圈对应位置的榨笼内腔处装的刮刀配合，起料胚的翻动作用。在第一节榨螺的右端，心轴上套有铸铁镶铜套滑动轴承，并用特制左旋螺母及左旋止动螺母把它们锁紧。螺旋轴左端则通过联轴器与减速箱的输出轴相连。正常工作时，向榨油机的进料端看，螺旋轴是按顺时针方向旋转的。

榨螺和衬圈均用 20 号钢制成，淬火后的硬度为 HRC55°～62°。心轴材料为 40Cr 钢，硬度达 HRC24°～30°。

榨螺和衬圈的规格见表 6—5。

表 6—5　榨螺和衬圈的规格

单位：mm

名称	榨螺长度	螺底直径	螺纹外径	螺距	榨螺内径	备注
第一节榨螺 衬圈	225 28	120 120	176	241.3—254.0	78 78	双头螺纹
第二节榨螺 锥形衬圈	170 24	前段 120 后段 100 前 100 后 96	176	171.5	78 78	斜度 4°46′
第三节榨螺 锥形衬圈	150 24	96 前 96 后 105	148	146.1	78 78	斜度 10°37′
第四节榨螺 锥形衬圈	126 33.5	105 前 105 后 115	148	123.8	78 85	斜度 8°30′
第五节榨螺 衬圈	95 30	115 115	148	88.9	85 85	
第六节榨螺 锥形衬圈	95 24	115 前 115 后 119	148	88.9	85 85	斜度 4°46′
第七节榨螺	75	119	148	69.9	85	

（三）榨笼

榨笼由装笼板、大方铁、特制螺拴、榨条等零件组成（见图 6—11）。它分上、下两半块，各装有 12 块厚为 25mm、间距为 65mm 的装笼板，用特制螺栓和大方铁将两半块榨笼结合成整体。内装榨条分为 4 段，第一段 44 根，规格为 178×19×10mm，内腔直径为 Φ180mm。第

二、三、四段共装榨条114根，规格为276×19×10mm，内腔直径为Φ152mm。此外，每段都装有两根凸形榨条，它们均为锁紧榨条，压板的作用是压紧榨条。由于一、二段榨条装成的内腔直径大小不同，则用两块内腔呈锥形的对开圈嵌合过渡。此外，榨膛壁上还装有榨膛阻刀，其位置正好与螺旋轴上的衬圈对应。

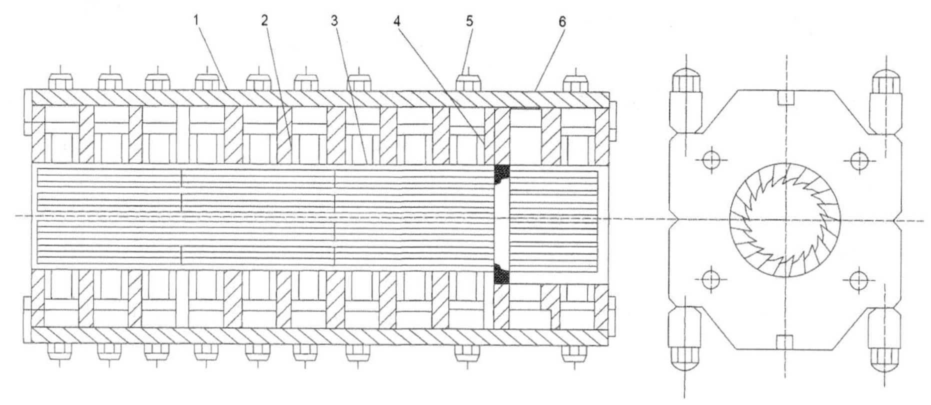

图6—11　ZX·18型榨油机的榨笼

1—装笼板　2—榨条　3—压板　4—对开圈　5—特制螺栓　6—大方铁

装榨条时，要使榨条棱角顺着螺旋轴的转动方向，这样才不致使饼屑过多压入排油纹隙。榨条的安装方式有两种：一种是先由两侧装起，汇集到中间时以凸形榨条锁紧；另一种是先从一侧装起，装到另一侧时再以压板固定。

榨条间的流油缝隙是用垫片将榨条撑开造成的。垫片用45NiMn钢材制成。而榨条用材则为低碳钢，表面渗碳，硬度达HRC62°。适用于几种主要油料压榨时所用垫片的厚度规格见表6—6。

表6—6　几种主要油料压榨时所用垫片的厚度规格

单位：mm

榨膛分段 / 油料	第一段	第二段	第三段	第四段
大豆	1.15	0.95	0.30	0.80
花生仁	1.15	0.90	0.50	0.90
棉籽	1.20	0.65	0.35	0.65
油菜籽	1.15	0.90	0.50	0.90
葵花子仁	1.50	0.90	0.65	1.20
米糠	1.15	0.90	0.50	0.90

（四）校饼机构

校饼机构位于榨机的出饼部位。它由一些旋动螺纹、紧固平键和滑动键槽等零件构成。

其功能是调节出饼厚度。

（五）调节炒锅与底座

ZX·18型榨油机调节炒锅的结构与蒸炒锅相似，一般都是3层。其外径Φ1240mm，内径Φ1220mm，3层总高1318mm，总容积1.2m^3，有效容积0.72m^3，加热面积4.5m^2，搅拌轴转速35转/分。但底层炒锅无边汽夹套，只有底汽夹套。

ZX·18型榨油机的底座横截面是“M”形，中间装置有螺旋输送机，由螺旋轴前端的链轮通过链条带动运转，转速为29r/min。该螺旋输送机用于输送榨笼排出的油和饼渣，再由输送机械将其送入澄油箱等设备进行油渣分离。

（六）传动机构

ZX·18型榨油机的传动系统分为4个部分。其传动系统示意图见图6－12。

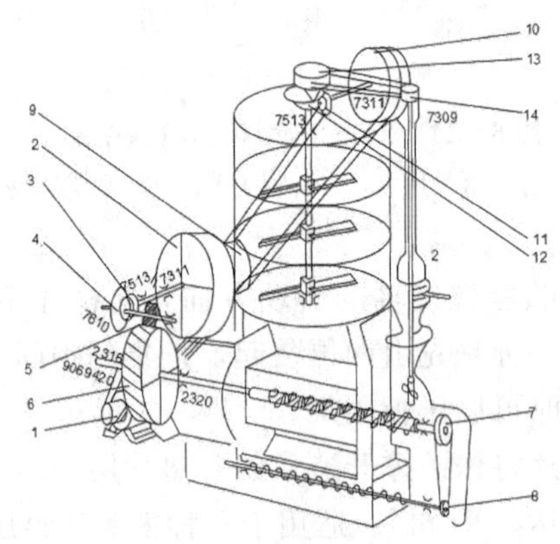

图6－12　ZX　18型榨油机传动系统示意图

1－小三角皮带轮　2－大三角皮带轮　3－小圆锥齿轮　4－大圆锥齿轮　5－小圆柱齿轮
6－大圆柱齿轮　7－大链轮　8－小链轮　9－小平皮带轮　10－大平皮带轮
11－小圆锥齿轮　12－大圆锥齿轮　13－大三角带轮　14－小三角带轮

1. 螺旋轴的传动

电功机上的小三角皮带轮（1）通过三角皮带拖动齿轮箱上的大三角皮带轮（2）实现一次减速。与大三角皮带轮同轴的小圆锥齿轮（3）带动大圆锥齿轮（4）实现二次减速，90°换向。与大圆锥齿轮（4）同轴的小圆柱斜齿轮（5）再带动与其啮合的大圆柱斜齿轮（6）螺旋轴即与此大圆柱斜齿轮的轴通过联轴器相连，实现三次减速，其转速为8.08r/min。

2. 调节炒锅搅拌轴的传动

与齿轮箱上的大三角皮带轮（2）同轴的小平皮带轮（9）通过平皮带带动调节炒锅上的大平皮带轮（10）实现一次减速。与调节炒锅上的大平皮带轮（10）同轴的小圆锥齿轮（11）与大圆锥齿轮（12）啮合，使其二次减速，90°换向。此大圆锥齿轮的轴即为调节炒锅内的搅拌轴，其转速为35.63r/min。

3. **喂料轴的传动**

搅拌器轴的顶端装置有大三角皮带轮（13），它通过三角带带动喂料轴顶端的小三角带轮（14）作加速传动，转速为 68.21r/min。

4. **油渣螺旋输送机的传动**

油渣螺旋输送机螺旋体轴端的小链轮（8）通过链条，由螺旋轴端部的大链轮（7）带动其运转，使之加速转动，转速为 29.63r/min。

（七）ZX・18 型榨油机处理量及主要技术参数

应用 ZX・18 型榨油机压榨几种主要油料的处理量列入表 6—7。

表 6—7 ZX・18 型榨油机压榨几种主要油料的处理量

油料	处理量（t/d）	出油率（%）	饼中残油率（%）	油料	处理量（t/d）	出油率（%）	饼中残油率（%）
大豆	8～9	11～14	5～6	油菜籽	7～10	33～38	6～7
花生仁	9～10	38～45	5～6	葵花子仁	7～8	22～25	6～7
棉籽仁	9～10	30～33	5～6	米糠	6		<7

ZX・18 型榨油机的主要技术参数列入表 6—8（作为比较对照，将后面将要介绍的 ZY・24 型预榨机的技术参数也一并列入本表）。

表 6—8 ZX・18 型榨油机的主要技术参数

项目		ZX・18 型	ZY・24 型
处理量（t/d）		8～10	45～50
炒锅部分	炒锅高度（mm）	1318	1400
	炒锅内径（mm）	Φ1086	Φ1200
	炒锅外径（mm）	Φ1240	Φ1235
	加热面积（m^2）	4.50	5.58
	总容积（m^3）	1.20	1.36
	搅拌器转速（r/min）	35	41
	料胚蒸炒时间（包括在蒸炒锅内的蒸炒时间，min）	90	60
	使用蒸气压力（MPa）	0.5～0.6	0.5～0.6
榨膛部分	榨膛直径，前段（mm）	Φ180	Φ242
	后段（mm）	Φ152	Φ202
	榨膛长度（mm）	1036	1036
	螺旋轴转速（r/min）	8	15
	喂料轴转速（r/min）	69	49
	榨膛压榨时间（s）	150	65 左右
	出饼厚度（mm）	5～8	12 左右
	榨轴长度（mm）	1960	2000

续表

项目		ZX・18型	ZY・24型
其他部分	配用电机型号、功率（kW）	$Y200L_1-6_1$，18.5	$Y225M-6_1$，30
	电动机转速（r/min）	970	960
	外形尺寸：长×宽×高（mm）	2850×1850×3270	2900×1850×3640
	机重（t）	5.0	5.5

6.2.4 ZY・24型预榨机

ZY・24型预榨机，即原202型预榨机是在ZX・18型榨油机的基础上改进设计的一种预榨设备。为较大生产规模油厂普遍使用。尤其适用于高含油率油料的预榨加工处理。它具有以下一些特点：

处理虽较大，达45～50r/d。其外形尺寸仅比ZX・18型榨油机高370mm，比其重500kg。

节省动力，ZX・18型榨油机处理量仅10t/d，需动力18.5kW，而这种预榨机产量增加了4.5～5.0倍，仅增加功率11.5kW，达30kW。

预榨油质量好，因入榨料胚温度稍低（与ZX・18型榨油机相比），料胚在榨膛内经受的压力小些，膛温低些，使油脂色泽较浅，质量好些。

预榨饼较松碎，含油率和水分含量适宜，有利于浸出法制油，便于溶剂渗透。

生产成本低，由于节省动力，榨膛压力小，摩擦阻力小，设备寿命延长。单位产量电耗下降，蒸汽消耗下降，处理量大，使生产成本降低。

由此可见，ZY・24型预榨机是适用于较大生产规模油厂，并与浸出法生产配套的一种较为理想的预榨设备。

ZY・24型预榨机的结构与ZX・18型榨油机大体相同（其主要技术参数作为与ZX・18型榨油机对照比较同时列入表6－8）中，仍是由进料机构、螺旋轴、榨笼、校饼机构、调节炒锅和传动机构等部件构成。这里不再赘述，仅就其与ZX・18型榨油机在结构上的区别作简要介绍。

（一）炒锅部分

炒锅容积1.36m^3，加热面积应为6.4m^2，实际只有5.58m^2，有些偏小。

（二）螺旋轴部分

榨螺内孔直径为Φ82mm（1～4节）和Φ85mm（5～7节）。ZX・18型榨油机榨螺内孔直径为Φ78mm（1～4节），5～7节榨螺孔径与ZY・24型预榨机相同。第1、2节榨螺的抗弯强度为471～510N/mm^2，抗拉强度为263～271N/mm^2，两端面硬度为HRC36°～37°，螺纹硬度HRC38°。其他各节榨螺的用材和硬度与ZX・18型榨油机的相同，均用20号优质低碳钢制造，表面渗碳深度为1.5～2.0mm，淬火后硬度达HRC55°～62°。

ZY・24 型预榨机各节次榨螺和衬圈规格见表 6—9。

表 6—9 ZY・24 型预榨机各节次榨螺和衬圈规格

榨螺节次及衬圈	榨螺长度（mm）	根圆直径（mm）	榨螺外径（mm）	螺距（mm）	榨螺内孔直径（mm）	备注
第 1 节榨螺	280	135	238	254	82	双头螺纹 根圆末端呈锥形
衬圈	33	135			82	
第 2 节榨螺	170	135	238	165	82	
锥形衬圈	24	前 112 后 110			82	
第 3 节榨螺	128	110	198	114	82	
锥形衬圈	24	前 110 后 122			82	
第 4 节榨螺	120	122	198	100	82	
锥形衬圈	30	前 122 后 134			82	
第 5 节榨螺	108	134	198	80	85	
锥形衬圈	25	千 134 后 146			85	
第 6 节榨螺	107	146	198	80	85	
锥形衬圈	24	前 146 后 158			85	
第 7 节榨螺	107	158	198	80	85	

（三）榨笼部分

榨条规格与 ZX・18 型榨油机的完全相同，其数量增加，短榨条 55 根，长榨条 150 根。另外，还有特制长榨条 15 根，特制短榨条 6 根，长凸形榨条 6 根，短凸形榨条 2 根以及压板和刮刀等，具体数量列于表 6—10。

表 6—10 ZX・18 型榨油机压板和刮刀数量

单位：个

名称／类别	榨条	特制榨条	凸形榨条	压板		刮刀	
				A 型	B 型	A 型	B 型
长	150	15	6	4	2	2	2
短	55	6	2	2		2	

（四）其他区别

ZY・24 型预榨机在榨笼上方装有冷却油喷淋管，用以喷淋榨笼的成饼段，降低榨膛温度。ZY・24 型预榨机一般配有两套榨螺，各有其不同的压缩比。用于压榨中等含油率油料时，榨膛总压缩比为 9.60，榨螺为 7 节。用于压榨高含油率油料时，榨膛总压缩比为 11.50，榨螺为 8 节。而 ZX・18 型榨油机的总压缩比为 12.10。ZY・24 型预榨机榨膛最大压力为 19.1MPa。

6.2.5 影响螺旋榨油机榨油的因素

影响螺旋榨油机榨油效果的因素很多，归纳起来，主要包括料胚的预处理质量和压榨工艺条件两个方面。

对于料胚的预处理，前面已逐个工序作了具体叙述。料胚通过预处理后得到熟胚，要使其自身结构、理化性质达到入榨要求，并使之具有适宜的可塑性和抗压力，从而满足压榨时对料胚的质量要求。影响料胚预处理质量的主要因素是料胚的水分和温度。温度和水分对料胚质量的影响在蒸炒工序中已经做了详细的介绍，在此不再赘述。

压榨工艺条件则包括压榨过程中的榨膛压力、出饼厚薄、榨机的压缩比、压榨时间、榨膛温度以及压榨过程中榨料性质的变化等。

以下逐点进行讨论：

(一) 榨膛压力对出油率的影响

影响榨油机榨膛压力的因素有榨膛的机械结构、出饼厚度、螺旋轴的转速、流油缝隙、榨油机的使用程度、入榨料胚的预处理质量、进料量多少等。对于同一台榨油机压榨同一种油料，且进料量相同时，榨膛压力主要与出饼厚度和螺旋轴转速有关。

在正常情况下，榨油机榨膛压力与出饼厚度成反比（见图 6－13）；电流强度（反映膛压大小）与螺旋轴转速近似成正比（见图 6－14）：一般来说，榨膛压力越大，出油率越高。

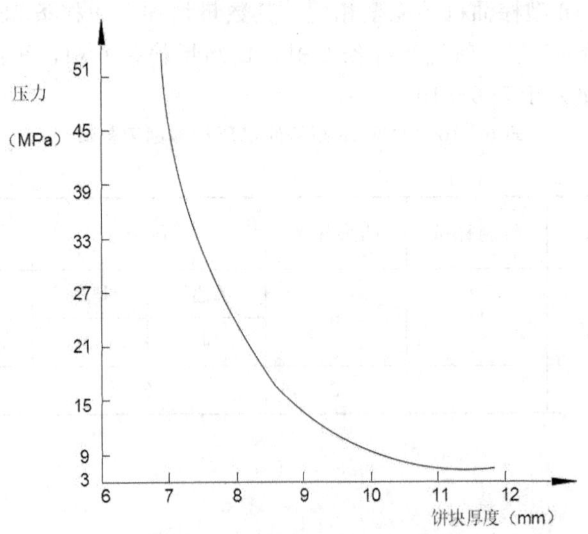

图 6－13 膛压与出饼厚度的关系

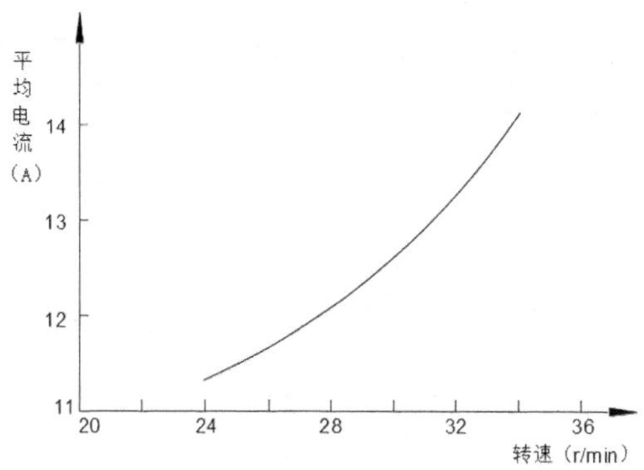

图 6—14　**电流强度与转速的关系**

榨油机榨膛压力大小是通过电流表读数大小来反映的，读数大时压力大；读数小时压力小；电流波动时，压力不稳定。当电流强度稳定时，榨机正常工作，一般这时的出油情况良好。ZX・10 型榨油机正常运行时的电流强度为 10～12A。ZX・18 型榨油机正常运行时的电流强度为 25～28A，最低>20A，最高<30A。ZY・24 型预榨机为 55A 左右。

（二）出饼厚度对出油率的影响

图 6—15 为 ZX・10 型榨机出饼厚度与出油率的关系曲线。由图可见，出饼厚度越小出油率越高。

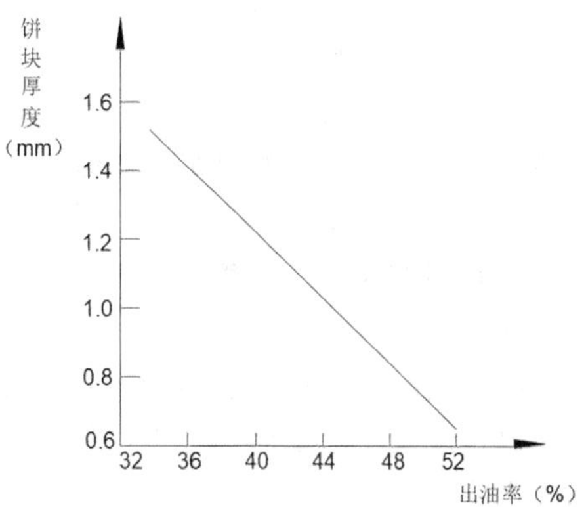

图 6—15　ZX・10 **型榨油机出饼厚度与出油率的关系试验曲线**

（三）压缩比对出油率的影响

我们知道，压缩比和总压缩比是反映榨油机榨膛几何特性的概念。ZX・10 型榨油机第一压榨的压缩比为 5.98，总压缩比为 16.90。ZX・18 型榨油机总压缩比为 12.10。ZY・24 型预榨机两套榨螺构成榨膛的总压缩比分别为 9.60 和 11.50。而榨料的实际压缩比至今尚不能直接测定，只能用近似计算方法来求得：一般来说，榨机的压缩比越大，出油率越高。榨螺磨损一定程度后，其压缩比会减小，所以需及时换新。

ZX·18 型榨油机和 ZY·24 型预榨机各导程榨螺对应的固定压缩比见表 6—11。

表 6—11 ZX·18 型榨油机和 ZY·24 型预榨机各导程榨螺对应的固定压缩比

榨螺节次	ZX·18 型				ZY·24 型			
	原型		200A—3 型		压榨一般含油率油料，如棉籽、油菜籽		压榨高含油率油料，如葵花子	
	空余体积（1）	压缩比	空余体积（1）	压缩比	空余体积（1）	压缩比	空余体积（1）	压缩比
1	2.518	1.00	2.518	1.00	6.26	1.00	6.26	1.00
2	1.399	1.80	1.713	1.47	4.32	1.45	4.32	1.45
3	0.630	4.00	1.095	2.30	1.96	3.20	1.88	3.33
4	0.400	6.30	0.763	3.30	1.48	4.23	1.17	5.35
5	0.225	11.20	0.420	6.00	1.02	6.16	0.93	6.75
6	0.225	11.20	0.420	6.00	0.82	7.60	0.71	8.80
7	0.208	12.10	0.271	9.30	0.65	9.60	0.71	8.80
8							0.54	11.50

(四) 压榨时间对出油率的影响

压榨时间与出油率之间存在一定关系。通常是压榨时间长流油较净，出油率高。但压榨时间也不宜过长，否则，热量散失多，出油率也不会再有明显增加，相反还会影响设备的处理量。因此，确定压榨时间的长短必须综合考虑榨料性质、压力大小、出饼厚薄、含油率以及设备结构等因素，在满足出油效率、有利于油品质量的前提下，尽可能缩短压榨时间。这样既有利于提高设备的处理量，又可以减少不必要的生产消耗。

对于螺旋榨油机而言，压榨时间的长短与螺旋轴转速和出饼厚度有关。目前常用的榨油机其压榨时间都比较短，最短的只有几十秒，最长的也不过 2～3 分钟。当然，实践中可以根据需要对螺旋轴转速和出饼厚度进行调整，相应也会改变压榨时间。

压榨时间与螺旋轴转速和出饼厚度三者之间的关系见图 6—16。

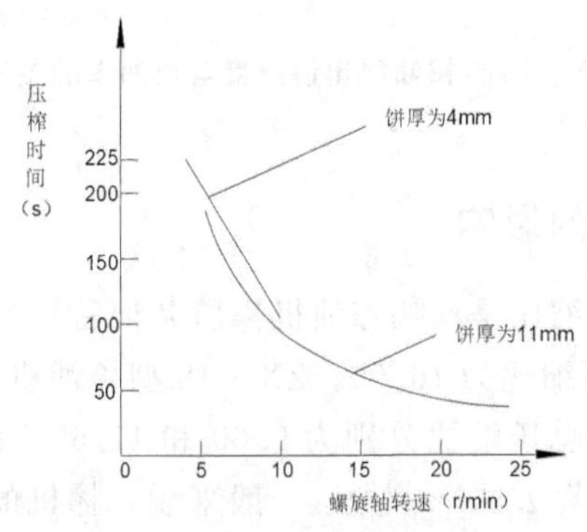

图 6—16 压榨时间与螺旋轴转速关系曲线

从图 6—16 中可以看出，当出饼厚度固定时，螺旋轴转速越快，压榨时间越短，反之越长。当螺旋轴转速不变时，出饼厚时压榨时间短，出饼薄时压榨时间长。

此外，压榨时间的长短还因榨螺的新旧程度而异。新装配的榨螺螺纹棱角完整，推进物料有力，回胚少，压榨时间会短些；而旧榨螺磨损严重时，推进力弱，回胚增加，压榨时间会长些。

（五）榨膛温度对出油率的影响

压榨过程中，由于榨料粒子在榨膛内变形、运动和摩擦作用，会产生发热现象，使榨膛温度升高。压榨时提取油脂越彻底，产生的热量就越多，这时对榨料和榨油机所产生的加热作用也就越强烈。

由于榨膛温度的高低直接影响到榨饼残油率（温度决定排油深度），因而在螺旋榨油机制油工艺中，总是采取“高温度低水分”工艺。

但是，入榨料胚的温度有一定的极限，不能高于 130℃，这可以从出油率与榨膛温度试验数据的关系曲线图中得到证实（见图 6—17）。

从图 6—17 中可以看出，膛温高于 130℃时，出油率急剧下降，对生产不利。

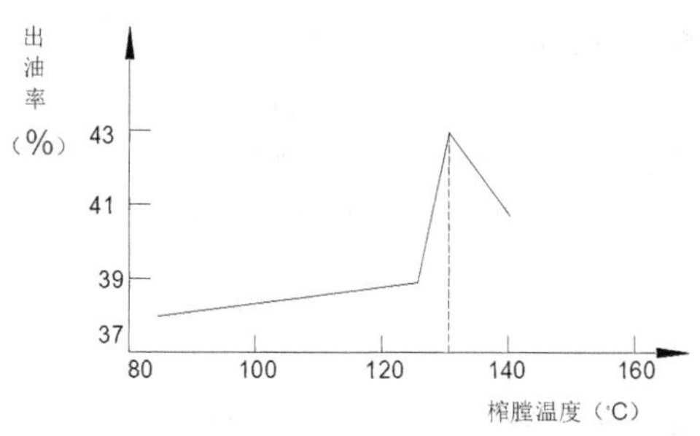

图 6—17 出油率与膛温关系曲线

虽然压榨过程中的发热作用有利于榨料中酶（如米糠中的解脂酶，大豆中的脲素酶）的破坏与抑制，且对一些油料（如米糠、芝麻等）压榨后得到榨饼的储存和利用也有利，但榨料的过热对压榨过程还会产生以下许多不利的影响：

一是导致水分急剧蒸发，破坏榨料在压榨过程中的正常的可塑性；二是使榨饼色泽加深，甚致焦化；三是产生的蛋白质辅助变性作用（要求蛋白质变性过程主要在蒸炒工序中完成），使可溶性蛋白质含量进一步降低，限制了榨饼的综合利用（不过对某些有毒蛋白质变性却有利，如蓖麻蛋白等）；四是使某些榨料化学成分产生不利变化，如油料中天然特殊香味物质被挥发或受到破坏，维生素受到破坏；五是使油脂裂解，导致油脂酸价升高；六是使磷脂、游离脂肪酸氧化；七是促使色素、蜡、不皂化物、磷脂等物质溶于毛油中，使其质量变差；等等。

由此可见，为了提高压榨效率，就必须控制榨膛温度的升高，对榨膛进行适当的降温冷却处理。冷却的方法需要时可查阅有关资料，在此不作详细介绍。

6.2.6 ZX·10 型榨油机实训工序

(一) 结构

ZX·10 型（原 95 型）榨油机由进料装置、螺旋轴、榨笼、机架、机座及传动机构等部分组成。

(二) 操作规程

1. 开车前的准备工作

(1) 新榨机经过运输和存放，在使用前应经清理，擦除各处的防锈涂料，抽出螺旋轴，卸去上榨壳，用砂布将榨螺外表面和榨圈内表面打磨光洁。

(2) 检查齿轮箱内润滑油位高低，不足时应添加机油或齿轮油，并对其他所有的润滑部位进行详细检查，加注润滑油。

(3) 检查榨膛内是否有铁块等异物，用手扳动三角皮带轮，使榨轴转动八圈以上，检查有无卡阻，同时注意齿轮箱内齿轮啮合是否正常。

(4) 检查并调整皮带张紧程度，太松皮带会打滑，降低传动效率，影响皮带使用寿命，太紧则会增加电动机轴的径向拉力，轴承容易发热烧坏。

(5) 检查出饼口是否放松，如果太紧，突然下料会造成料胚堵塞，甚至因负荷过重发生设备事故。

2. 开车

(1) 开动电动机，一般空车运转 15min 观察空载电流是否正常（3A 左右），电流过高应停车检查后再开车。空运转时，还要注意齿轮箱内声音是否正常，各轴承部位和电动机是否发烫。

(2) 一切正常后，可将经过预处理的料胚投入榨膛。开始压榨时，料胚入榨温度可适当低些，含水分可高些。下料量不宜过猛，否则榨膛容易堵塞，甚至不出油。

(3) 随着榨膛温度升高，入榨料胚可逐渐增加，料胚水分也可逐渐降低，入榨温度逐渐提高。

(4) 旋转调节螺拴，慢慢将饼的厚度调薄，到出油正常后，将紧定螺母旋紧，榨机进入正常运转阶段，然后再将原先榨出的含油较多的碎饼逐渐均匀地掺入料胚蒸炒压榨。

(5) 正常运转后必须保持下料均匀，切勿过多过少，否则将影响出油率和榨油机的寿命。一般控制饼厚在 4～5mm，入榨温度 110℃～120℃（菜籽），入榨水分在 2%～3.5%（菜籽），具体可按油料品种不同进行调节。

(6) 注意电流表读数，一般正常运转时，电流为 14～16A，超过时，说明压力增大，负荷加重；突然增高，说明榨膛堵塞，应立即停止进料，待安培数下降至正常后再恢复进料，一下子降不下来，应立即停车；若发现安培数过低，说明供料不足，压力不够，要使下料充分均匀，才能恢复正常。

(7) 注意出饼情况。正常时，饼呈瓦片状，一面光滑，一面有很多小裂纹，落下很快变硬。如果入榨水分过高，则饼松软无力；如果入榨水分过低，则饼不成形，而粉末较多，色泽较深，并带有焦味。

(8) 观察出油情况。正常运转时的出油位置一般大部分集中在榨条圈处（米糠除外），靠近榨条圈的几个榨圈也有少量油流出，且油很清。如果入榨料胚水分过高或过低，则出油位置会向出饼方向后移，而且油中泡沫增多或油较为混浊，饼中残油也就增高。

(9) 观察出渣情况。正常运转时榨圈之间一般很少出渣，如果入榨料胚水分过高，则在靠近榨条处有片状渣流出；如果入榨料胚水分过低，则在靠近出饼端几个榨圈处有粉状或丝状渣流出。

3. **停车**

(1) 正常停车前，应停止进料，放松出饼口，然后喂入少量油饼或生料胚，将榨膛内的熟料胚顶出后方可停车，这样做可防止熟料胚在榨膛内结硬，避免榨轴扭断，榨笼炸裂等重大事故。

(2) 因突然停电等情况造成的紧急停车，应先切断电源，再采取人工方法盘车，待榨膛内料胚全部盘出，方可重新开车，否则时间一长就必须拆车。

(三) 维护保养要点

1. 经常注意各运动件有无异常，检查紧固件是否牢固，各润滑部位供油是否充足。

2. 及时调换磨蚀零件。

3. 经常揩拭榨机，保持整机清洁。

4. 定期检修，一般每月小检修一次，半年中检修一次，每年大检修一次。在中检修时应及时调换齿轮箱内的润滑油。

(四) 常见故障及处理方法见表 6—12

表 6—12　ZX · 10 型榨油机的常见故障及处理方法

故障现象	故障原因	处理方法
榨条漏渣过多	榨条间隙过大，推拨头与对应榨圈间隙过小	校调间隙
榨圈漏渣	出饼太薄，阻力过大，油槽太深，调节螺栓松动	调好出饼厚度，打磨油槽，紧固紧定螺母
一级压榨出油不正常	榨机升温不够，推拨头与榨圈的间隙过大或进料过小	更换磨损件，调好进料量
二级压榨出油不正常	抵饼圈磨损过大，出饼太厚	更换抵饼圈，调好出饼厚度
齿轮箱进渣	芯轴轴承位移	加垫片压紧轴承
芯轴尾端滴油	榨螺装配不合格	加垫圈装配好榨螺

续表

故障现象	故障原因	处理方法
齿轮箱响声大	传动轴承和齿轮松旷	修复或换件
饼不成形	榨温过高，榨料水分太低	调整好入榨温度及料胚水分
出饼有油迹	炒籽时间不足，水分高温度低	掌握好蒸炒条件
榨条、榨圈、榨螺磨损过快	配件质量差，料胚含杂多，泥砂多	调整预处理工段操作
开榨时堵塞	榨螺不符合规格，榨温不够，出饼厚度控制太薄	提高榨温，开榨时出饼厚度放大些
榨笼壳易损坏	装配不好	注意装配要求

6.2.7 ZX·18 型榨油机及 ZY·24 型榨油机

(一) 结构

ZX·18 型（原 200 型）与 ZY·24 型（原 202 型）榨油机均由进料机构、螺旋轴、榨笼、校饼机构、炒锅和传动机构等部分组成。其结构基本相同。两者的主要区别是榨膛尺寸及螺旋轴转速不同，因而处理量及干饼残油也有所不同。

(二) 操作规程

1. 开车前先用专用扳手扳动齿轮箱输入轴，倾听榨膛内及其他部位有否碰击声或摩擦声。然后空运转半小时，观察各部位有否不正常现象，齿轮运转时有否不规则噪声，机身是否反常振动，蒸汽阀门是否漏汽，安全阀是否按规定压力放汽，蒸汽压力表是否准确，蒸汽进汽口有否漏水现象。

2. 空车运转正常并在调节炒锅预热后，将已经蒸炒的料胚放入调节炒锅，每层炒锅料层高度建议如下：

上层炒锅：60%～70%；中层炒锅：50%～60%；下层炒锅：40%。

经过调节炒锅蒸炒的料胚，在下层炒锅出口处控制温度为：预榨 100℃～110℃，一次压榨 120℃左右；水分为：预榨 2.5%～4.0%，一次压榨 1.5%～3.0%。开始时应少量进料，待榨膛温度上升后逐步加大进料量，并调整出饼厚度使其成饼，若饼块松散不成形，则可在炒锅料胚上喷直接蒸汽。在开始阶段榨出的饼含油较高，可重新蒸炒回榨。

3. 正常运转过程中，应经常查看电机负荷，料胚流量、出油、出饼、出渣情况是否正常，同时应注意炒锅料层厚度及蒸汽压力。正常出油位置应在第一段与第二段榨条交接处；干饼成块状，略有弹性而坚实，内面光滑无油斑，外面有明显细裂纹；油渣成小碎片状，大部分油渣在第二段及第三段榨条隙缝中挤出。

若入榨料胚水分过高，可能发生下列现象：

(1) 进料不畅或不进料，料胚与榨螺一起旋转。

(2) 饼块发软，水汽很多，饼块表面带油，饼块在出饼口排出时跟着螺旋轴一起转动。

(3) 电动机负荷降低。

(4) 出油减少，油色发白起沫，出油位置移向进料端。

发生以上情况时，可逐步提高调节炒锅蒸汽压力，降低蒸炒锅出料水分，使入榨料胚水分降至正常要求。

若入榨料胚水分过低时，可能发生下列现象：

(1) 饼不成瓦块状而呈碎散状。

(2) 电动机负荷偏高。

(3) 出油位置移向出饼端，出油减少，油色深褐。

以上现象如果持续较长时间，可能造成重大事故，必须立即关小进料控制门，降低炒锅蒸汽压力，在炒锅料胚上喷直接蒸汽，必要时可在下料处喂一些生料，提高蒸炒锅出料水分，待电机负荷下降后再调节至正常。

4. 停车时应先停止向本设备的调节炒锅送料，待料走空后，关闭炒锅进汽阀门，再将生料加入进料口，排出榨膛内剩余饼块，才可停车。

如发生突然事故停车时，必须进行人工盘车，并向进料斗投入少量生料，将熟胚全部排出榨膛。如不能排出时，必须拆开榨笼，清除被压硬的料胚后，才能重新开车。

(三) 维护保养要点

1. 对所有的油杯、油孔等润滑点，每天至少加油一次，各减速箱润滑油视油标高低应适当补充，在检修时应全部放出，然后将油过滤后再行放入减速箱。

2. 一般情况下，六个月大检修一次。其中蒸缸受压部分，蒸汽安全阀、压力表、管道除随时注意外，应三个月全面检查一次；校饼机构、螺旋轴部分应一个月检修一次。

常见故障及处理方法见表 6—13

表 6—13　ZX・18 型和 ZY・24 型榨油机的常见故障及处理方法

故障现象	故障原因	处理方法
新榨机不出油	1. 榨条间隙太小 2. 榨条表面粗糙	1. 新榨机垫片厚度适当放大些 2. 用砂布将榨条、榨螺各表面磨光、除锈 3. 开车时先喂细饼屑或油渣，一定时间后再喂熟胚
榨膛炸裂	1. 操作不当形成“搭桥”现象，时间过长料胚结硬 2. 榨油机中混入硬杂质 3. 动力设备不安全，无过载保护	1. 加强操作、勤通料门 2. 调整预处理操作 3. 按规定要求配备动力设备

续表

故障现象	故障原因	处理方法
榨轴扭断	1. 冷却不当 2. 榨轴与齿轮箱输出轴不同心	1. 注意冷却均匀 2. 使榨轴与齿轮箱输出轴在同一中心线上

【课后习题】

1. 怎样调节 ZX—10 型榨油机的出饼厚度?
2. 画出 ZX—10 型榨油机的传动示意图。
3. 简述 ZX—18 型榨油机的结构及使用特点。
4. 画出 ZX—18 型榨油机传动机构示意图。
5. 比较 ZY—24 型预榨机与 ZX—18 型榨油机结构的不同之处。

任务 3　压榨法制油工艺流程

【课前引导】

不同物料的工艺流程是否相同?有哪些差别?这些问题是我们这一节任务需要解决的。

【任务描述】

通过本任务的学习,熟悉不同物料的工艺流程。

【任务目标】

1. 了解大豆冷榨与热榨工艺流程的区别。
2. 熟悉其他油料压榨工艺流程的特点及主要区别。

6.3.1 编制工艺流程的原则

(一) 设计依据,总体要求

编制设计工艺流程的依据是设计任务书,设计任务书中必须明确生产的原料、产品质量标准、生产规模、工艺类型等内容。设计时要对照有关操作规程,尽可能使工艺流程先进、合理、适用、节约投资,使原料、辅料得到充分利用,以得到较高的出油率,得到的产品品质优良,同时要使能源消耗尽可能降低。

(二) 资料收集齐全

编制设计工艺流程时,为了顺利开展设计工作,应根据设计任务书的要求,收集有关确定生产方法和设计计算方面的资料,收集生产操作规程、安全规范、设备产品样本和有关图纸资料等，尽可能使收集的资料齐全。

（三）设备选型

编制设计工艺流程所选用的设备，无论是专用设备还是通用设备，都要求是定型的、被生产实践证实是性能良好的设备。在选用设备型号时，在达到生产规模要求的前提下，应使该设备的台数尽量少些。

（四）具备机动性

编制设计工艺流程应能适用于多种油料加工，使其具有机动性。当然，应以满足大宗油料生产为主，在做一些小的技术环节调整后就能适用于多种油料加工。

（五）减少物料输送环节

编制设计工艺流程应采用先进可行的工艺指标，在能够达到这些指标的前提下，尽可能缩短工艺流程路线，减少中间物料输送环节，缩短运距，减少输送设备。

（六）保障生产安全

编制设计工艺流程应充分考虑到生产中发生故障的可能性，相应采取必要的保护措施，并应保障操作人员的安全生产。

6.3.2 几种主要油料压榨工艺流程

（一）大豆

1. 大豆冷榨工艺流程

大豆→筛选 --自衡振动筛→ 去石 --吸式比重去石机→ 磁选 --永磁滚筒→ 破碎 --辊式破碎机→ 软化 --层式软化锅→ 磁选 --永磁滚筒→ 轧胚 --对辊轧胚机→ 加热 --调节炒锅→ 压榨 --ZX・18型榨油机→ 毛油

压榨↓豆饼

2. 大豆热榨工艺流程

大豆→筛选 --初清筛→ 筛选 --平面回转筛→ 去石 --吸式比重去石机→ 磁选 --永磁滚筒→ 破碎 --辊式破碎机→ 软化 --层式软化锅→ 磁选 --永磁滚筒→ 轧胚 --对辊轧胚机→ 蒸炒 --五层蒸炒锅→ 调节炒胚 --调节炒锅→ 压榨 --ZX・18型榨油机→ 毛油

压榨↓饼

3. **大豆预榨工艺流程**

大豆→筛选 —自衡振动筛→ 去石 —吸式比重去石机→ 磁选 —永磁滚筒→ 破碎 —辊式破碎机→ 软化 —层式软化锅→ 磁选 —永磁滚筒→ 轧胚 —对辊轧胚机→ 蒸炒 —五层蒸炒锅、调节炒锅→ 压榨 —ZY·24型预榨机→ 毛油

压榨↓饼

(二) 棉籽

1. **棉籽压榨工艺流程**

毛棉籽→筛选 —六角筛→ 风选 —风选器→ 脱绒 —141片脱绒机→ 剥壳 —圆盘剥壳机风选器→ 壳仁分离 —仁壳分离筛→ 仁壳分离 —自衡振动筛→ 壳

2. **棉籽预榨工艺流程**

毛棉籽→筛选 —六角筛→ 风选 —风选器→ 脱绒 —141片脱绒机→ 剥壳 —圆盘剥壳机→ 仁壳分离 —壳仁分离筛→ 壳仁分离 —自衡振动筛→ 壳

仁壳分离 —仁→；仁壳分离↓、壳仁分离↓ 软化 —层式软化锅→ 轧胚 —三辊轧胚机→ 蒸炒 —五层蒸炒锅、调节炒锅→ 压榨 —ZY·24型预榨机→ 毛油

压榨↓饼

(三) 油菜籽

1. **油菜籽压榨工艺流程**

油菜籽→筛选 —自衡振动筛→ 去并肩泥 —立式花铁筛打麦机→ 筛选 —平面回转筛→ 软化 —层式软化→ 磁选 —永磁滚筒→ 轧胚 —三辊轧胚机→ 蒸炒 —五层蒸炒锅→ 调节炒胚 —调节炒锅→ 压榨 —ZX·18型预榨机→ 毛油

压榨↓饼

2. **油菜籽预榨工艺流程**

油菜籽→筛选 —自衡振动筛→ 去并肩泥 —铁滚筒碾米机→ 筛选 —平面回转筛→ 软化 —层式软化→ 磁选 —永磁滚筒→ 轧胚 —三辊轧胚机→ 蒸炒 —五层蒸炒锅→ 调节炒胚 —调节炒锅→ 压榨 —ZY·24 型预榨机→ 毛油

压榨↓预榨饼

（四）葵花子

1. 葵花子压榨工艺流程

葵花子→筛选—平面回转筛→磁选—永磁滚筒→剥壳—离心式剥壳机→仁壳分离（→壳）—沸腾流化筛→轧胚—对辊轧胚机→蒸炒—五层蒸炒锅、调节炒锅→压榨（→饼）—ZX・18型预榨机→毛油

2. 葵花子预榨工艺流程

葵花子→筛选—自衡振动筛→磁选—永磁滚筒→剥壳—离心式剥壳机→仁壳分离（→壳）—沸腾流化筛→轧胚—对辊轧胚机→蒸炒—五层蒸炒锅、调节炒锅→压榨（→饼）—ZY・24型预榨机→毛油

（五）花生

1. 花生压榨工艺流程

花生果→筛选—自衡振动筛→磁选—永磁滚筒→剥壳（→壳）—花生剥壳机（与仁壳分离设备组合）→破碎—双对辊破碎机→轧胚—对辊轧胚机→蒸炒—五层蒸炒锅→调节炒锅—调节炒锅→压榨（→饼）—ZX・18型预榨油机→毛油

2. 花生预榨工艺流程

花生果→筛选—平面回转筛→磁选—永磁滚筒→剥壳（→壳）—花生剥壳机（与仁壳分离设备组合）→破碎—双对辊破碎机→轧胚—对辊轧胚机→蒸炒—五层蒸炒锅、调节炒锅→压榨（→饼）—ZY・24型预榨机→毛油

【课后习题】

1. 比较大豆冷榨与热榨工艺流程的区别。
2. 比较大豆与其他油料压榨工艺流程的特点及主要区别。

项目七　油料的浸出

【项目概述】

油料的浸出是浸出法制油的非常重要一道工序，其操作效果的好坏直接影响到出油率、产品质量。介绍浸出溶剂的特性及溶剂的选择，油厂中常用溶剂的特点，不同油料的浸出工艺及使用设备。掌握浸出的操作要求和浸出器的结构及工作原理及结构特点，设备的选择及操作、保养维护。

【项目目标】

1. 掌握6号溶剂的特点。
2. 掌握油料浸出设备结构及操作过程。
3. 能分析影响浸出工序效果的因素。
4. 能分析和解决浸出设备的常见问题。

任务1　浸出法制油概述

【课前引导】

浸出法制油与压榨法制油有何不同，目前浸出法制油还存在问题，浸出工艺有哪些？如何选择工艺流程？这些问题是我们这一节任务需要解决的。

【任务描述】

通过本任务的学习，熟悉浸出法制油的特点，了解目前浸出法制油还存在问题，及常见的浸出法制油的工艺流程。

【任务目标】

1. 了解浸出法制油的特点。
2. 熟悉常用浸出法制油的常见工艺流程。

7.1.1 浸出法制油概念

浸出法制油是应用萃取的原理，选择某种能够溶解油脂的有机溶剂，使其与经过预处理的油料进行接触—浸泡或喷淋，使油料中油脂被溶解出来的一种制油方法。

这种方法使溶剂与它所溶解出来的油脂组成一种溶液，这种溶液称为“混合油”。利用被选择的溶剂与油脂的沸点不同，对混合油进行蒸发、汽提，蒸出溶剂，留下油脂，得到毛油。被蒸出来的溶剂蒸汽经冷凝回收，再循环使用。

7.1.2 浸出法制油的特点

（一）优点

浸出法制油是世界公认的一种先进的制油方法，归纳起来，它主要具有以下优点：

1. **粕残油低**

压榨法制油时，由于预处理工序不可能使油料细胞完全破坏，蛋白质变性也不可能十分彻底；榨膛温度不可能很高，榨膛压力也不可能很大。因此，压榨法不可能将油脂榨净，榨饼的残油率还较高。如螺旋榨油机压榨多种油料得到的榨饼，其残油率均在5%～8%，甚至更高。相比之下，采用浸出法制油，无论是直接浸出，还是预榨浸出，都可将浸出后粕的残油率控制在1%以下。

2. **粕的质量好**

与压榨法制油相比较，在浸出法制油生产中，由于相关工序的操作温度都比较低，使得固体物料中蛋白质的变性程度就小一些，粕的质量相应就好一些。这对粕的饲用价值或从粕中提取植物蛋白都十分有利。

3. **生产成本低**

首先，与压榨法制油相比较，浸出法制油工艺所采用的生产线一般比较完整，机械化程度较高，且易于实现生产自动化。其次，浸出车间操作人员少，劳动强度低。最后，浸出法制油工艺的能源消耗相应也要低些。因此，浸出法制油的生产成本较低。

（二）存在问题

1. **采用溶剂可能引起的危害**

现阶段浸出法选用的溶剂主要是烃类化合物。国内现行浸出工艺采用的轻汽油，以己烷为主要成分。这类溶剂易燃易爆，且对人的神经系统具有强烈的刺激作用。例如，当轻汽油在空气中的蒸汽浓度达到1.20%～7.50%时，一遇火种就会爆炸；当其浓度达30～40mg/L时，与人直接接触稍时即会致死。

对于溶剂的这些缺点，只要我们严格执行《浸出制油工厂防火安全规范》，严格遵守操作规程，保持高度警惕，一般是不会发生事故的。

2. **浸出毛油质量稍差**

有机溶剂的溶解能力很强，它不仅能够溶解油脂，也会将油料中的一些色素、类脂物溶解出来，混在油脂中，使油脂色泽变深，杂质增多。这样，浸出毛油的质量与压榨毛油相比要差些，精炼率也要低些，同时也会相应增加精炼工序的工作负担。

3. **需增大投资**

由于浸出生产工艺采用的溶剂易燃易爆，且对人体有害，故其生产车间建筑火灾危险类别应为甲类，最低耐火等级应达二级。车间设备要作接地处理，采用的电器需是防爆型的，车间要设避雷装置。此外，车间的设备、管道需要严格密封等。这样，整个浸出车间建设就要增大总投资。

7.1.3 浸出法制油工艺分类

（一）按生产操作方式划分

1. 间歇式

间歇式是指油料投入至粕的卸出，溶剂投入至混合油排出都是分批进行的，呈一种间歇操作方式。如罐组式浸出器浸出就属于这种情况。

2. 连续式

与间歇式相比，油料投入至粕的卸出，溶剂投入至混合油排出，都是接连不断进行的，呈一种连续操作方式。如平转式、履带式、环形浸出器浸出就属于这种情况。

（二）按溶剂对油料的接触方式划分

1. 浸泡式

浸泡式又叫“浸没式”，即在浸出过程中油料完全浸没于溶剂之中。罐组式浸出器浸出即属于这种类型。

2. 喷淋式

喷淋式是指在浸出过程中，溶剂经泵由喷头不断地喷洒在料胚的面层，再渗透穿过整个料层而滤出，形成混合油。履带式浸出器即属于这种类型。

3. 混合式

混合式是指浸泡与喷淋相结合的方式，既对油料不断进行喷洒，又保持油料被浸没于混合油中。属于这类浸出设备的有平转式浸出器、环形浸出器等。

（三）按生产工艺划分

1. 直接浸出

直接浸出又称“一次浸出”，是指油料经预处理后直接进入浸出器进行浸出制得油脂的工艺。直接浸出工艺一般适用于含油率较低的油料加工，如大豆、米糠、棉籽等。

2. 预榨浸出

预榨浸出是指油料经预处理后，用榨油机先榨出一部分油脂，然后再用浸出法取出榨饼中剩余部分油脂的一种工艺。这种工艺适用于含油率高的油料加工，如油菜籽、花生、葵花子等。

7.1.4 浸出法制油工艺流程

（一）工艺流程的选择依据

如何选择一条比较合理、适用的浸出法制油工艺路线，是浸出生产中一个很重要的问题。从我国油脂浸出生产的情况来看，由于各地油料品种不同，生产规模不同，采用的设备各异，因而所选择的浸出法制油工艺流程也不尽相同。要选择一种比较合理、符合要求的工艺流程，一般应考虑以下几点：

1. 油料品种及性质

一般可根据油料品种及产量情况确定加工方法，然后再确定工艺流程，并根据油料含油率的高低来选择工艺路线。一般对于含油率高的油料，如油菜籽、葵花子仁和花生仁等油料可采用预榨—浸出工艺流程。对于含油率低的油料，如大豆、米糠等可采用直接浸出工艺。

2. 对产品和副产品的质量要求

浸出生产的主产品是油，副产品是粕。产品油有食用油和工业用油。食用油的质量要求较高，且要符合食品卫生要求。工业用油的质量要求则根据不同使用目的而定。这些在工艺上都应作相应的考虑。此外，粕作饲料时，质量要求可低些。若用于制作食品或提取植物蛋白，则应尽可能减少蛋白质变性，对此，工艺上同样应予以考虑。

3. 生产规模

在选择工艺流程之前，应根据油料来源的多少，确定其生产规模，然后再根据生产规模选择适当的工艺流程。生产规模较小的油厂，应选择简短的工艺流程，易上马，见效快。而生产规模较大的油厂选择的工艺流程应该完善一些，以适应发展的需要。

4. 设备选型

现在国内植物油厂生产规模在150t/d及以上的，普遍都采用平转式浸出器作为主要浸出设备。也有个别油厂采用环形浸出器。罐组式浸出器则为生产规模较小的小型油厂使用。

设备选型确定后，再相应确定工艺路线。

5. 适应于多种油料加工

选择工艺流程时，应使其具有机动性，以便于作一些局部调整后，即可适应于多种油料的加工。例如，采用的工艺流程既可以浸出大豆、花生仁、棉籽、油菜籽、葵花子等大宗油料，经调整后，又可以浸出桐仁、茶籽仁等小宗油料。

（二）工艺流程示意图

无论采用何种浸出工艺流程，几种主要植物油料的浸出工艺都应包括以下五个工序：油料预处理及预榨、料胚浸出、湿粕脱溶、混合油处理及溶剂冷凝冷却与回收循环。包括上述五个工序的较完整的直接浸出或预榨—浸出的工艺流程示意如图7—1所示。

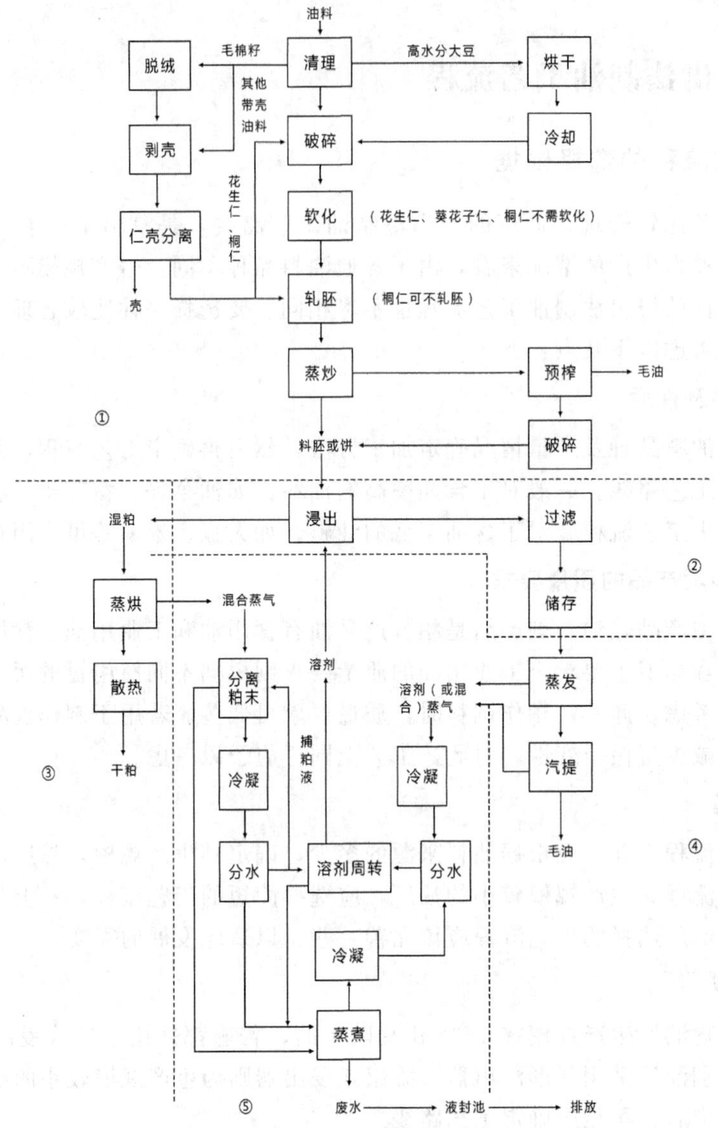

图 7—1　直接浸出或预榨浸出工艺流程示意

①油料预处理及预榨工序　②浸出工序　③湿粕脱溶工序　④混合油处理工序
⑤溶剂冷凝冷却与回收循环工序

【课后习题】

1. 浸出法制油的特点。

2. 浸出法制油工艺分类。

任务 2 溶剂选择

【课前引导】

浸出法制油的溶剂的特性，溶剂的种类，6 号溶剂的特性及指标要求。这些问题是我们这一节任务需要解决的。

【任务描述】

通过本任务的学习，了解溶剂的特性，能根据不同的油料对溶剂的选择。掌握 6 号溶剂的特性及指标要求。

【任务目标】

1. 了解溶剂的特性。
2. 掌握 6 号溶剂的特性及指标要求。

7.2.1 溶剂的特性

这里主要介绍溶剂的溶解特性。

浸出法制油，要求采用的溶剂能够溶解油脂。实际上，油脂和溶剂之间的溶解是相互进行的。如果两种液体分子的作用力大小越接近，它们就越容易互相溶合，即彼此的溶解度就越大。

油脂和许多有机溶剂都是分子极性很小的物质。分子的极性大小与分子间作用力的大小相关。当油脂分子间的作用力 F_{11} 与溶剂分子间的作用力 F_{22} 以及两种分子之间的作用力 F_{12} 接近时，油脂和溶剂就能相互溶解，三者越接近，溶解的能力就越强。

分子极性的大小可以用“介电常数”来表示。介电常数大的分子极性就大，反之就小。在常温下，油脂的介电常数一般为 3.0～3.2。只有蓖麻油大些，为 4.7，因其中含有带羟基的蓖麻酸。

部分有机溶剂的介电常数值列于表 7—1 中。

表 7—1 部分有机溶剂介电常数值

溶剂	己烷	轻汽油	苯	三氯乙烯	二氯乙烷	异丙醇	丙酮	乙醇	甲醇
温度（t）	20	20	20	16	25	25	20	25	25
介电常数	1.89	2.0	2.248	3.42	10.36	18.3	21.45	24.3	32.6

从表 7—1 中可以看到，己烷、轻汽油、苯、三氯乙烯、二氯乙烷的介电常数与油脂接近，因而它们之间的相互溶解度就大。由于醇类和酮类的介电常数值较大（存在羟基、羰基，极性较大)，常温下它们与油脂的相互溶解度有限。乙醇只有在纯度高，提高温度

时才能较好地溶解油脂。

水的介电常数值为81，极性较大，且具有导电性，所以，水与油脂及极性很小的溶剂的溶解度是极小的。而水与极性相差小些的溶剂（如醇类）则可以任何比例互溶。因此，不能将水作为浸出法的溶剂来使用。

可见，油脂与溶剂之间相互溶解的根本原因是它们的极性相近。除此之外，温度对其溶解度也有一定的影响。

7.2.2 浸出法制油对溶剂的要求

有机溶剂的种类很多，作为浸出法使用的溶剂最好能同时满足以下一些条件：溶解性能好、自身稳定、容易与油脂分离、无毒性、不易燃烧和爆炸等。具体地说，用于油脂浸出的溶剂应符合下列要求：

（一）介电常数与油脂接近

被选择溶剂的介电常数与油脂接近，才能与油脂在室温下以任何比例互溶，以便于进行浸出。

（二）挥发性好

被选择溶剂的挥发性能好，才易于从混合油中和湿粕中被分离出来。这就要求溶剂的沸点低、比热和潜热值小，使其在分离时所消耗的能量少，从而降低生产成本。

（三）化学性质稳定

被选择溶剂的化学性质稳定，才不致与油脂和粕起化学反应。在浸出和混合油精炼过程中，溶剂本身不应分解成其他物质，更不应分解成有毒物质，也不与加入的碱液起化学反应。这样，溶剂才便于回收，循环使用。

（四）安全性

被选溶剂应不易燃烧、爆炸，对人身无害。这样在生产过程中，有时遇到设备密封不严或操作不当造成溶剂的跑、冒、滴、漏等现象，才不致遇明火就引起燃烧或爆炸，或对人身安全造成威胁。所以应选用闪点和燃点较高，且对人体无害的溶剂。

（五）沸点范围小

溶剂的沸点范围又称“沸程”，在石油工业叫“馏程”。工业上使用的溶剂是一种混合物，沸点范围一般较大。这里要求沸程小的理由是，在较小的温度范围内即能分离溶剂，操作中容易控制，损耗较少。

（六）在水中的溶解度小

在浸出生产的过程中，要利用水蒸气对湿粕和混合油进行汽提，产生的溶剂汽体和蒸汽经过冷凝器冷凝后形成混合液。若溶剂在水中的溶解度大，则难以达到溶剂分离回收的目的。同时废水中也会携带相当数量的溶剂，导致溶耗高，污染环境，安全生产也会受到影响。

（七）对油脂的溶解性能好

要求被选择溶剂对油脂的溶解性能好，而对非油物质的溶解性差。否则，毛油中非油物质增多，既影响毛油质量，又会增加精炼的生产成本。

（八）对设备不腐蚀

被选择溶剂若对设备和管道有腐蚀性，会缩短设备使用寿命，且会将被腐蚀掉的金属物质混入油和粕中，从而降低其质量。

（九）溶剂货源充足

要求被选择溶剂的货源充足，价格低廉，才能适应大规模生产的要求。

综上所述，符合以上要求的溶剂是很理想的溶剂。然而实际上，到目前为止，国内外都还没有发现这样的理想溶剂。因此，只能选择一些优点较多的溶剂，至于它的缺点，则只能从工艺和操作方面采取适当的措施加以解决。

7.2.3 溶剂的种类

可用于油脂浸出的工业有机溶剂，大体可归纳为五类。

（一）脂肪族碳氢化合物

此类溶剂以已烷、6 号溶剂油、石油醚为主。

（二）氯代脂肪族碳氢化合物

此类溶剂以二氯乙烷、三氯乙烯、四氯化碳为主。

（三）芳香族碳氢化合物

此类溶剂以苯为主。

（四）脂肪醇化合物

此类溶剂以乙醇、异丙醇、甲醇为主。

（五）混合溶剂与气态溶剂

上述各类溶剂以第一类应用最广，目前我国油脂制取工业普遍采用第一类溶剂中的 6 号溶剂油作为浸出溶剂。其质量指标、理化性质和组成分别见表 7—2、表 7—3、表 7—4。

表7—2 6号溶剂油质量指标

项目	指标	项目	指标
馏程：初馏点（℃）不低于	60	机械杂质及水分	无
98%馏出温度（℃）不高于	90	油渍试验	合格
溶性酸或碱	无	硫含量（%）不大于	0.05

1. 机械杂质及水分试验方法：将试样注入100毫升的玻璃量筒中，必须透明，不允许有悬浮或沉淀的机械杂质及水。

2. 油渍试验方法：将溶剂油蒸馏试验的残留物。用小滤纸滤入干净的试管或量筒中，用吸管吸取其中滤液往清洁滤纸上滴三滴。在室温（20±3℃）下放置30分钟，如滤纸上没有油渍存在，即认为合格。

3. 本溶剂不允许含有四乙基铅和其他杂物。

表7—3 6号溶剂油理化性质

项目	指标	项目	指标
色泽及透明度	无色、透明	分子量	93
气味与滋味	刺鼻	碘价（g碘/100g）	4.20
比重	0.6724		

表7—4 6号溶剂油组成（重量%）

组成	含量	组成	含量
芳烃：苯	0.046	6碳环烷烃	16.43
甲苯	0.017	7碳环烷烃	0.16
8碳芳烃	0.0025	烷烃：5碳烷烃	2.57
烯烃	1.55	6碳烷烃	74.08
环烷烃：5碳环烷烃	1.56	7碳烷烃	3.52

6号溶剂油是轻汽油的一种，它之所以能得到广泛应用，是因为它具有以下一些优点：一是它对油脂的溶解能力强；二是它对非油物质的溶解能力小，可使浸出油较为纯净；三是它的沸点低，容易回收作循环使用；四是它对设备无腐蚀作用，可延长设备使用寿命；五是它货源充足，价格适宜。

但需强调的是，6号溶剂油的缺点可能会给安全生产和人身安全造成威胁，必须引起高度重视和警惕。一是它易燃易爆，闪点为－21.7℃，遇火即燃，当其蒸汽在空气中的浓度达到1.2%～7.5%（体积）时，遇明火即会发生爆炸。二是溶剂蒸汽的密度是空气密度的2.79倍。这样，溶剂蒸汽便会沉积于低洼的地方。所以，要求浸出车间地面不作地沟地坑，以免造成溶剂蒸汽的聚积而发生意外事故。三是溶剂蒸汽有毒，会强烈地刺激人的神经系统。当其在空气中的浓度达到30～40mg/L时，与人接触稍时即会置人于死地。

鉴于6号溶剂油的上述缺点，对其在生产车间的蒸汽浓度必须进行严格控制，要求溶剂蒸汽浓度不得超过0.3%（体积）。

此外，6号溶剂油在使用中还存在一个缺点，是它的馏程太宽，为60℃～90℃。如果馏程再缩短一些，效果会更佳。

对于其他种类的溶剂，由于己烷的价格较高；苯对非油物质的溶解性强、毒性大；有的对设备的腐蚀性强、对油脂的溶解能力差等原因，目前，国内很少用作浸出溶剂。

关于混合溶剂和气态溶剂，虽各具特色和优点，但目前尚处于试验研究阶段，故不作详细介绍。

【课后习题】

1. 浸出法制油对溶剂的要求。
2. 6号溶剂油的特点。

任务3 浸出基本原理

【课前引导】

油料的浸出是浸出法制油的非常重要一道工序，其操作效果的好坏直接影响到出油率、产品质量。入浸油料对浸出效果如何影响，在浸出操作过程中操作参数如何控制？这些问题是我们这一节任务需要解决的。

【任务描述】

通过本任务的学习，熟悉对入浸油料要求，掌握浸出操作工艺参数要求。

【任务目标】

1. 掌握入浸油料要求。
2. 掌握浸出操作工艺参数要求。

7.3.1 油脂浸出的概念

根据组分在选定溶剂中溶解度的不同以分离出所需组分的操作称为“萃取”。萃取分为固—液萃取和液—液萃取。例如，用水萃取甜菜中的糖分，用开水泡茶，用轻汽油萃取料胚中的油脂等，都属于固—液萃取范畴。习惯上人们把固—液萃取称为“浸出”。

在油脂浸出过程中，固体料胚浸于溶剂中、料胚中的油脂溶于溶剂，这一过程是油脂从固相转移到液相的传质过程，而传质过程又是借助物质的扩散作用实现的。

7.3.2 扩散的基本方式

在流体呈静态或滞流情况下，物质的转移是以分子热运动的方式进行的，属于分子扩散。当浸出过程中溶剂和料胚处于相对运动状态且呈湍流时，其传质方式又存在对流扩散。可见，浸出过程包括分子扩散和对流扩散两种形式。

（一）分子扩散

分子扩散就是以分子热运动的方式进行的物质转移。当料胚与溶剂接触后，油分子以无秩序的热运动方式从料胚中渗透出来并扩散到溶剂中去，相应地，溶剂分子也不断地渗透到油料中去与油分子相溶合。这样，就在料胚内部和溶剂里都形成了溶液（混合油）。开始时，料胚内部和外部这两部分混合油中的油脂浓度相差很大，逐渐地油脂分子从浓度较大的区域或向浓度较小的区域进行扩散，最后两部分浓度趋于平衡。

对于油脂浸出而言，为了取得好的浸出效果需要增大料胚与溶剂的接触面积（如油料轧胚、榨饼破碎都增大了接触面积），提高浸出器喷管间混合油的浓度差以及保证足够的浸出时间等。

（二）对流扩散

对流扩散是指物质以相对运动的方式进行转移，是溶液以较小的体积在湍流的情况下以一定的速度从一处移向另一处。在流动中被溶解的物质随着转移，最后使各处的浓度趋于一致。

对流扩散的规律表明，扩散的物质量与扩散面积、扩散物质的浓度差和扩散时间成正比。

由此可知，扩散面积、扩散物质的浓度差以及扩散时间都会影响对流扩散过程，但要使传质过程以对流扩散这种方式进行，关健是流体必须呈湍流状态。

实际上，浸出过程是分子扩散和对流扩散的结合过程。油脂浸出过程在微观上可分为三步：首先是油脂分子从料胚内部到层流边界层的分子扩散；其次为油脂分子通过层流边界层的分子扩散；最后是油脂从层流边界层移动到混合油主流中的对流扩散。需要指出的是，分子扩散时物质的转移是依靠分子热运动的动能来推动的，因而提高温度即可提高分子扩散速率。而对流扩散，主要依靠外加的能量，使混合油主流呈湍流状态。因此，利用液位差或泵所造成的压力来提高混合油和料胚的相对运动速度，即可提高对流扩散速率。

综上所述，油脂浸出过程与料胚的表面积、浓度差、浸出温度、浸出时间和混合油的流动状态等因素有着密切的关系。

7.3.3 影响油脂浸出效果的因素

在油脂浸出生产过程中，影响生产效果的因素很多，大体可将这些因素分为两类：一类是入浸料胚性质，另一类是操作工艺。下面分别进行叙述。

（一）入浸料胚性质

1. 料胚的结构

入浸料胚要进行适当的预处理，使其内部、外部结构和可塑性达到入浸要求，从而有利于分子扩散和对流扩散，取得好的浸出效果。

（1）对料胚内部结构的要求。要求入浸料胚的细胞组织受到最大程度的破坏。由于油脂从完整的细胞中扩散出来的过程较为缓慢，只有当其被破坏的程度越大时，扩散的阻力才越小，浸出的速率才会越高。

这个问题，可以用浸出阶段曲线加以说明，见图 7—2。

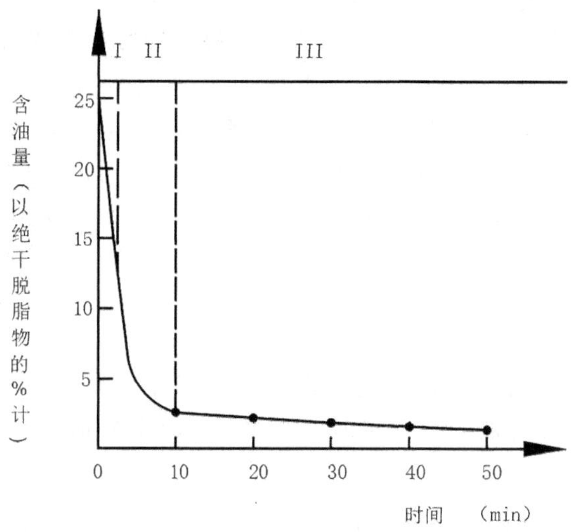

图 7—2　浸出阶段曲线

从图 7—2 中可以看出，在浸出开始的第 Ⅰ 阶段，细胞已被破坏的料胚表面所聚集的油脂比较容易浸取出来，这时料胚的含油率从 26%很快下降到 7%。进入第 Ⅱ 阶段后，被浸取的油脂主要出自料胚内部，浸出速率较慢。到第 Ⅲ 阶段时，主要提取细胞内部的油脂，这部分油脂很不容易被浸取出来，因此浸出速率非常缓慢。

可见，为了使油料细胞受到充分的破坏以利压榨或浸出，油料的预处理工序是十分重要的。

(2) 对料胚外部结构的要求。一是料胚的粒度。要求入浸料胚的粒度（胚片厚度与料粒大小）必须适当地减小，以缩短扩散路程。这样，还可以增大料胚单位重量的表面积，有利于浸出速率的提高。但应注意，在减小粒度时，应避免造成料胚粉末度过大而影响溶剂或混合油的渗透，加之细小粉末易被混合油夹带，流向后续工序会带来更多麻烦。

实践和研究证明，料胚厚度越薄，所需的浸出时间越短；反之，所需的浸出时间则越长。

对于预榨浸出或直接浸出制油工艺而言，一些油料胚片厚度的要求是：大豆 0.25～0.30mm，花生仁不超过 0.5mm，棉籽仁 0.3～0.4mm，油菜籽不超过 0.35mm。预榨饼块破碎后长尺寸为 12～15mm，粉末度要求通过∮1mm 筛孔的筛下物不超过 10%～15%。

二是料胚的渗透性。要求入浸料胚具有足够的和均匀的渗透性，以利于溶剂均匀地喷淋并渗透到全部料胚颗粒，达到良好的浸出效果。

三是料胚对溶剂或混合油的吸收能力。要求入浸料胚对溶剂或混合油的吸收能力越低越好，这样才不致使过多的混合油在粕中滞留，达到降低粕中残油率的目的。

(3) 对料胚的可塑性要求。入浸料胚的可塑性应低些，才不致因料层的压力或外部机械作用使料粒互相搭接而遮盖一些表面或封闭一些物料空隙，使这些位置的料胚不能接受正常的浸出，以致严重时使物料搭桥，导致湿粕到落粕口处仍不落料。

2. 料胚的水分

入浸料胚的水分含量要适宜，偏低些为好。若水分过高，会影响溶剂对油脂的溶解和对料胚的渗透，并使料胚或榨饼膨胀、结块、搭桥（浸出后湿粕不落料），影响浸出效果；若水分过低，会影响料胚自身的结构强度，使粉末增加，同样不利于浸出。

料胚所含的水分，分布于它的内外表面。它有碍于溶剂的渗透，应减少到最低限度。为此，可在输送设备外围加做保温层，避免温度下降，有利于挥发表面水分。这样还可做到热饼热料入浸。一般预榨饼的入浸水分以2%～5%为宜，大豆料胚水分含量可高些，为5%～10%。

（二）操作工艺

操作工艺方面影响油脂浸出效果的因素有浸出温度、料层高度、混合油浓度和溶剂比、浸出时间和溶剂或混合油的喷淋与沥干方式等，以下分别进行叙述。

1. 浸出温度

浸出温度对浸出效果的影响是比较大的。前面已经提到，提高浸出温度，一方面可以增加分子动能，加速分子运动，促进扩散作用；另一方面还可以降低油脂和溶剂的黏度，减小扩散阻力，有利于扩散的进行。因此，在允许的范围内，浸出温度应尽可能高一些。

试验和生产证明，当用轻汽油作溶剂时，适宜的浸出温度为50℃～55℃。一般来说浸出温度以低于溶剂初沸点8℃～10℃为宜。

2. 料层高度

一般来说，如果料胚或预榨饼的结构强度较高，不易被压碎的话，那么浸出器内的料层就可高一些。这样既可提高设备的利用率，增大生产能力，又可使料胚与更多的溶剂接触而提高浸出效果。不过，若料层过高，下层料胚会受到强烈的挤压而破碎，增大料胚的粉末度，从而影响溶剂或混合油的渗透性。因此，料层高度也应有一定的控制。目前，国内平转式浸出器的料层高度一般为1200～2000mm。环形浸出器的料层高度一般为300mm。

3. 混合油浓度和溶剂比

随着浸出的进行，混合油的浓度越来越高，这主要是由于料胚内部混合油浓度大于外部混合油浓度，油脂分子不断地从料胚内部扩散到外部混合油中所致。这样，料胚内部和外部的混合油浓度差就逐渐减小。根据油脂浸出的基本原理，浓度差是浸出过程的推动力，当浓度差减小后，浸出速率也就逐渐降低。再者，混合油浓度越高，其黏度也相应增大，也会降低浸出速率。

国内浸出各种油料的混合油浓度一般控制在10%～25%。混合油浓度一般可根据料胚的含油率而定，即以含油率的1.0～1.5倍为宜。

与混合油浓度相关联的一个概念为溶剂比。溶剂比是指浸出使用的溶剂与所处理原料之间的重量比。在浸出生产过程中，当溶剂比太大时，粕中残油率降低，得到的混合油浓度相应也低。这样，由于混合油的数量多，会增大混合油处理、溶剂回收工序的工作负担，并增大能耗；当溶剂比太小时，由于投入浸出的溶剂量少，浸出过程脱脂不完全，会使粕中残油率增高。因此，对于不同的浸出方式和浸出油料，应采用不同的溶剂比，才能达到较好的浸出效果。

通常在保证粕中残油率为 0.8%～1.0%的情况下，浸泡式浸出所用的溶剂比为（1.6～2.0）：1；喷淋式浸出所用的溶剂比为（0.3～1.0）：1；预榨饼（含油率 12%左右时）用平转式浸出器浸出时，溶剂比为（0.8～1.1）：1；（混合油浓度一般控制在 12%～19%）；大豆胚浸出时，溶剂比为（0.8～1）：1。

4. **浸出时间**

一般来说，浸出过程延续的时间越长，粕中残油率越低。但为了提高生产效率，对浸出时间应有一定的限制。再说，也不值得花费很长时间去浸取太少量的油脂。

图 7—3 为履带式浸出器浸出大豆料胚的浸出时间与料胚含油率的关系。

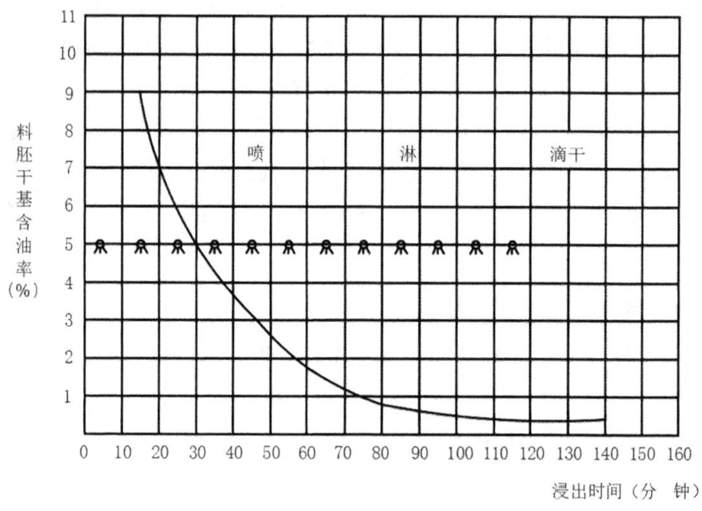

图 7—3　浸出时间与大豆料胚含油率的关系

从图 7—3 中可以看出，开始浸出阶段，料胚含油率降低较快。60min 以后，曲线逐渐趋于平缓，残油率下降变得缓慢。100min 后，曲线已趋于水平，这时粕中残油率为 0.5%左右。可见，浸出时间无限延长是没有意义的。然而，浸出时间要多长才适宜呢？这就要根据不同类型的浸出设备来具体确定。不同类型浸出设备处理不同油料的浸出时间见表 7—5。

表 7—5　不同类型浸出器的浸出时间

工厂名称	浸出器型式	处理器（t/d）	主要油料	浸出时间（min）	转速（r/min）
辽宁省大连油脂工厂总厂	平转．18 格	350	大豆	72	108
吉林省汶河县植物油厂	平转．18 格	50	大豆	72	90
湖北省仙桃市油厂	平转．12 格	50	棉籽饼	80	120

续表

工厂名称	浸出器型式	处理器（t/d）	主要油料	浸出时间（min）	转速（r/min）
湖北省天门县油脂一厂	履带	50	棉籽饼	105	—
浙江省海宁实验油厂	环形	50	油菜籽饼	55	72

从表7—5中可以看到，各类浸出设备处理不同品种油料的浸出时间为55～105min。对于平转式浸出器浸出大豆胚，要求粕中残油率<1%，其有效浸出时间约需70min。

5. 滴干时间和湿粕含溶剂量

在连续式浸出设备中，料胚经浸出后，尚有一部分溶剂（或稀混合油）残留在湿粕内，故需经蒸烘将这部分溶剂回收。为了进一步降低粕中残油率和减轻蒸烘设备的负荷，往往在浸出器内需保证一定的时间让溶剂（或稀混合油）尽可能地与粕加以分离，以使湿粕含溶剂量降到最低限度。上述使溶剂与粕分离所需的时间，我们就称之为“滴干（或沥干）时间”。

在实际生产中，我们总希望湿粕含溶剂量越少的情况下，尽量缩短沥干时间。这样，不仅可以降低粕中残油、减轻蒸烘操作负荷、节省蒸汽消耗，而且可以缩短浸出时间、提高生产能力、降低溶剂损耗。由于不同形式的浸出器，其湿粕含溶剂量将随溶剂与料胚的分离方式不同而有所差异。对于连续式浸出器，直接浸出的湿粕含溶量一般为25%～35%，而预榨饼浸出的湿粕含溶剂量在15%～30%沥干时间应视浸出原料情况而定，一般可掌握在15～25min。

6. 溶剂与混合油的流动清况

由于浸出设备的不同，溶剂或混合油与料胚的流动方向可以是逆流的，也可以是顺流的，如下所示。

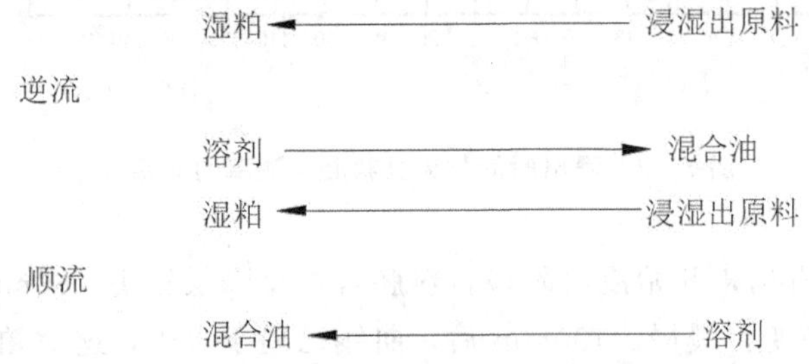

从中可以看出，在逆流时，料胚与溶剂的流动方向是相反的，而混合油浓度随料胚含油量的降低而逐渐降低；在顺流时，料胚与溶剂的流动方向是相同的，而混合油浓度是随料胚含油量的降低而逐渐增加。由于逆流平均浓度差大，对于浸出来说，一般还是采用逆流生产方式为好。

另外，溶剂和混合油在料胚之间的流动速度对浸出也有一定的影响。根据油脂浸出的基本原理，为了提高浸出速率，必须加快溶剂和混合油在料胚中间的流动速度，使其呈湍流状态，从而加强了对流扩散的作用。从国内的生产情况来看，当料胚的渗透性较好时，浸出器内循环混合油的喷淋量可以控制得大一些；对于新鲜溶剂来说，由于溶剂比一定，喷淋量不可能很大，可以通过间歇喷淋的方式加快其在料胚中的流动速度，提高浸出效果。

综上所述，影响油脂浸出效果的因素包括入浸料胚特性和生产操作工艺两个方面。这两个方面的若干具体影响因素又相互关联。在生产实践中，把握调整好这些因素之间的关系，就能提高浸出生产效率，缩短浸出时间，降低粕中残油率。

7.3.4 油脂浸出工序工艺过程

油脂浸出是浸出工艺中最主要的一个工序，其工艺过程如下：

以上工艺过程，要求存料箱和料封绞笼应具备良好的料封作用，以防止浸出器内的溶剂蒸汽沿进料管道窜出，形成事故隐患。为此，首先，要求存料箱内的存料高度保持在1.4m以上。其次，要求浸出器落粕斗内的湿粕堆积量保持到落粕斗高度的1/2～2/3处，使其形成料封，防止蒸烘机内的混合气体沿输送机通道窜入浸出器，而影响浸出器的正常生产。最后，还要求物料的输送机械不应发生金属件间的高速撞击，以免产生火花，引起事故。

该工艺过程中的混合绞笼，起到提前与混合油接触、混合、浸出的作用，这样还可避免干物料落入浸出器内时造成粉末飞扬和料粒分级，使大颗粒滚向料格四周，导致喷淋的溶剂渗透不匀，或造成短路。

【课后习题】

1. 简述油脂浸出的基本概念。
2. 何谓分子扩散？何谓对流扩散？
3. 归纳影响油脂浸出效果的因素。
4. 说明浸出工序工艺过程。

任务4　浸出设备

【课前引导】

浸出法制油目前设备种类较多，这些设备的结构是怎样的，有什么优缺点，对哪些油料处理效果好，在操作过程中应注意哪些问题？这些问题是我们这一节任务需要解决的。

【任务描述】

通过本任务的学习，熟悉浸出设备的结构及工作原理，能根据工艺参数要求操作设备并对设备在浸出过程出现常见故障如何处理。

【任务目标】

1. 了解浸出设备的结构及工作原理。

2. 熟悉浸出设备操作要点。

3. 掌握浸出设备故障处理。

我国目前使用的浸出器主要有平转式、环形和履带式浸出器等。以下着重介绍平转式浸出器。其他浸出器作简要介绍。

7.4.1 平转式浸出器

平转式浸出器是目前国内比较先进的一种连续式油脂浸出设备。其特点是：传动平稳，运行可靠，动力消耗低，混合油浓度高，应用十分广泛。

（一）结构

平转式浸出器由进料、转格、混合油格、出粕斗、传动机构、壳体及撑脚等部分构成。其结构如图 7－4 所示。

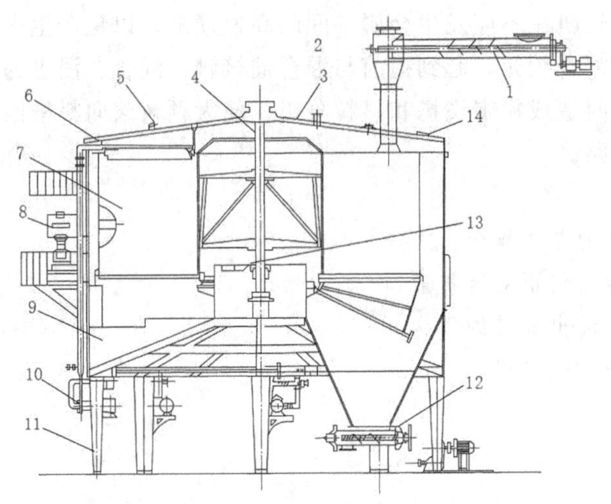

7－4　平转式浸出器

1－混合绞笼　2－混合油进口　3－上盖　4－传动轴　5－防爆灯　6－喷淋机构
7－转格　8－传动机构　9－混合油格　10—循环泵　11－底座　12－双绞笼
13－手孔　14－视镜

1. 进料部分

平转式浸出器的进料部分由存料箱、封闭绞笼和混合绞笼组成。存料箱的作用一是存料，保证浸出器连续进料；二是料封，防止浸出器的溶剂蒸汽倒回预处理车间。封闭绞笼内有一料封段，其作用也是防止倒气。混合绞笼的作用是让料胚与混合油在其内混合均匀，防止溶剂短路。

2. **转格**

转格又称“料格”，是盛装浸出料胚的部分。它中部通过支架与轴套连接，转轴穿过轴套并与之紧固，转轴上端穿入上盖中心位置的轴承盒。下端则伸入位于浸出器中部托盘内的轴承座内。这样，整体转格则可绕轴转动。

转格由内、外两个筒体和若干块径向隔板组成。转格内、外筒体的环形空间被径向隔板分割成为若干等份，每等份即为一个料格。其格数多少，根据处理量的大小而定，一般为12～18格。转格的底部，大都做成活动假底（又称“活络筛扳”）。假底每格一个，呈扇形，它的一边用绞链轴连接于隔板底边。扇形假底可开启一边的轴上，两端装有铜制滚轮，当假底闭合时，该滚轮沿焊接于壳体壁上的内外两条轨道慢慢滚动。假底由加强筋、筛框和筛网（一般用30～50目/英寸铜丝布或不锈钢丝布）构成。转格盛装料胚后，从料层渗透下来的混合油可穿过假底，流入转格下面固定不转的混合油格内。转格内的径向隔板上厚下薄，转格内筒上大下小，转格外筒上小下大，这样使料格空间上小下大，以便当假底开启后，湿粕能顺利地落下。

这种带假底的转格，由于假底关闭不严或轨道不平会产生漏料现象，致使混合油中的粕末增加。为了改善这种状况，现在有的平转式浸出器转格底部，已制成同心圆固定栅底结构，不再与转格底部相接。这种栅底用不锈钢材料制作，栅条与栅条之间的缝隙为0.8～1.0mm，栅条截面为梯形，下缝口大于上缝口（见图7—5），以便细小粉粒下漏时不致堵塞缝隙。这种同心圆栅底由焊接成的若干块扇形栅板用螺栓连接而成。栅板拼装成320°～340°，留一缺口，供湿粕下落。

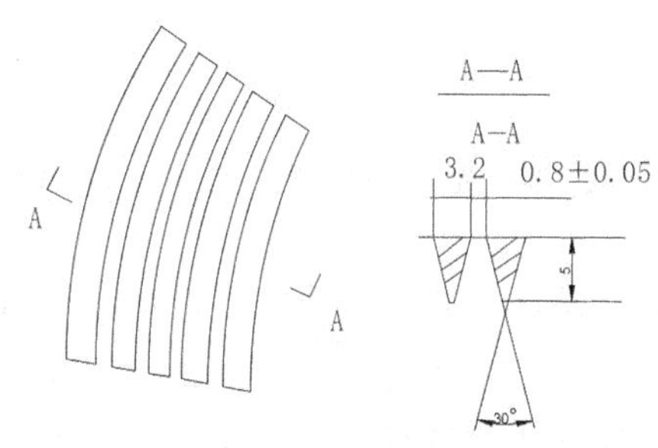

图7—5　栅条结构

同心圆固定栅底工作面宜比转格底面宽些，才可防止漏料落入混合油格。为防止转格转动时直接与栅底产生摩擦，其安装时应留有2～4mm的间隙。

3. **混合油格**

混合油格的作用是收集由假底或固定栅底渗滤下来的混合油。它焊于浸出器底部，外围即是浸出器底部外壳，此处壳壁上装有视镜（也兼有手孔的作用）。混合油格的底部不是水平的，而是由里向外倾斜，以便于循环泵抽净在最低处积存的混合油，打入转格上部空间对应的喷管。混合油格的体积大小不等，从进料端到出粕端逐渐增大，滴干格最大。以便收集不同浓度的混合油。

工作时，从混合油格内抽出的混合油喷向转格内的料胚面层时总是遵循以下原则：等待喷淋的料胚内所残存的混合油浓度总是高于即将喷下的混合油的浓度。换句话说，从料格中渗漏下来的混合油浓度总是高于刚喷入料格的混合油的浓度。或者说，相邻两喷管对应转格下面的混合油格内所存的混合油，具有一定的浓度差。混合油浓度沿着转格转动方向，从料胚投入到湿粕卸出顺次降低。

混合油格与转格之间的对应关系，可由展开图 7—6 得到说明。从图 7—6 中可以看到，混合油格隔板上开有溢流口，该格混合油装满后可从低浓度格向高浓度格溢流。且浓度越低的混合油格的隔板越高，从而保证浸出过程始终按逆流方向进行，使混合油不倒流，以致溢流到出粕斗。另外，为了使从第Ⅱ油格抽出的浓混合油更纯净，通常在该混合油格与转格底部之间的空间装有“人”字形的帐篷过滤器。将该格随混合油渗漏下的粕末倾落于相邻混合油格内。

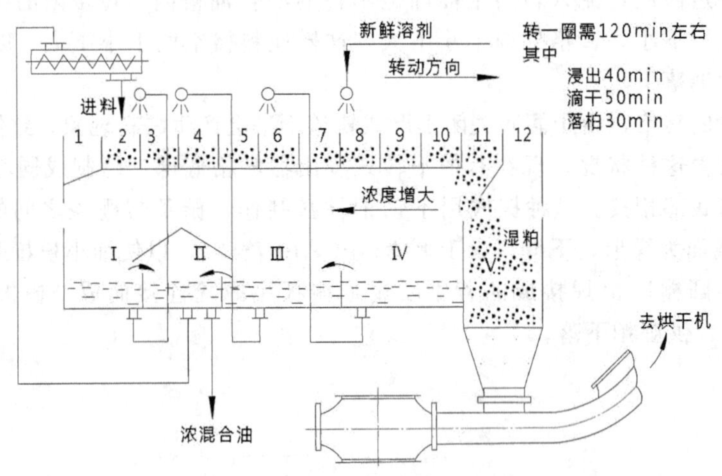

图 7—6　混合油斗与转格对应关系展开示意

从图 7—6 中可以看到，混合油格与转格的对应关系是这样的：第Ⅰ格的混合油抽出后喷向刚进料的转格。第Ⅱ格的混合油喷向混合绞笼预浸料胚。第Ⅲ格的混合油喷向 3、4 格。第Ⅳ格的混合油喷向 5、6 格。新鲜溶剂喷向 7、8 格。每支喷淋管后部位置都留有一定长度的沥干段。转格转到Ⅴ位置时，即自动打开假底，落放湿粕。从图 7—6 中可以看出，从新鲜溶剂投放，到最终得到浓混合油，都是每经过一次喷淋渗滤之后，混合油向前推进一格，浓度提高一次。如图 7—6 所示，包括预浸，先后共喷淋 5 次。最后得到的浓混合油从第Ⅱ格抽出，泵入浸出器顶盖上的过滤器等设备净化，分离出来的粕末排入浸出器料格继续浸出，净化后的混合油则放入混合油罐处理（浓混合油抽出后净化及流向图中未画）。

4. 出粕斗

从图 7—6 中可以看到，出粕斗横截面呈扇形，扇形两径边与混合油斗相邻。长弧边与浸出器外壳平齐，弧面上设有手孔、观察窗、检修孔等。内侧短弧边与中部托盘相接。出粕斗下部出粕口与刮板输送机进料口对接。为了帮助斗内湿粕顺利落入输送机械并保证料封作用，出粕斗下方还装有相向运转的可调速双绞笼。在出粕斗内壁上还焊接有两组弯曲轨道，以供活络筛板的铜滚轮经过此处时下行与上行，实现活络筛板的自动开启卸粕和自动关闭。对于同心圆固定栅底的出粕斗，其位置正好衔接于栅底所留的缺口处。

5. **传动机构**

从图 7—4 中可以看到，平转式浸出器的传动机构位于其壳体中部外壁处。传动机构由电动机、减速器、齿轮箱、链条、链轨和链齿组成。齿轮箱焊于壳壁，该处开口便与器内相通。齿轮箱的输入轴通过联轴器与减速器相连接。减速器的输入链轮由电动机带动运转。齿轮箱内有三个链轮，其中两个压紧轮，一个主链轮。主链轮上套的链条穿过开口，伸入器内，环抱于转格外围。为使链条在运转中保持平稳，在转格外围中部焊有一圈链条就位轨道。在一圈轨道的两处对称位置，还焊有仅有几齿的链齿，以使链条与之啮合，通过链条带动转格运转。

工作时，电动机通过减速器带动齿轮箱主轴旋转，该轴再通过主链轮上所套链条带动转格慢速转动，其转速慢至 2 小时左右转一周。

6. **壳体与撑脚**

从图 7—4 中可以看到，平转式浸出器的壳体为钢板卷成的圆筒体，上缘通过法兰与上盖连接。为便于观察，顶盖上装有若干视镜和照明灯。壳体下部即为混合油格和出粕斗外壁。为便于操作与维修，在壳体对应于转格链轨处、活络筛板纹链轴心、混合油格底部等处装置有若干手孔。

平转式浸出器的若干支撑脚可用槽钢制作。通过法兰等距离连接于混合油格底部边缘。

（二）工作过程

平转式浸出器工作时，料胚通过封闭绞笼送入混合绞笼在此接受混合油的预浸，之后湿料落入浸出器转格。由于料胚为湿料可避免为干料时的粉末在器内飞扬。随着转格的慢慢运转，格内料胚转至喷淋管位置时，即受到喷出的混合油的喷淋浸出。由于新鲜溶剂和混合油的喷淋与料胚走向是采用的逆向路线，所以刚投入料胚的料格浸出后渗漏于混合油格里的混合油浓度最高，该混合油溢流至第Ⅱ混合油格，与第Ⅱ格对应料格渗漏下来的混合油经帐篷过滤器。过滤后的浓混合油即从此格被抽出。接着，料格接受从下一个混合油格泵出的混合油的喷淋，料格继续旋转，格内的料胚再经受一次次泵入混合油的喷淋浸出，这些混合油的浓度一次比一次稀薄。最后经受新鲜溶剂喷淋浸出，对应的混合油格里收集到最稀的混合油。其间，泵入混合绞笼的混合油，是从第Ⅱ混合油格抽出的。料格经过一段时间沥干后，已转到落粕处。这时转格下部为假底者，铜滚轮沿下行轨道下滑，假底自动打开，落放湿粕。转格下部为固定栅底者，湿粕则被转格刮到缺口处而下落。落放于出粕斗内的湿粕接着被承接于下口的刮板输送机送往蒸烘机处理。抽出的浓混合油经过滤后，放入混合油罐处理；放空湿粕后的料格，其假底上的铜滚轮随着转格旋转，沿上行轨道逐渐拉平，使假底关严，或经过栅底缺口，转至固定栅底初始处，这时正好对准进料口，接受来料；于是进入下一圈的连续运行，形成连续生产。

（三）产品系列及技术参数

平转式浸出器部分产品系列及主要技术参数见表 7—6 和表 7—7。

表 7－6 平转式浸出器部分产品规格及主要技术参数

项目 \ 型号	JP · 310	JP · 320	JP · 400	JP · 680
转格外径（mm）	3100	3200	4000	6800
转格内径（mm）	1500	2100	1800	2700
转格高度（mm）	1400	1750	1800	2400
转格数量（个）	12	18	18	18
转格转速（r/min）	0.0083	0.0088	0.0111	0.0111
转格单格容积（m^3）	0.55	0.64		3.6
循环泵台数（台）	4	5	5	7
浸出器消耗功率（kW）	1.1	1.5	1.1	3
浸出时间（min）	70	70	65	65
处理量（t/d）	30	50	80	350
总重量（t）	5.2			48
外形尺寸：直径×高度（mm）	3500×4664	3500×6220	4500×6140	7600×7700

表 7－7 平转式浸出器部分产品系列

型号规格 \ 项目	生产能力（t/d）	配用动力（kW）	机重（t）	外形尺寸：直径×高度（mm）
JP · 280	30	0.8	6.8	4730×6371
JP · 320	50	1.5	11.3	4320×6000
JP · 340	50	13.2	18	5200×6800
JP · 400	80			
JP · 420	100	22		7650×5500
JP · 550	200	30		8950×7150

（四）生产能力计算

平转式浸出器的生产能力可按下式计算：

$$G=24\times 60\times n[(D^2-d^2)\Pi/4-L\cdot bm]h\cdot\gamma\cdot\Phi$$

式中：G ——浸出器的生产能力（t/d）；

n ——浸出器转格转速（r/min），一般可取 $n=1/120-1/90$；

D ——转格外径（m）

d ——转格内径（m）；

h ——浸出格高度（m）；

Π ——料胚或榨饼的容重（t/m³）；

L ——转格内的隔板宽（m），$L=(D-d)/2$；

b ——隔板厚度（m）；

m ——隔板块数；

γ ——料胚或榨饼的容重（t/m3）；

Φ——装满系数，一般取 Φ=0.85。

从上式可以看出，在浸出生产中，平转浸出器转格的几何尺寸是固定的，在它浸出某料胚的情况下，影响其生产能力的因素只有转速 n 和装满系数 Φ。可见，在生产实践中，以根据对粕中残油率指标的具体要求，适当地调整浸出器转格的转速和装满系数来调节浸出器的生产能力。

7.4.2 环形浸出器

环形浸出器是一种喷淋浸泡混合式连续浸出设备，这种浸出设备国内使用的厂家不多。下面仅以 JT·70×30 型环形浸出器为例进行简要介绍。

（一）结构

环形浸出器由 7 段壳体、拖链、传动机构、渗滤栅板、混合油循环喷淋装置、出粕口部件组成。其结构如图 7—7 所示。

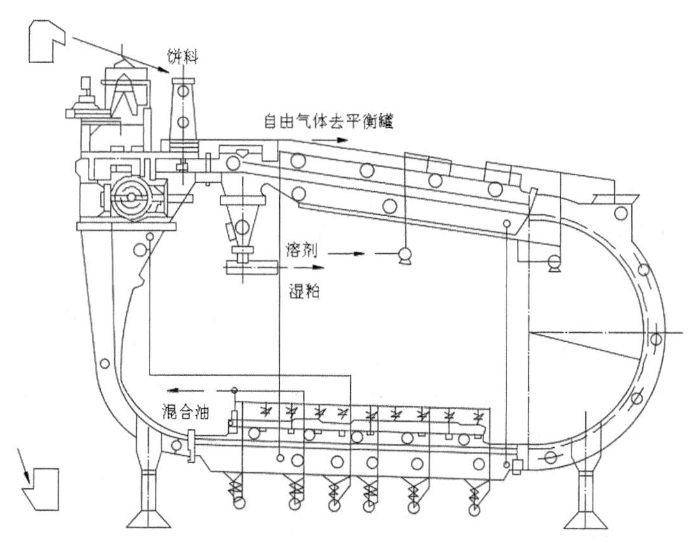

图 7—7　环形浸出器的结构

JT·70×30 环形浸出器的过滤栅板和拖链刮板的结构分别如图 7—8 和图 7—9 所示。

从图 7—7 中可以看到，环形浸出器的壳体是组成骨架的定型部件，各段采用法兰连接，其中进料段和弯曲段还要承担构形、承重和对料胚的流动态浸出。为了便于观察和操作，壳体上若干部位还装有观察视镜和手孔。在水平段壳体内设置有水平喷淋段，在其喷淋室内间隔一定距离装置有若干支喷淋管。其下部混合油斗，用隔板分成6格，可以自然溢流。浓混合油仍然是从第Ⅱ格抽出的。为操作方便；在喷淋室装置有视镜的壳体对应部位，还装设有照明灯。上部微斜段壳体内设置有上浸段，该段具有3°～6°的倾斜角度，以使料胚在被拖链刮板拖移过程中受到挤压，以利稀混合油的沥干，此段渗滤下来的稀混合油收集于底部斜槽，然后经连通管流放于水平段混合油斗内。

水平段和上浸段是该浸出器的主要工作段。其承载料胚并渗滤混合油的工作而制成V形自清滤板。该滤板分段制作，组装而成，其构形见图7—8。

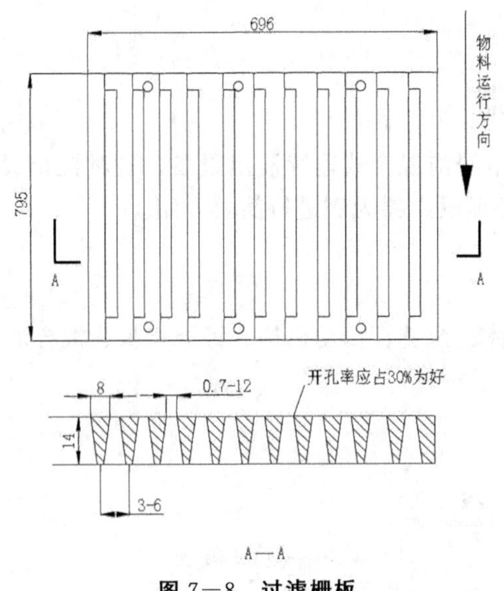

图7—8 过滤栅板

在壳体的进料段，接有具备料封作用的进料装置。在上浸段尾部还接有出粕口，下接出粕斗。

拖链刮板是料胚在环形浸出器内进行动态浸出的运载构件。它类似埋刮板输送机模锻链结构，为精密铸造，节距略大，为使拖行稳定，制成双排。刮板采用扁钢制成框后再点焊成长眼网板。为了减小对壳体的摩擦，在链条两端套有两只滚轮，由一芯轴连接。为保护芯轴不致磨损，其内加孔轴套（见图7—9）。

喷淋装置采用齿板式单边溢流方式，用不锈钢薄板制作成喷淋槽。

传动装置置于浸出器头部。由电动机用链轮带动双级蜗轮减速器，然后通过套筒滚子链带动浸出器主轴，再带动传动链轮而使拖链缓慢拖行。

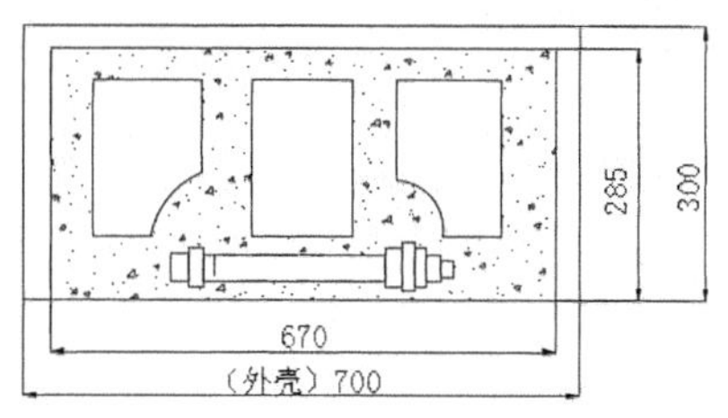

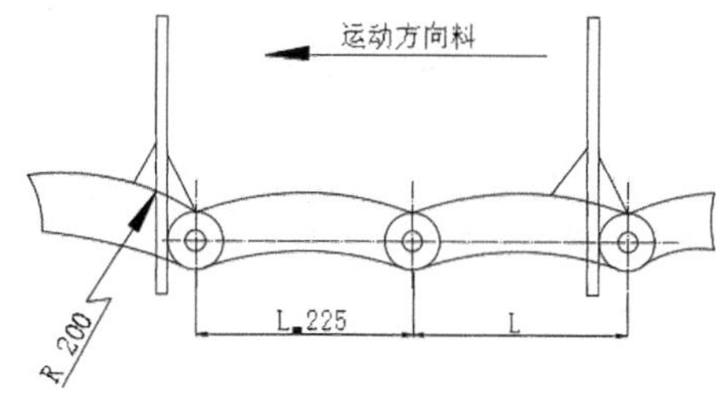

图 7—9　拖链刮板结构

(二) 工作过程

料胚从进料口进入浸出器后，首先受到浓混合油的喷淋，在拖进过程中进行浸出。当料胚被拖链刮板沿反时针方向（见图 7—7）拖到水平段时，已被翻面，并逐次受到喷淋浸出。此间料胚的拖向与混合油的喷淋路线同样是逆流方向。经栅板滤下的混合油汇集入混合油斗。浓混合油从第Ⅱ混合油格抽出，经旋液分离器净化后送往混合油罐处理。料胚经水平段喷淋浸出后，已到达弯曲段，并逐渐上行。到达上浸段后接受新解溶剂的最后喷淋浸出。经栅板滤下的稀混合油流入混合油斜槽，并经斜槽最低位置处的接管直接流入水平段稀混合油斗。滴滤出大部分稀混合油的湿粕到达落粕口时，自动落入衔接的输送机械送走。卸空湿粕的拖链刮板继续向前拖进。再次接受连续投入的料胚。于是，新的浸出周期开始。

(三) 环形浸出器的特点

1. 优点

环形浸出器结构紧凑，占地面积小，造型美观。可分段制造（到现场组装），装卸运输方便。该机因拖链线速可以调节，且调整幅度较大，故生产能力相应也可得到调整，且配套的其他工艺参数也易于调整。该机工作过程中料层薄，渗透性好，料层在动态中浸出，且能自动翻面，有利浸出。且浸出时间短，湿粕残溶量低，可减少蒸烘机的工作负荷。该机操作方便，易于维修。

2. 缺点

环形浸出器零部件多，制造难度大。它对粉末度大的油料较难浸出（比如未预先成型的米糠）。由于采用 V 形白清过滤栅板，漏渣多，混合油中粕末增多后，容易造成管路堵塞以致停车。

(四) 环形浸出器的主要技术参数

JT • 70×30 型环形浸出器的主要技术参数见表 7—8。

表 7—8 JT・70×30 型环形浸出器的技术参数

项目	指标
设备结构部分：载料截面积（mm^2）	700×300
刮板链节距（mm）	300
链总长（m）	21.6
传动功率（kW）	1.5
浸出系统配泵台数	8
泵配总功率（kW）	11.5
浸出器重量（t）	10.066
外形尺寸：长×宽×高（mm）	9045×1420×8035
工艺部分：设计能力（t/d）	50t 菜籽饼，实达 45～70
饼的规格：含油率（%）	7～10
含水分（%）	4 左右
粉末度（20 目/英寸筛下物.%）	<35
干粕残油率（%）	1
湿粕含溶（%）	<25
溶剂比	1：(0.5～0.8)
料层高度（mm）	300
混合油浓度（%）	12～20
混合油含杂（%）	0.05 左右
浸出温度（℃）	45～55
溶剂损耗（kg/t 饼）	2.41. 后达 2.01
拖链线速（m/min）	可调 0.3000 0.3243 0.3699
拖链周转时间（min）	72.0 66.6 58.4
其中：浸出时间	47.67 44.09 38.66
沥干时间	9.83 9.10 7.98

(五) 生产能力计算

环形浸出器的生产能力可按下式计算：

$$Q = 1440 \cdot F \cdot V \cdot \gamma \cdot \Phi$$

式中：Q ——生产能力（t/d）

F ——载料截面积（m^2）

V ——拖链线速（m/min），取值范围 V——0.25～0.50；

γ ——料胚容量（t/m^3）；

Φ——装满系数，取值范围 Φ=0.55～0.85，一般均匀进料就取 Φ=0.75。

7.4.3 履带式浸出器

（一）结构

履带式浸出器是一种连续式浸出设备，它是利用具有筛网结构的输送带运载料胚作缓慢的匀速直线运动，在运动中接受不同浓度的混合油的喷淋，最后经新鲜溶剂喷淋而结束浸出过程。这种浸出器因输送带的链条形状与履带相似而得名。

运载料胚的水平输送带和喷淋装置均被封闭于一个长方体的壳体之中，混合油的喷淋路线与料胚走向呈逆流状态。履带式浸出器的结构如图 7—10 所示。

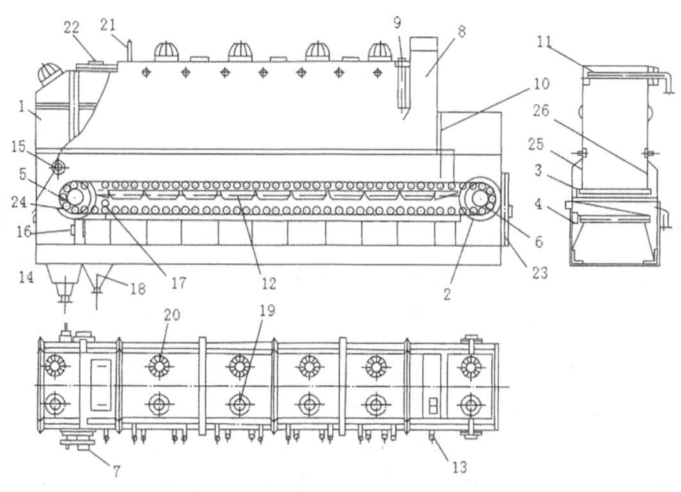

图 7—10　履带式浸出器

1—外壳　2—运输带　3—链轮　4—轨道　5—主动轮　6—从动轮　7—棘轮机构　8—进料斗　9—进料调节门　10—进料端挡板　11—混合油喷淋管　12—混合油收集槽　13—混合油出口管　14—出粕斗　15—卸粕辊　16—出粕端挡板　17—筛网冲洗管　18—冲洗混合油收集斗　19—视镜　20—照明灯　21—自由气体管　22—顶盖　23—前端盖　24—后端盖　25—左拦板　26—右拦板

（二）工作过程

开车时，泵入新鲜溶剂，让其向前部混合油格逐渐溢流，直到充满全部混合油格。这时开始进料，输送带运行。料胚所到喷淋位置即开启循环泵进行喷淋。最后经新鲜溶剂喷淋后，开始落料，并启动卸粕打棒帮助卸粕。这时启动湿粕输送机，将其送往蒸烘机处理。浸出过程得到的浓混合油泵入净化设备分离粕末后放入混合油罐处理。

（三）特点

优点：履带式浸出器属喷淋式浸出设备，效率较高，连续性生产。适用于各种油料浸出，漏料现象少。不存在因原料水分过高所致的卸粕困难，卸粕流量连续均匀。

缺点：设备庞大，结构比较复杂，维修不太方便。因输送带运行过程中空载段占一半，使设备利用率低。再者，由于输送带传送料胚未分格，相近段的混合油无明显的浓度梯度，会影响浸出效果。喷淋时混合油还容易沿拦板壁间隙短路而流下，也影响浸出效果。

7.4.4 浸出设备的操作

（一）浸出器的类型及结构

浸出器是浸出法制油生产的主体设备，它的类型很多，目前，国内使用的类型以平转浸出器最为普遍。近几年，环形浸出器进一步被人们重视，并且在一些油厂推广使用。

（二）浸出器的操作规程

1. 平转浸出器

（1）开车

1）开车前必须对浸出器及其附属设备进行严格的检查，例如：有无遗留工具、杂物；设备和管道是否密闭，各管道是否畅通，阀门是否正确开闭；法兰间放置的盲板是否取出；设备及泵的压力表、温度表等是否完好灵敏；溶剂循环库里的积水是否泵入分水器分离干净；转动部分是否灵活；等等。当检查完毕，一切正常后方可开车。

2）平转浸出器开车前，应将所有冷凝器进水阀门调节适当，并将浸出器和蒸烘机的料封绞笼填满料胚，以免溶剂窜入预处理车间和蒸烘机。

3）开车时，首先从室外大溶剂库将溶剂用泵打入室内循环溶剂库，并对溶剂进行检查，如发现溶剂中有油脂或水分，须处理后才能作为新鲜溶剂使用。

4）将新鲜溶剂泵入浸出器，经新鲜溶剂喷淋管进入最后一格混合油收集格，由于溶剂不断泵入，此收集格充满后再从溢流口进入前一收集格，依次类推，最后使所有的混合油收集格内都充满溶剂。

5）开动1号泵将溶剂抽出泵入进料口，同时开动进料部分，使料胚（或预榨饼）进入料封绞笼，向浸出器进料。同时，开动转动体，浸出格开始慢慢运转，当装满料的浸出格运转到第2个喷淋位置时，开始出现混合油，此时将所有的循环泵打开，并调节各喷淋管的喷淋量。

（2）正常操作

1）开始进料时，应按物料流向逆程序开启运转设备，先开浸出器，然后依次开料封绞笼、刮板输送机、料封绞笼喷头以及各循环溶剂泵。

2）当物料进入浸出器时，即开溶剂喷头使溶剂与料胚或预榨饼一起落到浸出格中去。

3）当第一个装满料胚的浸出格转到某一喷淋管下面时就立即打开这个喷淋管道上阀门，开动循环油泵，将混合油喷淋在料层上面，直到溶剂泵开齐为止。

4）循环混合油的喷淋量可以根据料胚的渗透性尽可能增大，直至料层上面有10～20mm的浮油为止；喷淋量大小的调节由喷淋管管道上的阀门控制。

5）存料箱内应保存一定数量的入浸物料，以保证浸出生产能在流量均匀的情况下连续进行，存料量不小于一个浸出格存料量的1.5倍，存料高度不小于1.4m。

6）在操作过程中，操作人员必须经常注意溶剂和混合油的流量，观察进料、出粕是否正常，检查各设备管道有无渗漏。

7）溶剂比视油料品种而定，如大豆、米糠一次性浸出为1∶1～1∶1.2；菜籽饼一般为1∶0.8。

8）进入平转浸出器内的新鲜溶剂流量除应按溶剂比控制外，还须视混合油浓度和粕中残油率适当调整。总的来说，混合油浓度力求提高，粕中残油率力求降低，在保证粕中残油率达到规定的前提下，尽可能减少浸出器内新鲜溶剂流量，从而可进一步降低溶剂和燃料的损耗。

9）浸出器的运转周期一般每转一圈为90～120min。

（3）停车

1）通知预处理工段停止进料，依次停止各输送设备。

2）关闭料封绞笼喷头，然后停止封闭绞笼运转。

3）浸出器每走空一格，停一只混合油喷头，开一只混合油格底部旁路阀门，把剩余混合油全部放入混合油罐。其余依次类推，当溶剂泵的阀门全部关闭后，停止该泵运转。

4）当浸出器内只剩下两格存料时，停止进入新鲜溶剂、关闭新鲜溶剂泵，料走空后关停浸出器。

5）待浸出器和刮板输送机内料全部走空后停止刮板输送机。

6）如系短期停车，应注意以下几点：

①将浸出器集油格中的混合油放入安全暂存罐。并且存料箱中仍应保留1.4m高度的料封。

②停止进新鲜溶剂，并打开混合油罐阀门，以免浸出器中混合油溢入刮板输送机，造成事故。

③依次停止进料输送机、浸出器、刮板输送机等。

2. 环形浸出器

（1）开车前必须对浸出器及其附属设备进行严格检查，检查设备及管道是否密闭，各管路是否畅通，转动部分是否灵活等，当一切就绪后方可开车。

（2）开车时先用泵打来新鲜溶剂，进新鲜溶剂喷淋槽。待上下两个喷淋段的收集斗内溶剂可供循环用量后，开动各循环泵，调节好各喷管流量，开始进料，并启动浸出器运转。同时开动混合油泵。

（3）待料拖到水平段一半时，开旋液分离器排出阀门，调节好回流比，以稳定混合油液位。待出料时，开动出粕绞笼。

（4）浸出器运转时应注意观察进料情况、物料流量、渗透情况等，如出现异常须及时查明原因并处理。

（5）停车时，先要将料粕拖完，再停浸出器和溶剂泵，将混合油收集格中残留的混合油逐个抽至旋液分离器送出，停止循环泵和混合油泵。

（6）如短期停车，最后应开动进料绞笼片刻，使进料斗内装满料以保持料封。

(三) 维护保养要点

1. 浸出器应有专职人员进行操作，做到设备运转后随时有人员对其管理。

2. 浸出器传动部分的摆线针轮减速器轴封需定期更换润滑油，其中双线减速器应 3 个月更换一次，单线减速器可 6 个月更换一次。

3. 每年应对平转浸出器作一次大修，更换假底、滚轮、转动体四周所黏结的海绵及视镜等密封部分。橡皮垫片及海绵的黏结剂一般用 401、402 黏结剂，或用 T17 树脂胶水。

4. 平转浸出器主轴轴承的润滑脂一般每 3 个月检查一次，6 个月更换一次。

5. 平转浸出器消溶后其传动链条应及时卸下，放入机油中以防止生锈，一般两年更换一条。

6. 停车时间 1 个月以上，浸出车间全部设备、管道内的存料、存油、存水必须放空出清，浸出器用水蒸气熏蒸 48 小时，清除死角，做到残存溶剂必须蒸净，然后打开手孔等开口自然晾 24 小时。

(四) 常见故障及处理方法

1. 平转浸出器见表 7—9

表 7—9　平转浸出器的常见故障及处理方法

故障现象	故障原因	处理方法
浸出格物料“搭桥”	1. 浸出格上下差不多，特别现在有的厂家生产的隔板是单层 2. 浸出格隔板有扭曲和卡腰现象 3. 料门开、关不灵活，造成不下料	1. 一般在制造中保证上下差在 80～120m 2. 消溶后对转格进行整修 3. 检查假底料门轴
发生“倒气”现象	由于冷凝器效果差，使浸出器处于正压生产	检查冷凝器工作情况，并适当增大平转冷凝器
混合油喷淋管堵塞或循环泵打不进	1. 两个轨道不平，料门关不严，使料漏入集油格 2. 转格四周海绵脱落，料从缝隙处漏入集油格 3. 假底严重磨损 4. 筛网选择不当或筛网破损	1. 整修轨道 2. 修补或更换海绵 3. 更换假底 4. 一般选用 40 目不锈钢网，对破损筛网主动更换
转动体不运转	1. 链条断开或连接锁片脱落 2. 由于链条运转时间较长，链条伸长后脱齿 3. 传动电机或减速器故障	1. 更换并新装链条，或将锁片锁好 2. 用压紧装置将传动链张紧，一般新链开车 24 小时后即将链条压紧 3. 检修电机或减速器

续表

故障现象	故障原因	处理方法
封闭绞笼电流偏高， 电机响声异常， 出料不畅或卡死	1. 压力门装置故障 2. 绞笼反向运转 3. 封闭段过长 4. 瞬间输送量大于设计要求，形成过载	1. 检修压力门装置 2. 电机接线换相 3. 适当增长叶片 4. 调整输送量，保持流量均匀

2. **环形浸出器见表 7—10**

表 7—10　环形浸出器的常见故障及处理方法

故障现象	故障原因	处理方法
拖链在下水平段拱起，刮板固定销断裂；刮板向后倾斜引起落料不畅，“搭桥”严重拖链整体运行中出现间隙停滞并伴有“呼呼”声响	拖链过松	适当张紧拖链
拖链行至弯曲段时有明显的摩擦声，主动链轮轮齿损坏，电流偏高	拖链过紧	适当放松拖链
拖链摩擦浸出器壳壁	拖链张紧不平衡	调节张紧机构，使拖链受力平衡
电流偏高，传动保险销断裂	有异物卡住拖链或是物料过载	清理异物，减少物料输入量

【课后习题】

1. 画出平转式浸出器结构简图。简述它的工作过程。
2. 平转式浸出器在浸出过程中浓混合油从哪个混合油格内抽出？说明其理由。
3. 说明平转式浸出器在工作过程中各个混合油格与转格之间的对应关系。
4. 平转式浸出器的生产能力与哪些因素有关？如何根据粕残油的要求来调节生产能力？
5. 简述环形浸出器的结构、工作过程及使用特点。
6. 简述履带式浸出器的结构及其工作过程。

项目八　湿粕脱溶

【项目概述】

湿粕的脱溶是浸出法制油的非常重要一道工序，其操作效果的好坏直接影响到粕的质量、溶剂的损耗及能量的消耗。在项目中主要介绍脱溶的基本原理及低温脱溶的方法，油厂中常用的脱溶工艺及设备。掌握脱溶的操作要求和脱溶设备的结构及工作原理，能够分析脱溶效果，并能对其进行改善。

【项目目标】

1. 掌握湿粕脱溶工艺及要求。
2. 掌握湿粕脱溶设备结构及操作过程。
3. 能分析影响湿粕脱溶工序效果的因素。
4. 能分析和解决脱溶设备的常见问题。

任务1　脱溶基本理论

【课前引导】

根据粕用途的不同，采用不同脱溶工艺，这些工艺有何特点，有何要求，湿粕性质对脱溶效果的影响如何，在脱溶操作过程中操作参数如何控制？这些问题是我们这一节任务需要解决的。

【任务描述】

通过本任务的学习，熟悉湿粕脱溶工艺及工艺要求，掌握湿粕脱溶对湿粕性质的要求，在脱溶操作过程中操作参数要求。

【任务目标】

1. 了解湿粕脱溶工艺。
2. 掌握湿粕脱溶工艺要求。
3. 湿粕脱溶对湿粕性质的要求及操作参数要求。

从浸出器出来的经自然沥干的粕，一般都含有25%～35%的溶剂和一定量的水分。粕中溶剂的含量，称为“粕中含溶”，而含有溶剂和水分的粕统称为“湿粕”。

将溶剂从湿粕中去除的过程，在油脂工业上称为“湿粕脱溶”。用于湿粕脱溶的设备，由于其兼有溶剂蒸脱和水分烘干的双重作用，故一般称为“蒸烘机”。而脱去溶剂并使其中的含水量降低到安全水分的粕，则称为“干粕”。

湿粕脱溶工艺，根据干粕用途的不同而异。通常供作饲料用的粕，为破坏其中的动物抗营养素，往往采用在湿热条件下的脱溶工艺，即常规脱溶工艺；而作为提取蛋白制品原料的粕，为防止其中蛋白质的变性，则可采用较低温度下的脱溶工艺，即低温脱溶工艺。

8.1.1 脱溶原理

湿粕脱溶的目的就在于，根据对粕的使用要求，尽可能完全彻底地脱除湿粕中残留溶剂，并对粕的水分进行相应的调节，以使粕的质量达到规定的指标。而脱除湿粕中残留溶剂的难易程度与溶剂在粕中的存在状态有关。

（一）溶剂在粕中的存在状态

湿粕滴干后，残留溶剂在粕中的存在状态，类似于水分在多孔毛细管胶体中的存在形式。通常认为有以下两种状态。

一是结合状态，此类溶剂包括湿粕细胞内部的溶剂和湿粕毛细管中的溶剂等。由于此类溶剂与湿粕的结合力强，因此，从湿粕中除去此类溶剂较为困难。

二是非结合状态，此类溶剂包括存在于湿粕表面的吸附溶剂及孔隙中的溶剂，它主要是以机械方式与湿粕混合在一起，与湿粕的结合力较弱，因而从湿粕中除去此类溶剂较为容易。

（二）脱溶原理

脱除湿粕中溶剂常用的方法是借助于加热，使湿粕中的溶剂获得热能而汽化，从而与粕分离。这种借热能从固体物料中除去湿分（溶剂或水分）的操作在化工中称为“固体的干燥”，而在植物油厂中则称为“湿粕的蒸脱”。在湿粕蒸脱操作中，溶剂是从湿粕内部扩散到表面，然后再汽化而转移到气相中。所以湿粕蒸脱的过程实质上是一个溶剂从固相转移到气相的传质过程。

在脱溶开始时，溶剂从粕粒表面进行蒸发，在此阶段中，主要去除与粕呈非结合状态的溶剂，因而分离比较容易，这个阶段是脱溶的第一阶段——恒速阶段；而当蒸发面深入粒子内部后，主要是粒子内部与粕呈结合状态的溶剂的分离，故这个阶段的进行是比较困难的，此即为脱溶的第二阶段——降速阶段。

为了强化脱溶效果，在湿粕脱溶过程中应使粕粒处于不停的翻动状态，并尽可能提高传热速率。如再适当降低溶剂蒸汽在物料表面的分压，则更有利于粕中溶剂的去除。因此目前的湿粕脱溶工艺，普遍采用搅拌及直接蒸汽和间接蒸汽并用，甚至以真空等手段来达到较理想的脱溶效果。

8.1.2 脱溶工艺

(一) 常规脱溶工艺

1. 工艺流程

湿粕常规脱溶工艺流程如下：

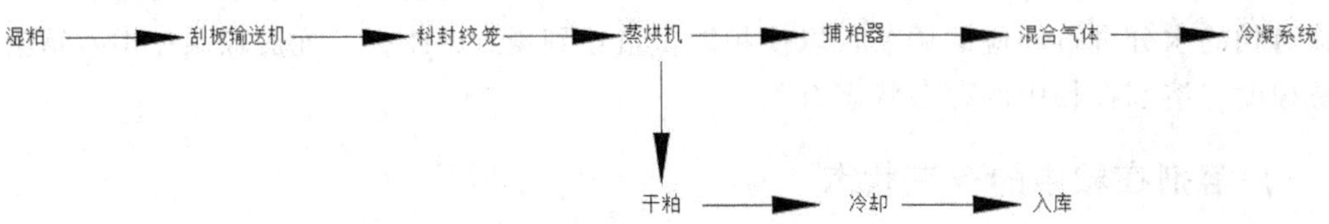

2. 工艺条件

湿粕常规脱溶工艺条件见表 8—1。

表 8—1　湿粕常规脱溶工艺条件

项目	蒸烘机出粕温度（℃）	气相温度（℃）	蒸烘时间（min）	粕入库温度（℃）	粕含水分（%）	粕残溶（ppm）	引爆试验
指标	105～110	70～80	40～45	<40	<12	<700	合格

3. 工艺要求

(1) 湿粕的粒度大小要适宜。湿粕的粒度若过小则粉末度大，若过大又不易蒸透。生产中一般其粒度都很小。

(2) 湿粕的含溶量要低。湿粕的含溶量越低越好，这样可减少蒸烘机的工作负荷。同时也可相应减少冷凝器的冷凝面积，从而降低能耗。一般静态浸出时，湿粕含溶量为 30%。环形浸出器的湿粕因在拖压中滴干，其残溶量一般不超过 25%。

(3) 装料量要适当。蒸烘机料层高度低一些易于蒸烘，但相应会影响产量。DT 型蒸烘机料层较薄，其装料量为容积的 40%～50%；高料层蒸烘机料层较高，其装料量为 50%～70%，料层高度可达 1.0～1.2m。

(4) 控制好蒸烘温度。进入蒸烘机的湿粕温度高一些，可缩短蒸烘时间，节约能源。在蒸烘过程中，固相温度不能太高，以能破坏粕中的有毒酶素，而又不致蛋白质大量变性及糖类脱水焦化为限，一般控制在 105℃～110℃。气相温度也要控制好，一般为 70℃～80℃。若过高会浪费水蒸气，增加冷凝系统的负担；若过低则脱溶效果不好，且会使粕中含水量偏高。

(5) 保证蒸汽质量。一般要求间接蒸汽压不低于 0.4MPa，直接蒸汽压力不宜太高，一般控制在 0.05MPa。若汽压高会使温度相应提高，这样既影响粕的质量，又会将过多粕末吹入气相，导致二次蒸汽中粕末夹带过多，给后续工序带来麻烦。

(6) 粕粒翻动要好。粕粒在蒸烘过程中要有良好的翻动，才有利于直接蒸汽与粕粒充分接触，缩短蒸烘时间。

(7) 保证足够的蒸烘时间。将湿粕中的溶剂基本蒸脱除净的热烘过程，经历时间不应少于 40 分钟。

(二) 低温脱溶工艺

1. 低温脱溶原理

低温脱溶的原理，类似于化工中的气流干燥原理，即利用过热的溶剂蒸汽作为湿粕脱溶的加热介质，在风机风力的推动下，使湿粕悬浮在加热介质中而脱除其中的溶剂。

由于该过程进行得极快，加热介质与粕粒接触的时间很短，仅有几秒钟，粕本身升温的幅度较小，一般不超过 85℃，这样，蛋白质的变性程度则大为减少，因而可得到可溶性蛋白质含量较高的粕。不过这种方法不能保证将溶剂从粕中彻底脱除（残留溶剂量为粕量的 0.20%～0.75%），因而在最后阶段还需用过热水蒸气或在真空条件下进一步脱除溶剂。

2. 低温脱溶装置

低温脱溶装置由闪蒸式蒸发器和罐式蒸脱器两部分组成（见图 8－1）。

图 8－1 中左部为闪蒸式蒸发器。它由以下几部分组成：蒸发管（2）、带封闭阀（7）的分离器（6）、湿粕进入的封闭阀喂料器（1）、喂料器入口管处为用过热溶剂蒸汽喷射粕的文丘里喷嘴、风机（5）、自动调节阀（4）和过热蒸汽加热器（3）等。

图 8－1 中右部为罐式蒸脱器部分。它主要由以下设备组成：蒸脱器（16）、冷凝器（8）（9）、旋风分离器（14）（15）和成品粕螺旋输送机等。

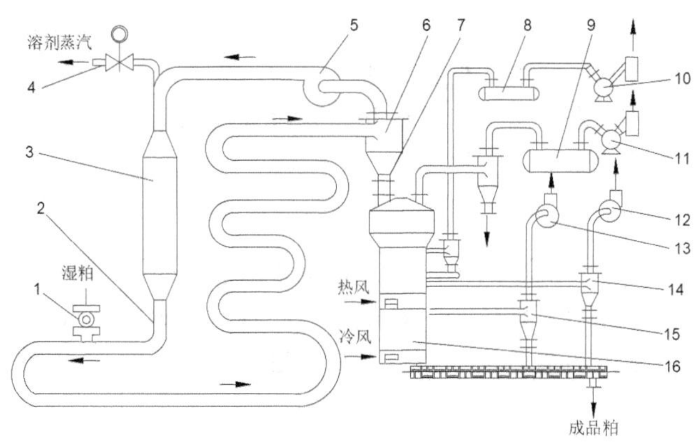

图 8－1　低温脱溶装置

1－封闭阀喂料器　2－蒸发管　3－过热蒸汽加热器　4－自动调节阀　5、12、13－风机　6、14、15－旋风分离器　7－封闭阀　8、9－冷凝器　10、11－真空泵　16－蒸脱器

低温脱溶装置工作过程如下：

从浸出器卸出的湿粕通过封闭阀喂料器进入闪蒸式蒸发器的气流管道中，在此湿粕被风机送来的温度为 140℃～160℃的溶剂过热蒸汽通过文丘里喷嘴喷射，使其高度分散在气流

中，溶剂蒸汽与粕一起以极快的速度沿蒸发管运动。由于高度分散在气流中的湿粕具有极大的蒸发表面积，使湿粕与热载体产生强烈的热交换和物质传递，从而使溶剂从高度分散的湿粕迅速脱除。

当粕与溶剂蒸汽进入分离器时，由于空间增大，流体的速度急剧下降，于是粕下落至分离器的锥体中，然后通过封闭阀进入罐式蒸脱器。从分离器分离出来的溶剂蒸汽按一定比例被风机分别送往蒸汽过热器和冷凝器，其中大部分溶剂蒸汽被导出冷凝，小部分溶剂蒸汽经加热后作为热载体循环使用，两者的比例由自动调节阀控制。

进入罐式蒸脱器的粕，在抽真空的条件下，利用直接蒸汽和间接蒸汽进一步脱除其残留溶剂。真空装置为安装于冷凝器后面的真空泵。从蒸脱器中排出的溶剂和水的混合蒸汽经冷凝器冷凝。从蒸脱器中部排出的热的和冷的气流（空气和水蒸气）经旋风分离器分离出粕屑后放空。从蒸脱器底部卸出的成品粕以及由旋风分离器分离出来的粕经螺旋输送机汇集送走。

8.1.3 影响脱溶效果的因素

在湿粕脱济工序中，影响脱溶效果的因素很多，归纳起来，有如下几个方面。

（一）湿粕的性质

1. 溶剂在湿粕中的存在状态

如前所述，溶剂在湿粕中的存在状态有两种，即结合态和非结合态。一般来说非结合状态的溶剂容易除去，而结合态的溶剂难以除去。

2. 料粉大小

湿粕料粒适当小一些有利于脱溶。但若太细小会增大粉末度，蒸烘过程中易造成粕末飞扬，汇入蒸汽后会给后续工序带来麻烦。若湿粕料粒过大则不易蒸透，增大溶耗，增加粕中的溶剂残留量，会影响到粕的质量和安全生产。

3. 湿粕水分

入浸料胚水分含量过高时，既影响浸出效果，也会给脱溶带来麻烦。水分含量高的湿粕易结团，流动性差，蒸烘过程中易搭桥，下料困难。同时，给烘粕环节带来不利影响，结果会使干粕水分偏高。鉴于此，一般要求湿粕的水分含量控制在 4%～8%的范围内。

（二）湿粕温度

目前我国油脂浸出生产中大都使用 6 号溶剂油进行浸出，浸出过程的温度控制在 50℃～55℃。这样，进入蒸烘机的温度也大体接近该温度。若湿粕的温度高一些，蒸烘过程可节省水蒸气耗用量，缩短蒸供时间，提高设备利用率。

（三）湿粕含溶量

从蒸烘工序的角度看，进入蒸烘机的湿粕的含溶量低些为好，这样可减轻其工作负荷，节约能源消耗。一般经平转式浸出器浸出后的湿粕其含溶量为 30%左右。环形浸出器浸后的湿粕因在拖压过程中滴干，其含溶量一般不超过25%。以上湿粕的含溶量都较高，在生产实践中可考虑湿粕在进入蒸烘机之前采用机械挤压或真空吸滤等方法来降低含溶量。

(四) 水蒸气状况

湿粕脱溶的加热介质一般采用饱和水蒸气。饱和水蒸气的压力越高，相应的温度越高，温度越高传热推动力越大，湿粕的升温速度也越快，这样有利于溶剂蒸脱。但水蒸气的温度也不宜太高，应以不降低粕的质量、提高蒸烘速度为好。一般要求用于湿粕蒸烘的间接蒸汽压力不低于0.4MPa，直接蒸汽压力控制在0.05MPa左右。

水蒸气在蒸烘设备内的流动情况也会影响蒸烘效果。水蒸气在设备内的流速加快会强化蒸烘作用。但若过快，又会大大增加蒸气耗用量。对于直接蒸汽而言，过快的流速还会夹带大量的粕末。所以蒸汽的流速应根据实际情况进行必要的调节。

(五) 脱溶设备结构

脱溶设备结构主要是指设备层高、搅拌叶类型及搅拌速度、直接蒸汽喷孔孔径和混合气体出气口口径等。

1. 设备层高

蒸烘设备层高随设备类型不同而异。层高低，装料少，料层薄，这样有利于湿粕蒸烘。但料层太薄时，又会影响蒸烘设备的生产能力；若层高，装料多，料层厚，相应处理量大。但对于非预榨饼浸出后的湿粕，则不易蒸透。实际生产中的蒸烘料层高度，应根据不同类型的生产设备及料层的透气性来具体确定。

2. 搅拌叶形式及搅拌速度

高料层蒸烘机和DT型蒸烘机的搅拌叶均用厚钢板制成，根据需要有单片的也有双片的。这些搅拌叶要求装置成一定倾角，以使其在运转中能很好地对物料进行搅动和抛撒，使其受热均匀。

搅拌叶的搅拌速度要适中，一般控制在15r/min。若搅速太快，消耗动力大，会使粕末扬起；若太慢，又起不到搅拌翻料作用。

3. 直接蒸汽喷孔孔径

蒸烘机内直接蒸汽从蒸脱层底板上若干喷汽孔喷出，要求喷汽孔孔径大小要适宜，通常以直径2.0～2.5mm为好。若孔径太小，难以加工，且易堵塞；若太大又可能使粕末落入。

4. 混合气体出口口径

蒸烘机上部的混合气体排出口口径不宜太小，若该口径太小，会使出气阻力大，影响蒸烘效果；通常要求该口径与机体直径之比为1∶3.5～4.0。

(六) 蒸烘时间

湿粕在蒸烘机内脱除溶剂经历的时间依设备不同而有所差异。通常高料层蒸烘机的蒸烘时间为30～40min，DT型蒸烘机为40～50min。若蒸烘时间过短，则蒸烘不透，粕中残溶量大；若蒸烘时间过长，又会影响粕的质量，降低生产能力。

此外，混合气体的冷凝条件对蒸烘效果也有显著的影响。为了提高蒸烘效果，要求冷凝器应有足够的冷凝面积，并经常处于良好的工作状态。若能使蒸烘机保持微负压操作则蒸烘效果更好。

【课后习题】

1. 什么叫湿粕？其中一般含有多少溶剂？
2. 湿粕脱落工艺有哪些类型？分别适用于哪些场合？
3. 简述常规脱溶原理，列出其工艺条件。
4. 归纳影响脱溶效果的因素。

任务 2　脱溶设备

【课前引导】

脱溶设备种类较多，这些设备的结构，有什么优缺点，湿粕处理得到干粕质量有何要求？操作过程中应注意哪些问题？这些问题是我们这一节任务需要解决的。

【任务描述】

通过本任务的学习，熟悉脱溶设备的结构及工作原理，能根据工艺参数要求操作设备，并知道设备在脱溶过程出现常见故障如何处理。

【任务目标】

1. 了解脱溶设备的结构及工作原理。
2. 熟悉脱溶设备操作要点。
3. 掌握脱溶设备故障处理。

目前，国内采用的连续式脱溶设备主要有高料层蒸烘机和 DT 型蒸烘机。以下分别进行叙述。

8.2.1 高料层蒸烘机

（一）结构

高料层蒸烘机由机体、传动机构及搅拌装置、料位控制装置等部件组成，其结构如图 8－2 所示。

1. 机体

机体分上、下两层，用法兰连接。上层是溶剂蒸脱层，顶部封头上有湿粕进口接管、混合气体出口接管、U 形压力计和气相温度计。该层底板为直接蒸汽喷盘，喷盘两板面间焊接若干拉钉予以加固。喷盘上面钻有若干直径为 2.0mm 的直接蒸汽喷孔。在底板靠近边缘处还开有层间下料口。机体下层是烘粕层，底板为间接蒸汽加热夹套。底部出料口在底板边缘。在靠近蒸汽喷盘的侧壁上装有倾斜出气管。

此外，机体外壁加做有保温层。上、下层机体内装有温度计探头，以测定固相温度。在机体壁上的适当位置还装有蒸烘物料取样孔法兰，以检查对照湿粕的脱溶操作是否达到工艺要求。

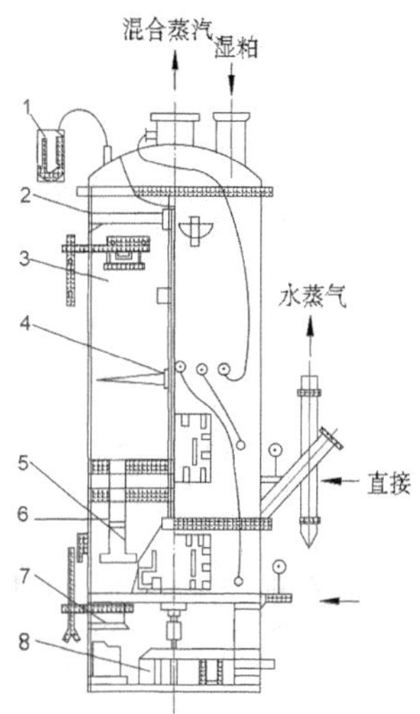

图 8—2 高料层蒸烘机

1—U形压力计 2—料位指示器 3—蒸粕段机体 4—搅拌器 5—自动料门 6—烘粕段机体 7—自动料门下料器 8—减速器

2. 搅拌装置及传动机构

搅拌轴在蒸烘机中心，轴上装有搅拌叶。在机体上层一般装有上、中、下三套，上、下搅拌叶装成一对，中间的为单片。上搅拌叶的作用是将刚进入蒸烘机的湿粕搅匀形成料面，并拱动料位指示器的拖板，让指示器显示机内料位高度。同时它还能拱动连接下层出料门的连杆的转轴上的拖板，起自动下料的作用。中搅拌叶起搅松物料利于直接蒸汽蒸脱的作用。下搅拌叶与底板靠近，它搅松、搅匀物料，使直接蒸汽与物料充分接触，利于脱溶，同时使下料均匀。在机体下层装有一对搅拌叶，与底板靠近，使烘粕、出料均匀。

搅拌叶装置倾角 20°～25°。搅拌轴从底部伸出，通过联轴器与减速器的输出轴连接，减速器通过与其直联的电动机带动，搅拌轴转速 15r/min 左右。

3. 料位控制装置

在机体上层上搅拌叶之上的筒体壁上装有可摆动的拖板，它转动的芯轴伸出机体外，通过连杆与下层出粕口活门的芯轴连接，连杆的长度可由调节螺母进行调节。当机体上层的料位高度超过上搅拌叶旋转面时，面层物料就会周期性地拱动，引起拖板摆动，使连杆周期性地上下提动，带动下层出粕门也周期性地开启或关闭，由此达到由上层料位高度来控制下层出粕的目的（见图 8—3）。而高料层蒸烘机的层间料门则是由下层料位高度来控制料门开关的自动料门，其结构与层式蒸炒锅自动料门相似。此外，蒸烘机的层间下料门还有喇叭口（见图 8—4）和锥形阀等。

从以上叙述可知，高料层蒸烘机料层较高，蒸烘作用好，耗用蒸汽少，结构简单，操作方便，易于维修。

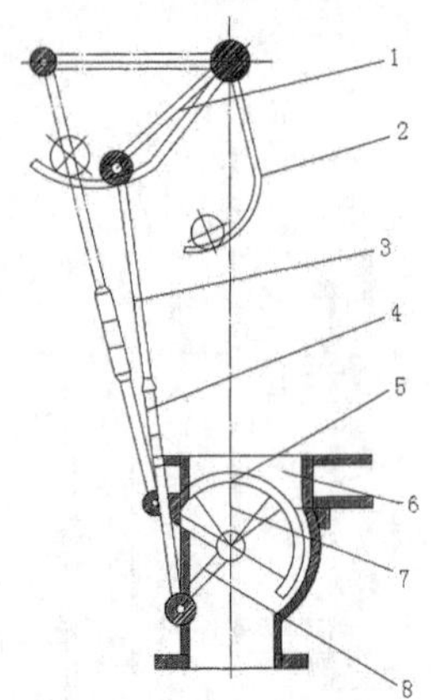

图 8－3　由上层料位高度来控制底层出料的自动料门

1－上摇杆　2－拖板　3－连杆　4－调节螺母　5－弧形料门　6－下料口　7－支撑板　8－下摇杆

(二) 产品系列及技术参数

高料层蒸烘机的部分产品系列及技术参数见表 8－2。

表 8－2　高料层蒸烘机的部分产品系列及技术参数

规格型号 / 项目	ZHL・100	ZHL・130	ZHL・150
处理量（t 湿粕/d）	15～25	35～45	50～70
机体直径（mm）	1000	1300	1500
蒸粕层高度（mm）	2000	2000	2000
蒸粕层料层高度（m）	1.0～1.2	1.0～1.2	1.0～1.2
蒸粕时间（min）	30	30	30
直接蒸汽压力（kPa）	29～98	29～98	29～98
底板开孔数（孔径 Φ 2mm）	110	165	350
烘粕层高度（mm）	700	700	700
烘粕层料层高度（m）	0.4	0.4	0.4
烘粕时间（mm）	8	8	8

8.2.2　DT 型蒸烘机

DT 型蒸烘机是国内大中型油厂采用的一种湿粕蒸烘设备。DT 为脱溶烘干机英文（De-Solventizer-Toaster）的缩写。

(一) 结构

DT 型蒸烘机为层式结构，由进料机构、机体、搅拌装置和出粕机构等部分组成。根据处理量大小，一般有 7～10 层。以下介绍一种 8 层的，其结构如图 8—4 所示。

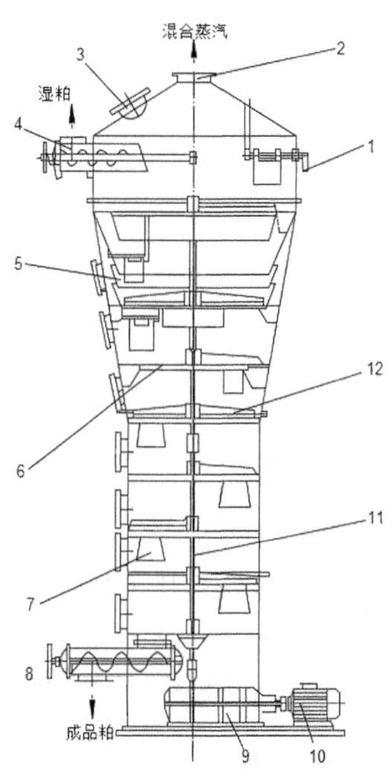

图 8—4　DT 型蒸烘机

1—料位指示器　2—混合气体出口　3—入孔　4—封闭绞笼　5—百叶窗　6—直接蒸汽底板　7—喇叭口　8—出粕螺旋输送机　9—减速机　10—电动机　11—搅拌轴　12—搅拌器

1. 进料机构

进料机构为出料端装置有重力门的封闭绞笼，它穿入蒸烘机扩散头侧壁将湿粕送入机内，并具有料封作用，防止溶剂蒸汽逸出。

2. 机体

根据 DT 型蒸烘机的蒸粕和烘粕功能，可将其机体分为上下两段。上段第 1～3 层为蒸粕段，第 1 层处于扩散头膨大位置，第 2、3 层处于扩散头的收缩过渡位置，其外围呈截圆锥形。下段第 4～8 层为烘粕段，各层高度及直径均相同。除第 3、8 层外，其余各层均有底夹层，用以通入间接蒸汽。

各层结构是这样的，第 1 层加热底板支撑于体壁，与体壁距有一定间隙。体壁上装有料位指示器，以观察掌握进料情况。第 2 层加热底板上部空间装有用不锈钢板制成的百叶窗，其斜度为 75°，底板中部装有喇叭口。第 3 层为直接蒸汽喷出层；喷汽盘上钻有若干直径为 2.5mm 的喷汽孔。盘边装有孔径为 8mm 的环形筛板，盘面上还开有两个下料孔，开孔处装有操作时控制物料流量的插板。该层盘面结构见图 8—5。第 4 层加热底板上装有两个下料喇叭口和两个透汽板。第 5～7 层各有一个下料喇叭口和 3 个透汽板。透汽板上开有直径为 6mm 的若干个透汽孔，详见图 8—6。第 8 层底板边缘处开有出粕口。第 1～8 层体壁上都装有检修孔。

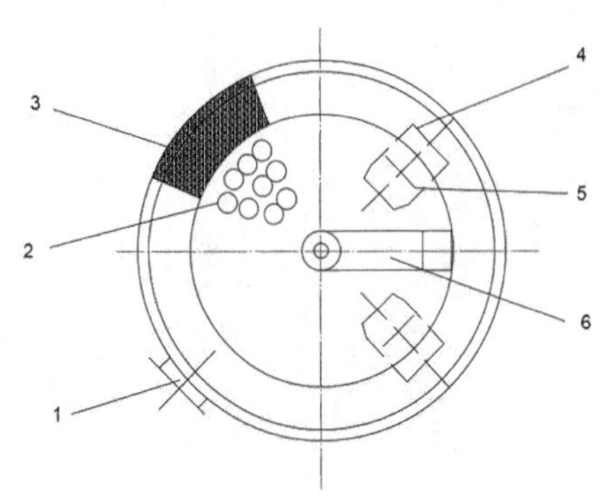

图 8—5 第 3 层盘面

1—检修孔 2—直接蒸汽喷孔 3—环形筛板 4—插板 5—下料喇叭口 6—搅拌叶

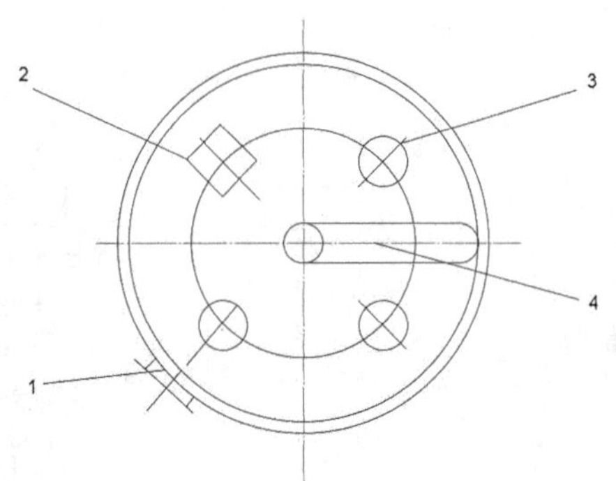

图 8—6 第 5～7 层底板

1—检修孔 2—下料喇叭口 3—透汽板（孔） 4—搅拌叶

第 1～8 层的层间下料装置，除第 1 层外，其他各层均采用喇叭口。其工作原理是物料在层间流动过程中，喇叭口始终与同层料位保持平齐，使料层高度保持恒定。喇叭口的特点是结构简单，没有活动零部件，不易损坏。缺点是生产中料位高度不能调节，当物料水分含量较高时，易黏结搭桥以致堵塞。

3. 搅拌装置

搅拌装置包括搅拌轴、搅拌叶和传动机构等几部分。搅拌轴由于较长，分两段加工好后，在机内用联轴器连接。搅拌叶每层都有，只有第 4 层做成对称双片，其余各层均为单片。传动机构包括减速器和电动机，搅拌轴的转速为 20r/min 左右。

4. 出粕机构

机体底层底板边缘所开的出粕口处，装有出粕管，内装出粕门，可调节出粕量大小。出粕管下口衔接有出粕绞笼，输出干粕。

综上所述，DT 型蒸烘机具有以下优点：处理量大，蒸脱作用较好，既有利于脱溶，又有利于粕中毒素（如大豆粕中的尿素酶等）的破坏，可提高粕的使用价值。其缺点是设备结构较复杂，制作要求高，动力消耗大，蒸汽耗用多。此外，机体下层汽路不畅，使出粕水分含量偏高，以至于需配套干燥设备作进一步处理，才能达到质量指标。

（二）部分产品技术参数

DT 型蒸烘机部分产品技术参数见表 8—3。

表 8—3　DT 型蒸烘机部分产品技术参数

项目＼型号	DT·180×7	DT·220×8	项目＼型号	DT·180×7	DT·220×8
头部直径（mm）	Φ 2500	Φ 3400	处理量（t/d）	85	300～400
下部直径（mm）	Φ 1800	Φ 2200	上轴转速（r/min）	16	25
总高（mm）	7500	11750	电机功率（kW）	20	55～77

8.2.3 脱溶设备的操作

目前，国内采用的连续式脱溶设备主要有高料层蒸烘机和 DT 型蒸烘机两种类型，近几年有些地区或企业设计了一些介于高料层和 DT 型之间的立式蒸烘机，同样也取得较好的效果。

（一）操作规程

1. 高料层蒸烘机

（1）在浸出工序通知开车时，开启蒸烘机间接蒸汽前，先放空夹套内所存的冷凝水，并把废水蒸煮罐内的水加至规定高度，加热至 92℃～98℃。

（2）在湿粕进入高料层蒸烘机前 10min，就要开动搅拌器，并使湿式捕粕器和蒸烘机冷凝器开始进水。然后对蒸烘机机体进行预热，先开启下层烘缸的间接蒸汽，然后开启上层蒸脱缸的直接蒸汽，用直接蒸汽预热缸体约 6min，将直接蒸汽压力控制在 0.02～0.05MPa，即可进料。

（3）上层料胚一般控制在 1.2～1.5m，料位指示器指针开始摆动后，此时应观察溶剂蒸汽的温度，达到 70℃～80℃时，即可开动封闭阀下料，否则适当开大直接蒸汽量，然后再下料至烘干层。

（4）烘干层料层一般控制在 0.4m，出粕温度为 105℃～110℃，出粕水分控制在 10%～12%以下，每班应对粕作引爆试验，打包时粕温应控制在 40℃以下。

（5）停车操作是蒸烘机走空一层，关一层间接蒸汽和直接蒸汽，直到料全部走空后，还要空运转 10min，然后依次关停蒸烘机、湿式捕粕器进水泵（阀）、粕输送设备，最后关冷凝器。

高料层蒸烘机的整个操作要严格控制气相温度和高料层料位高度，控制流量，才能确保生产达到工艺要求。

2. DT 蒸烘机

（1）进湿粕前 20min 开间接蒸汽阀门，排去蒸烘机各夹层中的冷凝水，蒸汽压力控制在 0.2～0.3MPa。

（2）浸出器出粕前 5min，按粕的流向逆向开启蒸烘机、料封绞笼、刮板输送机，同时开启直接蒸汽阀门，有湿式捕粕器的开启喷水阀门。

（3）当湿粕进入蒸烘机后，要按工艺要求，控制好汽相温度，一般为 80℃～85℃，直接蒸汽压力保持在 0.05MPa。

(4) 保证成品粕的质量，每次必须作引爆试验，温度发现不合格，要及时查找原因。成品粕控制在60℃以下。

(5) 停车时必须使料走完一层关一层的蒸汽阀门，待料全部走完后，再空转15min然后停蒸烘机，再关捕粕器的喷水及粕输送设备。

(二) 维护保养要点

1. 高料层蒸烘机和DT型蒸烘机须专人操作，做到设备运转后有专门人员对其管理，前后工序密切配合。

2. 严禁在未开直接蒸汽的情况下开车，以免机器超负荷。

3. 开车前应该清除蒸烘机内的一切杂物，特别是铁器杂物；检查各个部位的固定是否有松动，轴承部位运转是否自如，有无脱出，并倾听各运转部位有无异常声音。

4. 经常检查各个传动设备的润滑情况，定期加注润滑油，始终保持良好的润滑状态。

5. 经常检查流量情况，保持蒸烘机在流量均匀的情况下工作。

6. 在蒸烘机正常操作时应经常检查混合蒸汽排出管道、捕粕器、蒸烘机冷凝器等，如发现堵塞或排汽不畅，应及时清理疏通。

(三) 常见故障及处理办法

高料层蒸烘机和DT型蒸烘机的常见故障及处理方法见表8—4。

表8—4　高料层蒸烘机和DT型蒸烘机的常见故障及处理方法

故障现象	故障原因	处理方法
进料不畅，下料口物料“搭桥”	1. 物料质量比较差，温度低、水分高、粉末度大 2. 埋刮板输送机的输送能力大于料封绞笼的输送能力	1. 控制原料质量，保证合适的水分、温度和粉末度 2. 尽量使两者输送能力接近
漏料现象，即物料沿主轴与填料间隙漏下来	主轴与填料之间存在一定的间隙	1. 定期更换填料保持密封 2. 在保留原填料密封结构的同时在底层锅体上部增加一套机械密封装置
搅拌器电流值偏高	1. 物料含水分高 2. 直接蒸汽压力不够或含水 3. 有坚硬异物进入蒸烘机内	1. 在预处理压榨及浸出过程加以及时调整并适当提高直接蒸汽的压力 2. 适当提高直接蒸汽压力或进行汽水分离 3. 及时停车检查并排除

续表

故障现象	故障原因	处理方法
封闭绞笼电流偏高，电机响声异常，出料不畅或卡死	1 压力门装置故障 2. 绞笼反向运转 3. 封闭段过长 4. 瞬间输送量大于设计要求，形成过载	1. 检修压力门装置 2. 电机接线换相 3. 适当增长叶片 4. 调整输送量，保持流量均匀
“回汽”，即混合蒸汽回流进浸出器	1. 进料装置封闭不严 2. 混合蒸汽排出通道堵塞	1. 改进进料装置，保持正常料封 2. 及时清理疏通排汽通道

【课后习题】

1. 简述高料层蒸烘机的结构、工作过程及使用特点。
2. 简述 DT 型蒸烘机的结构、工作过程及使用特点。

任务 3　二次蒸汽净化设备

【课前引导】

湿粕在蒸脱溶剂时，溶剂蒸汽会夹带一些粕粉，这些粕粉对后面工序有一定的影响，必须除去，处理的设备种类有多种，这些设备的结构，有什么优缺点？这些问题是我们这一节任务需要解决的。

【任务描述】

通过本任务的学习，了解二次蒸汽净化目的，熟悉二次蒸汽净化设备的结构，工作原理及特点。

【任务目标】

1. 了解二次蒸汽净化目的。
2. 熟悉二次蒸汽净化设备结构。
3. 掌握二次蒸汽净化设备优缺点。

8.3.1 二次蒸汽净化目的

二次蒸汽是指在工艺过程中，物料被水蒸气直接或间接加热后所产生的蒸汽。在湿粕蒸烘过程中所产生的二次蒸汽即为溶剂蒸汽、水蒸气和自由汽体的混合汽体。混合汽体从蒸烘机出来时通常都夹带一定数量的粕末，在这种二次蒸汽进入冷凝设备之前都必须先经过净化处理，以尽量除去其中的粕末。夹带粕末的二次蒸汽必须净化处理的理由有以下三点：一是若不净化处理，进入冷凝设备后粕末会黏附在传热壁上，影响传热，若黏附物不及时清除进而越黏越多，还会减小甚至堵塞气体通道，以致使冷凝设备无法工作；二是当带有粕末的冷凝液进入分水器时，粕末与溶剂和水易形成一种悬浮状的浮化物，既影响分水，增加溶耗，又给废水处理带来麻烦；三是黏附在传热壁上的粕末若其蛋白质产生分解，其分解产物还会严重地腐蚀设备，致使冷凝设备使用寿命缩短。

8.3.2 二次蒸汽净化设备

二次蒸汽的净化设备称为“粕末分离器”或“捕粕器”。油厂常用的捕粕器有湿式和干式两类。

（一）湿式捕粕器

湿式捕粕器常用的有逆流式和旋风式两种，这两种捕粕器虽然结构不同，但工作原理均相同，即利用喷入冷水或热水与二次蒸汽接触，洗去其中的粕末，使二次蒸汽得到净化。

1. 逆流式捕粕器

逆流式捕粕器通常安装于蒸烘机上部混合汽体出口管上，俗称帽子头，其结构如图 8—7 所示。

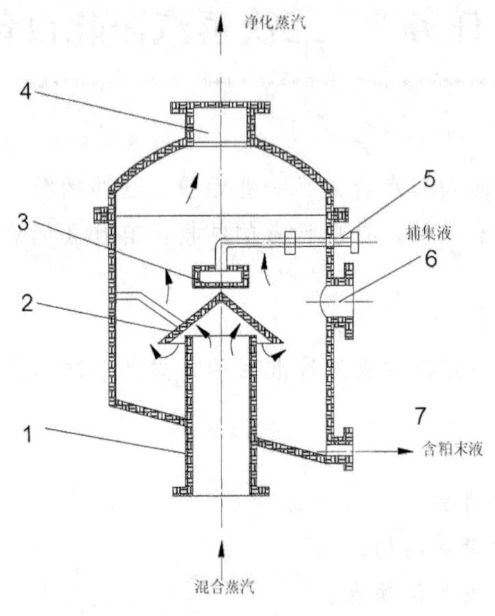

图 8—7　帽子头

1—混合蒸汽进口　2—分配盘　3—喷头　4—净化蒸汽出口　5—捕集液进口管　6—检修孔　7—含粕末液出口

帽子头工作时，从蒸烘机排出的混合汽体经接管进入上行，绕过圆锥形分配盘周边，与从喷头喷下经分配盘分布成的液末相遇，被捕去粕末，净化后的气流继续上升，从顶部排出去冷凝。而带有粕末的液体从斜锥底出口排出，流入蒸煮罐处理。蒸煮后的上层澄清热水泵入帽子头喷头进行捕粕，下层沉渣间歇放入液封池处理。

上述这种捕粕器的捕粕效果较好，使用较为普遍。

2. **旋风湿式捕粕器**

旋风湿式捕粕器兼有离心沉降和湿式捕集的作用，其结构如图 8—8 所示。

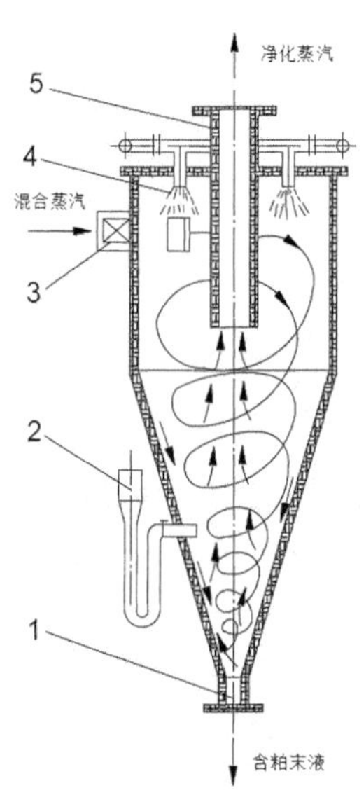

图 8—8 旋风湿式捕粕器

1—含粕末液出口 2—冲洗管 3—混合蒸汽进口 4—喷头 5—净化蒸汽出口

旋风湿式捕粕器工作时，混合汽体沿切线方向进入，借助离心力除去一部分粕末。混合汽体在绕行过程中又受到从捕粕器顶部喷下的水幕的洗涤，进一步捕集其中的粕末。净化后的气体经中部出气管，从顶部排出，去冷凝器冷凝。捕粕液则从下部锥底放出。若捕粕液在排放过程中发生堵塞时，可开启锥体处装置的冲洗管阀门，放水冲洗。

旋风湿式捕粕器与帽子头比较，气流阻力稍大，其捕粕效果也较好，油厂使用也较多。

（二）干式捕粕器

干式捕粕器主要有离心沉降和重力沉降两种形式。

1. **离心沉降式捕粕器**

离心沉降式捕粕器结构如图 8—9 所示。

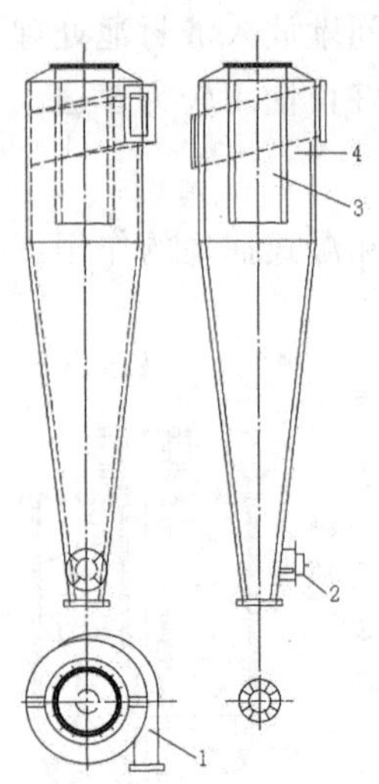

图 8—9　离心沉降式捕粕器

1—混合汽体进口管　2—检修孔　3—净化汽体出口管　4—筒体

这种干式捕粕器实际上就是普通的旋风分离器。其工作原理是利用离心沉降作用使混合汽体中的粕末得到分离。工作时，混合汽体经进口管沿切线方向进入，在离心力的作用下，粕末沿分离器壁沉降，并被冲移到锥底，通过闸阀，定时间歇排放。锥底部位装置的检修孔，既可用于排除粕末堵塞，还可用于粕末取样检验，检验其残溶是否超标。净化后的混合汽体经中部出汽管向上排出，去冷凝器冷凝。

离心沉降式捕粕器的结构简单，容易制作，密封性能好，操作、检修方便，也不需外加动力。但它捕粕效果欠佳，油厂采用较少。

2. 重力沉降式捕粕器

重力沉降式捕粕器，实际上是一个加大汽流通道截面积以降低其流速的沉降室。一般将混合汽体在沉降室中的流速控制在 0.2m/s 以下，即可利用重力沉降作用使其中的粕末得到分离。DT 型蒸烘机上部的扩散头就兼有混合气体降速利于粕末沉降的作用，但它不能完全代替捕粕器。

【课后习题】

1. 说明二次蒸汽冷凝前净化的理由。
2. 常用的捕粕器有哪些？说明其工作原理。

项目九　混合油处理

【项目概述】

从浸出器抽出的浓混合油须经过适当的处理使溶剂与油脂分离。此过程包括混合油预处理（净化）、混合油的蒸发及汽提三个阶段。混合油处理是浸出法制油的非常重要一道工序，其操作效果的好坏直接影响到油脂的质量、溶剂的损耗及能量的消耗。在项目中主要学习油厂中常用的混合油处理工艺及设备。要求了解混合油处理的基本原理及负压蒸发、汽提的方法。掌握蒸发、汽提的操作要求及其设备的结构及工作原理，能够分析蒸发、汽提效果，并能对其进行改善。

【项目目标】

1. 掌握蒸发、汽提基本原理。
2. 掌握混合油预处理的方法及工艺过程。
3. 熟悉常用蒸发、汽提设备的主要结构、工作原理及使用特点。
4. 能正确选用蒸发、汽提工艺及操作相应设备。
5. 能根据工艺要求正确调整蒸发、汽提设备工艺参数。

任务1　混合油预处理

【课前引导】

从油脂浸出工序中得到的混合油是由哪些物质组成的？其中杂质一般采用哪些方法去除？在生产实践中多采用哪些设备进行混合油预处理，在操作时应注意哪些问题？这些问题是我们这一节任务需要解决的。

【任务描述】

通过本任务的学习，熟悉混合油预处理的作用，了解常用方法及设备工作原理，并能根据工艺参数要求正常操作设备。

【任务目标】

了解混合油中杂质存在对工艺的影响及危害。

理解并掌握混合油预处理的工作原理及常用设备结构特点。

能正确操作混合油预处理设备达到工艺要求。

从油脂浸出工序中得到的混合油是由易挥发的溶剂、溶解在其内的油脂及油脂伴随物组成，此外还混杂有0.4%～1.0%的粕末等杂质。混合油处理的目的就是去除其中的固体粕末并分离出溶剂，从而得到比较纯净的浸出毛油。

混合油预处理的目的，主要是去除混合油中的固体粕末，以净化混合油。混合油中粕末的存在，易在蒸发过程中产生泡沫而引起液泛现象，使蒸发过程难以正常进行；粕末还易在蒸发器、汽提塔加热表面结垢、炭化，影响传热效果，加深毛油色泽，降低蒸发、汽提效果，增加蒸气及溶剂消耗，结垢严重的还会造成管路堵塞，使生产无法正常进行。因此，在蒸发、汽提之前须对混合油进行预处理，以尽可能将其中的固体粕末去除干净。一般要求预处理后混合油中固杂含量不超过0.02%。

混合油预处理的方法主要有过滤、沉降和离心分离三种。

9.1.1 过滤

使混合油通过过滤介质（如滤网），将混合油中的固体粕末截留，从而得到较为澄清的混合油，这种混合油预处理方法称为“过滤”。

过滤是去除混合油中粕末的主要方法之一。目前国内广泛使用的平转式、环形等喷淋浸出设备中，都是先让混合油通过浸出物料层进行自身过滤，以去除混合油中大部分粕末，然后再让混合油通过过滤设备进一步分离出其中的粕末。而过滤设备有间歇式过滤器和连续式过滤器。现就国内采用较多的帐篷式过滤器和连续式过滤器介绍如下：

（一）帐篷式过滤器

帐篷式过滤器是由两片用铰链连接的滤网组成，通常安装在平转浸出器转格下部的第Ⅱ混合油格上部，成“人”字形，顶角为120°，滤网常采用100目/英寸的铜丝网或不锈钢网。停车检修清理或更换滤网时，可将其折叠后从检修孔取出。

工作时，从浸出格内流下来的带有粕末混合油，落到帐篷过滤器的两片筛网上，混合油依靠下落的冲击力和自身的重力作用通过筛网流入第Ⅱ混合油格内，而粕末则被截留在筛网上，在不断流下的混合油的冲刷下，冲入两旁的混合油格内，从而达到初步净化的目的。

这种过滤器无须人工操作，经实践证明效果较好。

（二）连续式过滤器

连续式过滤器具有操作方便，过滤效果好，可在连续生产中定时排渣等优点，常用于混合油过滤。为了使滤出的粕末能够直接落入浸出器，通常将其直接安装在浸出器的顶盖上。

图9－1所示为一种连续式过滤器，它由椭圆形封头、圆柱形筒体、锥底、筛筒、转轴及安装在其上的毛刷和手轮等部件组成。筛筒是过滤器的主要工作部件，它由重叠在一起的圆筒形筛板和筛网组成，通过其上下部的角钢圈将其固定在分隔圈上。工作时，混合油从过滤器进口管进入，通过筛筒进行过滤，过滤后的混合油从出口管排出，而粕末则被截留在筛筒内，并沉于锥底，由人工间歇地开启杂质出口管阀门排入浸出器。筛筒上黏结的粕末可在过滤阻力较大时，旋动手轮，通过转轴带动毛刷进行清理，清理下来的粕末也下沉于锥底，定时排出。

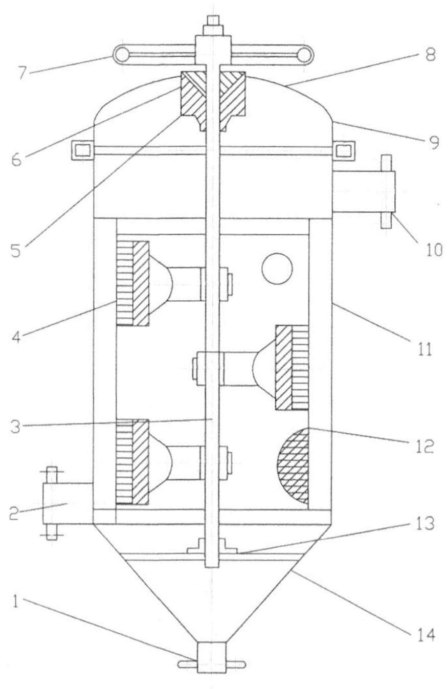

图 9—1　连续式过滤器

1—杂质出口　2—净混合油出口　3—轴　4—毛刷　5—填料　6—压盖　7—手轮　8—上封头　9—填料座　10—含杂混合油进口　11—筒体　12—筛网筒　13—轴套　14—下锥体

9.1.2 沉降

沉降也称为“重力沉降”，是利用混合油和粕末等杂质的比重不同，使粕末等杂质在自身重力的作用下，从混合油中沉淀下来，从而达到分离的目的。

混合油中粕末的沉降一般在混合油罐中进行，也有采用带滤网式沉降器等设备的。

(一) 混合油罐

在浸出生产工艺中，为保证蒸发的连续进行，需在蒸发之前设置混合油罐，以储存一定数量的混合油，借此机会在混合油罐内进行沉降操作是比较合理的。

混合油罐的结构如图 9—2 所示，它是一个具有圆锥底的立式圆柱形储罐，含粕末的混合油进入其内进行自然沉降，粕末等杂质沉入锥底，然后定期泵入浸出器或蒸煮罐进行处理。得到的较为澄清的混合油则从混合油出口流出。

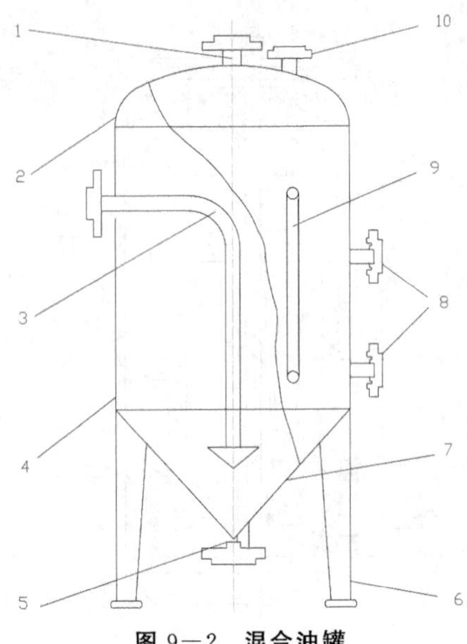

图 9—2 混合油罐

1—自由汽体出口 2—封头 3—混合油进口管 4—罐体 5—渣脚排放管
6—支脚 7—下锥体 8—混合油出口 9—液位计 10—盐水进口

由于进入混合油罐的混合油通常已经经过一至二道净化处理，其内所含粕末颗粒较小，此外，受混合油罐容积的限制，混合油在其内停留的时间也不可能太长，所以在此单独采用自然沉降，其去杂效果是有限的。为了提高沉降效果，工艺中通常设置两个混合油罐，在第一个混合油罐内加入浓度为5%左右的食盐水，控制盐水层的液位高出底锥边缘10cm左右。混合油的进口管插入盐水层内，让混合油通过盐水层进行盐析，粕末在此吸水增重，从而加快其在混合油中的沉降速度，提高沉降效果。此外，在盐析过程中混合油磷脂、蛋白质等能吸水膨胀而沉降下来，有利于提高混合油蒸发、汽提效果和毛油质量。净化后的混合油上浮并溢流进作为恒位罐的第二个混合油罐。沉降于盐水层的沉淀物定期泵入蒸煮罐回收溶剂。同时给盐水层补充稀盐水，以保持盐水层的液位。为了使第一个混合油罐内的盐水不至于溢流到第二个混合油罐内，其混合油的出口应高于盐水层液面。再者，混合油罐还可保持混合油进入蒸发器前的恒定液位高度。

（二）带滤网式沉降器

带滤网式沉降器的结构如图9—3所示，它由用隔板隔开的两个除杂格所组成，隔板的上方设置有倾斜的过滤筛网。工作时，混合油先进入沉降器右格下部的盐水层与盐水接触，粕末及胶体杂质在此吸水后析出，混合油上浮通过筛网进入左格，而一些细杂质则被筛网阻挡下来，在此黏结成胶及颗粒而下沉，与右格沉淀析出的杂质一道形成渣脚，定时泵入蒸煮罐回收溶剂。混合油在左格再次沉降分离，上层清液经净混合油出口抽去混合油罐待蒸发，下部浊液定时泵回浸出器料格。

这种设备结构简单，盐析效果好，生产连续。若安装在浸出器下面，还可作为浸出器放空混合油时的暂存罐使用，既不增加占地面积，又可提高设备利用率。此外，还可根据生产需要，不加入盐水而作为普通过滤器使用。

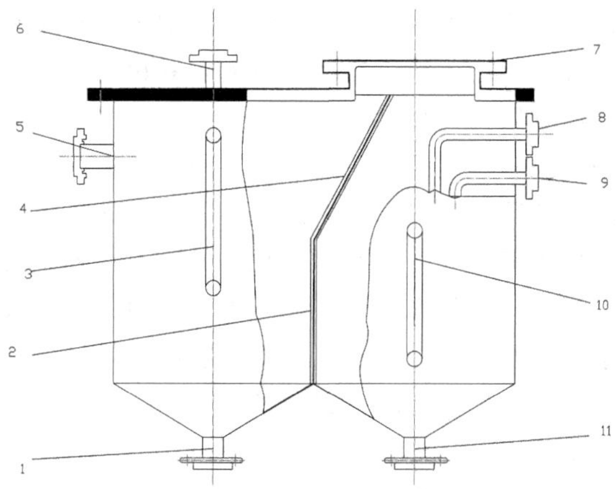

图 9—3　带滤网式沉降器

1—浊混合油出口　2—隔板　3、10—液位器　4—滤网　5—净混合油出口
6—自由汽体出口　7—检修孔　8—含杂混合油出口　9—稀盐水进口　11—渣脚出口

9.1.3 离心分离

离心分离的原理是利用混合油中的粕末与混合油比重的不同，借助于高速旋转时所产生的离心力的差异，使得比重较大的粕粒下沉，而较轻的混合油上浮，从而达到净化混合油的目的。

在混合油预处理中常用的离心分离设备是旋液分离器。其结构如图 9—4 所示，它由圆筒和圆锥两部分组成，常将其直接安装在浸出器的顶盖上。

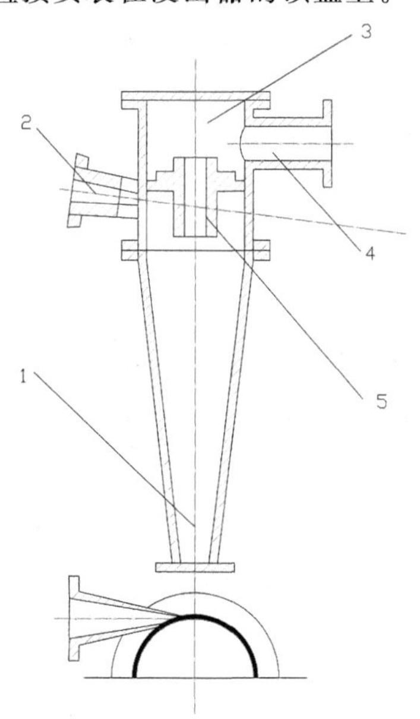

图 9—4　旋液分离器

1—悬浮液排出口　2—混合油进口管　3—接受室　4—净混合油出口　5—溢流液

工作时，混合油用泵打入倾斜的入口管，沿切线方向进入圆筒部分，形成螺旋状向下的旋流，粕末受离心力的作用而移向器壁，并随旋流下降到锥体底部的出口处，与一部分混合油形成底流，通过悬浮液排出口排入浸出器。澄清或含有较细较轻微粒的混合油则形成螺旋向上的内层旋流（称为“溢流”），由中部溢流管进入接受室，然后经出口管排出。为了保证旋液分离器的分离效果，在使用过程中应满足以下两点要求：

一是要注意保持旋液分离器的进口压力。旋液分离器的进口压力不能太低，这是因为混合油通过旋液分离器时有较大的阻力，只有提供足够的压力克服其阻力，才能保证混合油在其内有较高的运动速度，产生较大的离心力，以达到良好的分离效果。一般要求其进口压力为0.15～0.3MPa。同时要求其进口压力稳定，这是为了避免压力波动对分离效果产生不利影响。要满足旋液分离器进口压力的要求，普通的混合油循环泵往往难以做到。实践证明，选用扬程高、出口压力稳定的WS型旋涡泵效果较好。

二是注意调节好溢流和底流的比例。通过调节溢流和底流的比例，可控制溢流中含粕末的量及底流中含混合油的量，在一定范围内，底流比例越大，底流中含混合油的量就越多，需循环再分离的量也就越大，而所得到的溢流中粕末含量就越少，反之相反。

因此，要得到含杂较少的混合油，较大的底流量是必要的。一般控制溢流和底流的比例在1:2～1:3的范围内，具体数位还需根据进口混合油及净化后的混合油的含杂情况，旋液分离器处理量的大小等实际情况而定。

由于旋液分离器结构简单；无运动构件，体积小，处理量大，设备费用低，分离效果好。有利于连续化、自动化生产，因而其应用较广泛。

【课后习题】

1. 什么叫混合油？常用的混合油净化方法有哪几种？
2. 为什么要进行混合油净化？净化后一般要达到什么要求？
3. 混合油净化常用那些设备？简述其结构及工作原理。
4. 混合油罐起什么作用？盐水沉降有什么优点？
5. 简述旋液分离器的工作原理。使用时如何使其达到理想的工艺效果？

任务2 混合油蒸发

【课前引导】

混合油预处理后的净油如何将其中的溶剂与油脂分离？采用什么样的设备，其设备的结构特点能保证溶剂与油脂分离到何种程度？在操作过程中应注意哪些问题？这些问题是我们这一节任务需要解决的。

【任务描述】

通过本任务的学习，熟悉并掌握混合油的特性及混合油蒸发的原理，了解长管蒸发器的结构及工作原理，能根据工艺参数要求正常操作设备。

【任务目标】

1. 了解混合油的特性。
2. 熟悉掌握混合油蒸发的原理。
3. 掌握长管蒸发器工作原理及结构特点。
4. 能正确操作蒸发器达到混合油蒸发效果。
5. 理解并掌握负压蒸发的工作原理及特点。

混合油蒸发是利用混合油中油脂和溶剂挥发性的不同，将混合油加热并使其维持在沸腾状态，使绝大部分溶剂汽化而使混合油得到浓缩的过程。为了更好地控制这个过程，得到高质量的浸出毛油，有必要对混合油的特性进行研究。

9.2.1 混合油的特性

(一) 混合油的沸点

混合油是油脂和溶剂所形成的溶液，油脂的沸点较高，而溶剂的沸点较低，且两者相差悬殊。由这两者组成的混合油的沸点高低，与两者在混合油中的浓度有关，当混合油中的油的浓度较低时，其沸点较低；当其中油的浓度较高时，混合油的沸点也较高，即混合油的沸点随其中油的浓度的升高而升高。表 9—1 所列的是棉籽油和工业己烷组成的混合油在常压下沸点随混合油浓度的变化情况。

表 9—1　棉籽油和工业己烷组成的混合油在常压下沸点

混合油浓度（%）	0	50	60	70	80	85	90	92	94	95
常压下沸点（℃）	66.7	70.0	72.2	77.2	85.6	93.6	110.5	120.0	134.0	142.8

混合油的沸点除与其浓度有关外，还与系统内的压力有关。图 9—5 所示为葵花子混合油在不同压力下的浓度与沸点的关系。

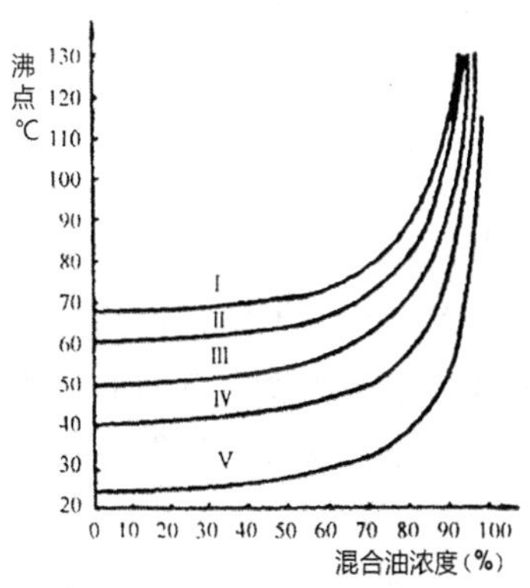

曲线Ⅰ、Ⅱ、Ⅲ、Ⅳ、Ⅴ所表示的压力分别为0.10、0.08、0.07、0.05、0.03MPa

图 9—5　不同压力下混合油浓度与沸点的关系

从图 9—5 中可以看出，当混合油浓度不变时，其沸点随系统压力的升高而升高；在相同压力条件下，混合油沸点随其浓度的升高而升高，其升高幅度随混合油浓度的不同而不同，当混合油浓度在 60%以下时变化较小，高于 60%时显著上升，而当混合油浓度处于 90%～95%时，其沸点急剧上升，即使在负压条件下其沸点也是很高的。若此时仍然采用蒸发的方法分离溶剂，则所需要的蒸发温度将很高，在这么高的温度条件下，油脂及其伴随物等会发生一系列不利于油品质量的变化，油色变深且不易在精炼时脱除。此时应采用水蒸气热馏（汽提）的方法进行分离，这样沸点即可大大降低，若在负压条件下汽提，其沸点还会更低。

（二）混合油在加热时所发生的变化

1. 酸价升高

混合油在受热的条件下，由于空气和水的作用油脂会发生氧化和水解反应，油的酸价会有所提高。例如，棉油混合油原来的酸价为 3.77mgKOH/g 油，常压下经蒸发处理后其酸价上升为 4.80mgKOH/g 油，而汽提后所得浸出毛油的酸价则增加到 5.28mgKOH/g 油。试验还表明，在处理其他混合油时也有类似的结果，且酸价的升高值随加热温度的升高、蒸发器和汽提塔加热表面污垢的增加而增加。例如，常压蒸发得到的浸出毛油在一般情况下，其酸价较机榨毛油和负压蒸发得到的浸出毛油要高一些。

2. 色泽变深

混合油中除了溶剂和油脂外，还不可避免地含仁油脂的伴随物（如磷脂、色素、棉酚、糖类以及末完全去除的粕末等），在高温下这些杂质将会发生一些不利于油脂色泽的变化。

在蒸发、汽提工艺条件下，由于糖类的存在，混合油中的磷脂会形成黑色化合物。且蒸发、汽提的温度越高，时间越长，则聚积的黑色化合物就越多，这样就会使处理后的混合油及得到的浸出毛油的色泽明显地加深。

混合油中的色素，如类胡萝卜素、棉酚等，使混合油带有一定的颜色。在加热的情况下，类胡萝卜素受到破坏，同时产生更具着色力的物质；而棉酚在受热条件下，则可能转化为变性棉酚与棉酚的衍生物，它们均为黑色，所有这些变化都不同程度地影响到油脂的色泽，因此，混合油处理工艺过程中，在满足工艺要求的前提下，应尽量降低操作温度，缩短加热时间，以防毛油色泽变深。

9.2.2 混合油蒸发原理

混合油蒸发是利用油脂和溶剂挥发性的不同，借助于加热作用，使混合油中的大部分溶剂在沸腾状态下汽化分离，从而得到较高浓度混合油的过程。在蒸发过程中，为了使混合油沸腾蒸发能不断进行，必须不断地向蒸发器输入热能，使混合油维持沸腾状态，并不断地排出汽化出来的溶剂蒸汽。

混合油蒸发可以在常压下进行，称为“常压蒸发”；也可以在负压条件下进行，称为“负压蒸发”。常压蒸发一般采用饱和水蒸气作为热源进行间壁加热；负压蒸发由于其操作温度较低，除可采用饱和水蒸气作热源外，也可采用本车间生产中产生的二次蒸汽作为热源，以降低生产成本。此外，负压蒸发还有利于提高油品质量，是一种较为先进的混合油处理工艺。目前油厂混合油蒸发一般采用二次蒸发工艺，使混合油浓度分段提高。

9.2.3 蒸发设备

国内外目前使用的混合油蒸发设备主要是液膜蒸发器，液膜蒸发器可分为升膜式和降膜式两种，国内几乎都采用升膜式蒸发器。由于升膜式蒸发器其加热管较长，故通常称为“长管蒸发器”。

混合油蒸发大多采用几次连续蒸发工艺，其所用的长管蒸发器相应地称为“第一长管蒸发器”和“第二长管蒸发器”，两者的结构基本相同，其加热面积根据工艺需要而定。

（一）结构

长管蒸发器由蒸发器和分离器两部分组成。有的长管蒸发器是将分离器直接安装在蒸发器的顶部，形成一个整体。图 9—6 是常见的一种长管蒸发器，它的蒸发器和分离器是分离的，两者用一根连通管连接起来。

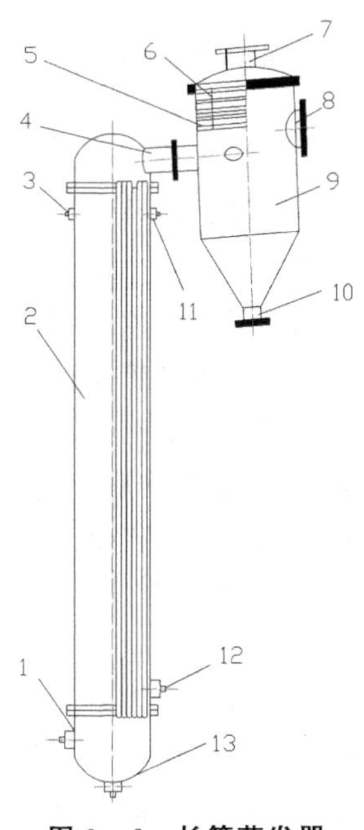

图 9—6　长管蒸发器

1—混合油进口　2—蒸发器　3—蒸汽进口　4—溶剂蒸汽和混合油出口管　5—滴液管
6—挡板　7—溶剂蒸汽出口　8—检修孔　9—分离器　10—混合油出口　11—空气排出口
12—冷凝水出口　13—放空管

1. 蒸发器

蒸发器即列管式换热器，它由外壳、内部直立排列的若干列管、两端的管板，以及封头等零部件组成。列管的两端通常用焊接法固定在管板上，蒸发器的上部有溶剂蒸汽和混合油的出口，下封头设置有混合油进口管及放空管，此外，壳体上焊有间接蒸汽进口管，冷凝水出口管和压力表接管等。

2. **分离器**

图 9—6 所示的长管蒸发器，采用类似旋风分离器的分离器，它的进口管呈切线方向与蒸发器的溶剂蒸汽和混合油出口管相连。分离器的内腔由一固定的圆环状挡板分为上、下两层，上层装有若干块倾斜挡板，其挡板除最上面一块（称为“顶板”）为完整的圆片外，其余的均为中空的环状板。挡板之间有一定间隙，成 5°左右的斜度，用螺栓固定在中间的固定挡板上。固定挡板上还设有滴液管；分离器的下层为一空圆筒，起离心分离作用。分离器的顶部是溶剂蒸汽出口，底部为混合油出口。此外，有的还设有检查孔、视镜、照明灯等。

工作时，从蒸发器来的溶剂蒸汽和混合油的混合物沿切线方向进入分离器的下层，形成螺旋向下的旋流，液体混合油受到离心力作用移向器壁，沿器壁旋流下降；溶剂蒸汽夹带少量未被分离出来的混合油则形成螺旋向下的旋流，由环状固定板的开口冲入上部的挡板分离层。在此，由于受到顶板的阻挡，其内的混合油被留下，溶剂蒸汽则转向从挡板间隙穿过，分离出混合油后由分离器顶部出口排出挡板上的混合油经滴液管流下，与下层分离出的混合油一道从底部混合油出口排出。

除上述这种分离器外，还有旋风分离器及利用惯性分离的挡板分离器等。

（二）工作原理

长管蒸发器虽在结构、大小上各有差异，但其工作原理基本上是一样的。混合油在液位差作用下，自混合油罐进入蒸发器下部的列管内，由于管外加热蒸汽作用，混合油在此受热升温，继而沸腾，溶剂迅速汽化后体积膨胀，密度急剧变小，在管内形成高速上升的溶剂蒸汽流。未汽化的混合油被上升的溶剂蒸汽挤推到管壁四周，并在其带动下呈薄膜状上升，混合油在膜状上升时受热极快，且汽化出更多的溶剂蒸汽，从而进一步加快汽液混合物的上升速度，直到蒸发器出口、汽液混合物进入分离器后，由于空间突然增大，气体体积迅速膨胀，将混合油喷成雾状，混合油中的溶剂进一步得到蒸发。因在溶剂体积膨胀时，分离器内压力也有所下降，更利于溶剂蒸发，在分离器内分离出来的溶剂蒸汽从其上部通向冷凝系统，而浓混合油则从分离器下部流出。

混合油在蒸发器列管内沿管长方向各段的形态和受热情况各不相同，一般可分为三段，如图 9—7 所示，在列管的下部为预热段，在此段混合油呈单一液态，在蒸汽加热下，温度逐渐上升。即使在列管内壁面附近边界层的混合油温度高于沸点，会产生汽泡，但由于管道中间的混合油仍不到沸腾温度，所以这些汽泡也会很快冷凝，形不成汽液两相流，整个预热段长度占列管总长度的 20%～25%，此段温度不宜超过 60℃。其传热为自然对流传热，传热膜系数较低。

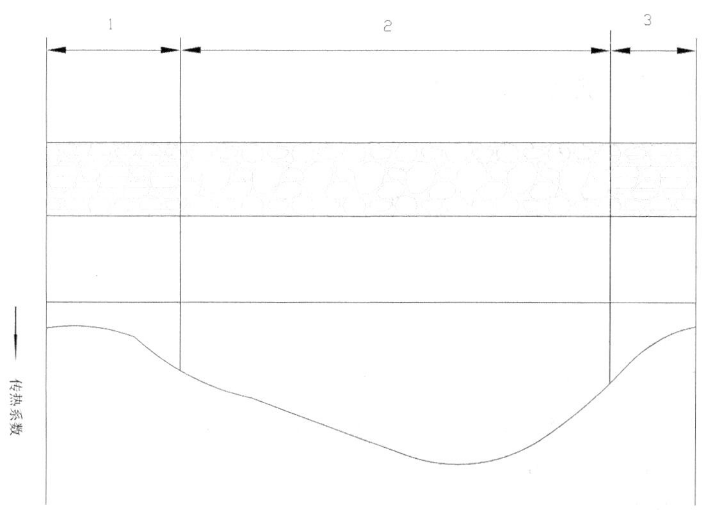

图 9—7　列管内混合油形态和传热系数变化情况

预热后的混合油在列管内进入沸腾段后，先是在壁面生成汽泡脱离壁面，进入液相混合油中，随着汽泡的不断形成，汽泡在上升过程中相互汇合变成大汽泡，而当大汽泡增大至接近列管内径时，便形成弹头状大汽泡。当弹头状汽泡随溶剂蒸发而增大时，大汽泡间首尾相接而破裂，形成夹带混合油液滴的气流，迅速上升的气流把混合油挤推到管壁四周，并将其拉曳成一层薄膜沿管壁迅速上升，形成膜状流动状态。由于液膜的强制对流传热强烈，使蒸发在气液分界面上剧烈进行。由于溶剂的不断蒸发和部分混合油滴被中心气流卷走，液膜越来越薄，最后被气流撕裂，直至消失。混合油在此段受热很快，特别是在膜状流动状态下，溶剂得到大量蒸发，因而蒸发效率很高。

随着列管内液膜的消失，气液混合物进入过热段。在此段大量溶剂蒸汽夹带较高浓度混合油呈雾状高速上升，此间，列管内壁呈干壁现象，传热系数急剧下降，热能大部分被消耗于溶剂蒸汽的过热，溶剂汽化极少，蒸发效率很低。

由上述可知，为提高蒸发效率，在设计和使用长管蒸发器时，应使沸腾段占整个管长的比例尽量增大，相对缩短过热段。

（三）工艺条件

混合油常压蒸发工艺中，第一长管蒸发器和第二长管蒸发器的工艺条件见表 9—2。

表 9—2　常压蒸发工艺条件

项目		混合油进口温度（℃）	混合油出口温度（℃）	混合油出口浓度（%）	间接蒸汽压力（MPa）
工艺指标	一蒸	60～65	80～85	60 左右	0.2～0.3
	二蒸	80～85	95～100	90～95	0.3～0.4

9.2.4 影响蒸发效果的因素

影响混合油蒸发效果的因素很多，主要有混合油状况、水蒸气状况、混合油在蒸发器内的液面高度及流量、设备结构等，现分述如下：

（一）混合油状况

1. 混合油的含杂量

混合油中含有的粕末及胶杂在进入蒸发器之前应尽量去除，一般要求其固体粕末含量控制在0.02%以下。若杂质过多，则在混合油蒸发时，会在蒸发器管壁上形成垢层，降低传热效果，并加深油脂色泽，影响油品质量。此外，还会产生大量泡沫，引起液泛现象，使蒸发过程难以维持正常状态。

2. 混合油温度

混合油进入长管蒸发器的温度，以接近于混合油的沸点为好。如果进料温度过低，混合油进入蒸发器略经加热后不能立即沸腾，就使得蒸发器内预热段延长，从而影响蒸发效果；如果进料温度过高，进蒸发器时就已沸腾，则容易造成汽阻，不利于混合油进入，也不利于形成液体薄膜，导致管内过热蒸发段的过早出现而不利于蒸发。因此，在蒸发前将混合油预热，可用蒸发、汽提或蒸烘机的二次蒸汽作为热源，既可节省间接蒸汽的消耗，又可提高工艺效果。

混合油蒸发的操作温度要根据工艺要求来控制，一般不宜过高，否则会使油色加深，影响产品质量。在保证蒸发效果的前提下，应尽量降低混合油蒸发的操作温度。一般要求一蒸混合油出口温度为80℃～85℃，二蒸出口温度为95℃～100℃。

3. 混合油浓度

进入第一长管蒸发器的混合油浓度高一些当然好，这样可以减轻设备负荷，降低水蒸气消耗。但此浓度主要取决于浸出工序的生产操作情况。

一蒸、二蒸出口的混合油浓度控制应适当。浓度低了达不到工艺要求；一蒸的混合油出口浓度高了，会使二蒸列管内混合油升膜困难，甚至蒸不上去，使蒸发操作无法正常进行。若二蒸出口浓度高，其操作温度必然要高，这对毛油品质不利。因此，蒸发器出口浓度应按工艺要求控制。

（二）水蒸气状况

混合油蒸发所需的热量是由水蒸气供给的，蒸汽压力的高低将直接影响蒸发效果。若蒸汽压力太低，即蒸汽温度太低，就满足不了混合油蒸发所需要的热量，蒸发操作将无法进行；反之，若蒸汽压力太高，即蒸汽温度太高，势必会因操作温度高而影响油品质量。此外，水蒸气中的含水情况也会对蒸发过程中的传热带来一定的影响。因此，间接蒸汽在进蒸发器之前要经过分水，其压力控制应适当，通常为0.2～0.4MPa，且二蒸的间接蒸汽压力要比一蒸高一些，实践操作中应根据各蒸发器出口混合油浓度的情况来控制。

（三）混合油在蒸发器内的液面高度及流量

1. **液面高度**

混合油在蒸发器内的液面若太低，混合油无法在蒸发器的列管内得到充分预热，给升膜造成困难，使蒸发操作不能正常进行；若混合油的液面过高，即预热段过长，又会缩短沸腾段的长度，加热管利用不充分，且易引起液泛现象，同样不利于蒸发的正常进行。根据生产实践，液面控制在列管高度的1/4处较为适宜。

2. **混合油流量**

混合油流量应与车间生产能力相匹配。若小了，则达不到生产能力的要求而影响整个车间的生产能力；若混合油流量大了，则会因混合油供应不上，使蒸发操作不能连续进行，若流量大到超过蒸发或冷凝设备的生产能力时，则会严重影响蒸发和冷凝的工艺效果，导致溶耗增加，毛油质量达不到要求。

（四）设备结构

设备结构主要是指蒸发器内加热管的直径和长度。在加热面积足够的情况下（一般要求一蒸、二蒸的加热面积为每吨料0.325～0.500m^2），加热管长度与管径之比（简称“长径比”）大，则管内截面积相对就小，汽液在其内流速高，有利于混合油在其内形成液膜，因而传热系数大，蒸发效果好。若长径比太大，加热管内易出现干壁现象，不利于提高蒸发效果；反之，长径比小，汽液流动速度低，不易形成液膜，蒸发效果不好。因此，长径比应合适，国内目前使用的长管蒸发器的长径比一般为160∶1～200∶1。

9.2.5 负压蒸发

（一）负压蒸发原理

混合油负压蒸发，是根据混合油的沸点随系统压力的降低而下降的原理，利用真空设备使蒸发器内形成一定的负压，从而在较低的操作温度下完成混合油蒸发的工艺过程。由于负压蒸发可降低操作温度，这就为利用车间内产生的二次蒸汽的热能创造了有利条件，这样，负压蒸发即可和余热利用联系在一起。

（二）负压蒸发工艺

混合油负压蒸发与常压蒸发相似，通常都采用二次蒸发工艺，所不同的是负压蒸发是在一定的负压下进行，并常与余热利用相结合。根据工艺中一蒸和二蒸的操作压力情况，负压蒸发可以是一蒸和二蒸都在负压下操作，图9－8所示的流程就属于这一类；也可以单是一蒸采用负压蒸发，而二蒸采用常压蒸发。

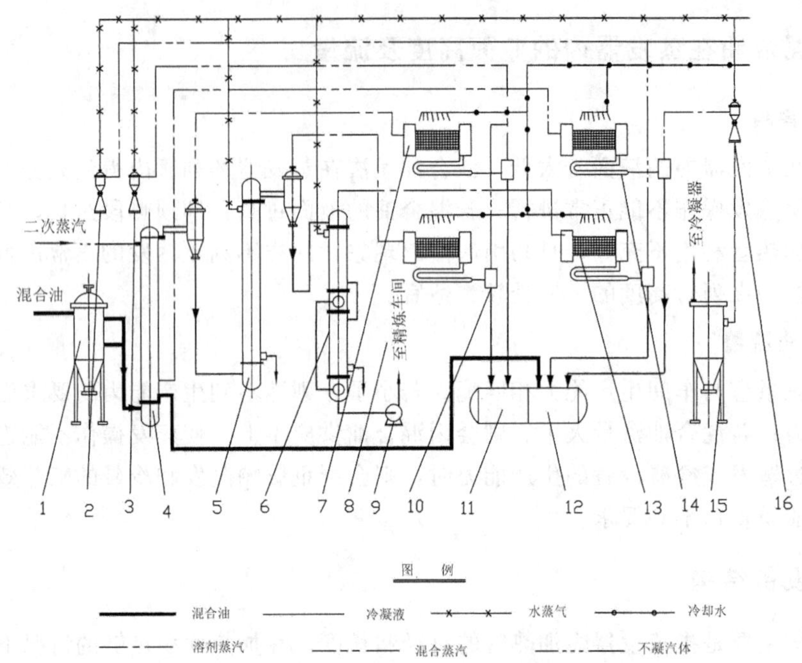

图 9—8　负压蒸发工艺流程

1—混合油罐　2—2 号蒸汽喷射泵　3—1 号蒸汽喷射泵　4—第一长管蒸发器　5—第二长管发蒸器　6—层叠式汽提塔　7—蒸汽冷凝器　8—蒸汽冷凝器　9—泵　10—气液分离器　11—溶剂周转罐　12—分水器　13 汽提塔冷凝器　14—蒸烘机冷凝器　15—热水罐　16—3 号蒸汽喷射泵

图 9—8 为国内某油厂采用的负压蒸发工艺流程。在（1）号蒸汽喷射泵的作用下，在与其连通的一蒸冷凝器及第一长管蒸发器内形成一定的负压，将混合油罐中的混合油吸入蒸发器中。该蒸发器利用蒸烘机的二次蒸汽及（1）号、（2）号蒸汽喷射泵出来的废汽作为混合油蒸发热源，与管程中的混合油进行热交换。混合油受热蒸发，产生的溶剂蒸汽经分离器分离出混合油后，进入一蒸冷凝器冷凝。冷凝液在液位差的作用下，去溶剂周转罐，未被冷凝或不凝汽体经管路接至（1）号蒸汽喷射泵：从分离器出来的浓度为 60%左右的混合油进入第二长管蒸发器。第一长管蒸发器中的二次蒸汽放热后部分冷凝，冷凝液去分水器，未被凝结的二次蒸汽进入蒸烘机冷凝器。此冷凝器在（3）号蒸汽喷射泵的作用下，形成负压，以减少蒸烘机的排汽阻力。从（3）号蒸汽喷射泵出来的蒸汽去车间热水罐，用作其热源。

第二长管蒸发器利用饱和水蒸气作为蒸发热源，蒸发出的溶剂蒸汽经分离器与浓混合油分离后进入二蒸冷凝器，未被冷凝和不凝汽体的管路并入一蒸冷凝器的相同管路，这样，二蒸可获得与一蒸同样的负压：二蒸的混合油出口浓度为 95%左右，温度在 90℃～100℃，此混合油经分离器流入汽提塔作进一步处理。

（三）负压蒸发工艺要求

1. 正确选择系统负压与加热介质

正确选择和控制好蒸发系统负压值（真空度）是负压蒸发的关键问题，在选择真空度时，应综合考虑真空度大小对二次蒸汽热能利用的可能性及利用程度，获得真空所需能源消耗以及对毛油质量方面的影响等因素。

对于第一长管蒸发器，由于混合油浓度低，操作温度不高，为此，选择一蒸操作压力时，主要是考虑二次蒸汽热能利用和抽真空所需能耗两方面的问题。由于蒸烘机二次蒸汽的量最大，其所含热量也最多，常被单独或将其与喷射泵乏汽一道用于一蒸加热。蒸烘机二次蒸汽的温度在80℃左右，若一蒸真空度低，则传热温差小，所需加热面积就大，同时因一蒸操作温度高，使相当数量的蒸烘机二次蒸汽不能冷凝释放热量，其热量利用不充分；若真空度高，传热温差大，所需蒸发换热面积就小，但抽真空所需能源消耗大；若真空度太高，则由于蒸发操作温度低，其蒸发所需热量小，也会导致二次蒸汽的热能利用不充分，同时一蒸混合油出口温度低，还会加重二蒸的传热负荷。为此，一蒸在负压蒸发时，其真空度选择应适宜。在采用蒸烘机二次蒸汽作为其热源时，考虑20℃左右的传热温差，根据混合油沸点随系统压力变化的性质来推算，则一蒸的真空度应控制在 3.9×10^{4} Pa 至 5.3×10^{4} Pa 之间。具体数值，还应根据具体情况，通过计算分析和比较最后确定。

二蒸的操作温度较高，常用水蒸气作为热源加热，其系统操作压力的选择常有两种方案，一种是采用一蒸相同的真空度，另一种是常压操作。这两种方案各有利弊，前一种方案操作温度低，有利于保证毛油质量；后一种操作温度高，但不需要抽真空的能耗及相关设备，同时也有利于降低汽提的热负荷。

2. 选用合适的真空设备

在混合油负压蒸发工艺中，为了减少真空设备的负荷，蒸发器内所需的负压，通常是由连接在蒸发冷凝器后的真空设备来获得的。常用的真空设备为蒸汽喷射真空泵和水环式真空泵。蒸汽喷射真空泵体积小，结构简单，维修容易，噪声低，以饱和蒸汽为动力，且使用后的乏汽仍可以作为热源，因而得到广泛使用。水环式真空泵以电为动力，因而不受蒸汽压力波动的影响，所形成的真空度稳定，也被一些厂家采用。

3. 保证蒸汽质量，确保冷凝效果

锅炉供给的蒸汽压力稳定与否，将直接影响蒸汽喷射泵内蒸汽流速，进而影响混合油蒸发系统负压的稳定性。为保证负压蒸发工艺效果，要求锅炉供汽稳定，且供汽压力一般不低于0.5MPa。此外，冷凝效果的好坏，也关系到负压蒸发工艺的效果。若冷凝效果不好，系统内未被冷凝的溶剂汽体量大，则真空设备负荷大，导致抽真空能耗增加，而且难以形成所需要的负压。

4. 做好常压与负压设备间的管路连接

在混合油负压蒸发工艺中，有些设备在常压下工作，如混合油罐、车间溶剂周转罐、分水器等；而有些设备在负压下工作，如一蒸、二蒸及与之相连的冷凝器等。在此工艺中应做好常压设备与负压设备间的连接，以保持各设备的正常工作压力状态，以及液体物料（混合油、冷凝器的冷凝液）稳定畅通流动，液体物料从常压设备进入真空设备时，通常可采用自吸的过渡连接方式，如图9—8中混合油从混合油罐进入一蒸的连接；液体物料从负压设备进入常压设备时，可以自流和用泵过渡两种方式：采用自流方式（如图9—8中冷凝液从一蒸冷凝器流入溶剂周转库）时，应根据真空度大小设置足够的液位差，同时还应设置液封以防泄压，液封可由流液管插入常压设备液面以下足够的深度来获得，也可以采用U形连通管过渡连接来获得；如设备安装高差小，不能采用自流方式连接时，则通常采用泵来过渡连接。

(四) 负压蒸发的工艺效果

1. 节能效果显著

由于混合油负压蒸发都伴随着二次蒸汽热能利用，因而可大大节省加热蒸汽的耗用量；负压蒸发在较低温度下操作，蒸发所产生的溶剂蒸汽温度也较低。此外，被利用热能后的二次蒸汽在冷凝冷却前交换了大部分热量，这两者都使溶剂蒸汽冷凝系统的负荷大为降低，因而可节省大量的冷却水，冷却水泵的电耗也可降低。可见，混合油负压蒸发工艺能节约能源是显而易见的。

2. 油品质量提高

负压蒸发在真空下进行，且操作温度较低，因而可有效地防止油脂氧化，所得毛油的酸价、过氧化值较低，色泽也较浅，从而有利于提高毛油质量。

3. 冷凝面积减小

如前所述，负压蒸发与常压蒸发工艺相比，可降低冷凝系统的负荷，这样冷凝系统的冷凝面积则可小些，因而可节省冷凝设备的投资。

4. 溶耗降低，利于安全生产

由于混合油在负压蒸发时，系统内呈负压状态，可有效地防止溶剂的跑、冒、滴、漏，从而可降低溶剂损耗；因设备渗漏减少，也有利于保证浸出车间的生产安全和操作人员的身体健康。

总而言之，负压蒸发与常压蒸发相比，具有明显的优越性，是一种先进、通用的混合油处理工艺，现在正在被越来越多的油厂采用。

【课后习题】

1. 简述混合油的特性。
2. 试画出长管蒸发器结构示意图。
3. 负压蒸发的原理及优势是什么？

任务3　混合油汽提

【课前引导】

混合油蒸发后浓度可达到95%，如何尽可能将混合油的中溶剂提取出来而不影响油脂品质？混合油汽提与蒸发本质上的区别是什么？在操作汽提设备中应注意哪些问题？这些问题是我们这一节任务需要解决的。

【任务描述】

通过本任务的学习，熟悉并掌握混合油汽提的原理，尤其是掌握蒸发与汽提的本质区别，了解汽提塔的结构及工作原理，能根据工艺参数要求正常操作设备。

【任务目标】

1. 了解汽提的原理。

2. 熟悉掌握常用汽提设备的结构特点及工作原理。

3. 能正确操作常用汽提塔达到工艺效果。

9.3.1 汽提原理

前面提到，混合油的沸点随其浓度的增大而升高，当浓度为90%～95%时，常压下的沸点已高达130℃左右，且随浓度的增加其沸点还将迅速升高，即使是在高真空条件下也还是相当高的。此时，如再用蒸发的方法来分离混合油中的残留溶剂，已十分困难。再者，因操作温度的升高，油脂的质量也会受到很大的影响。所以混合油中残留溶剂的去除，则需改用汽提的方法来进行。

汽提即水蒸气蒸馏，其基本原理是道尔顿和拉乌尔定律。当向混合油中通入直接蒸汽，使混合油液面上部空间的水蒸气分压和溶剂蒸汽分压之和等于外界压力时，混合油就会沸腾，此时，混合油的沸点较任一组分的沸点都低，从而使浓度较高的混合油沸点大大降低，这样溶剂分子即可在较低的温度下，以沸腾状态从混合油中扩散（分离）出来，达到汽提的工艺要求。倘若混合油汽提能在真空条件下进行，则混合油的沸点还会进一步降低，汽提效果会更佳。

9.3.2 汽提设备

混合油汽提设备的种类较多，目前普遍采用的是层叠式汽提塔，在小型浸出油厂也有采用管式汽提塔的。

（一）层叠式汽提塔

1. 结构

层叠式汽提塔有单段和双段之分，现介绍一种常用的双段层叠式汽提塔，它主要由顶盖、上塔体、中塔体、下塔体及底部等零部件组成，其结构如图9—9所示。

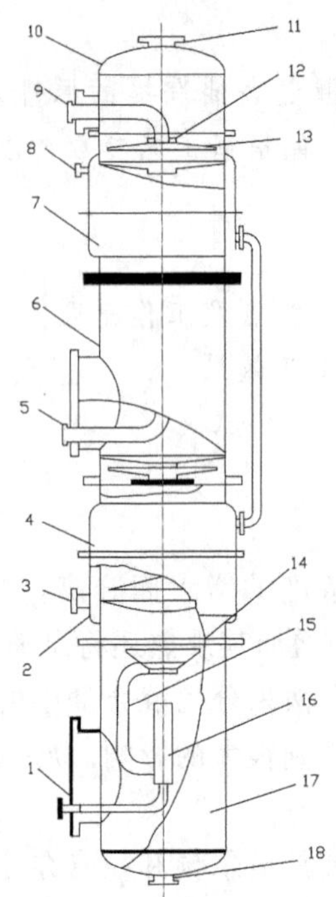

图9－9　层叠式汽提塔

1、5－直接蒸汽进口　2－蒸汽夹层　3－冷凝水出口　4－下塔体　6－中塔体　7－上塔体　8－间接蒸汽进口　9－混合油进口　10－封头　11－混合汽体出口　12－溢流盘　13－锥形分配盘　14－集油盘　15－导流管　16－中心管

在层叠式汽提塔的上塔体和下塔体的内部各装有6～9组碟盘，每组碟盘由溢流盘、锥形分配盘和环形承接盘组成。塔体外围有间接蒸汽加热夹套，上、下塔体夹套用连通管接通。中塔体和底部还设有集油盘，它通过导流管与中心管接通，而中心管下部又与直接蒸汽管相接，并装有喷嘴。

此外，塔体顶盖有混合汽体出口，上塔体有混合油进口管，塔体底部有毛油排出口。

2. **工作过程**

层叠式汽提塔工作时，浓混合油从上塔体进口管进入，首先充满第一组碟盘的溢流盘，自溢流盘流出的浓混合油在锥形碟的表面上形成很薄的液膜向下流动，由环形盘承接后流至第二组碟盘的溢流盘；再溢流分布成薄膜状向下流动，混合油就是这样自上而下淋成液幕。同时，直接蒸汽与溶剂组成的混合气体自下而上穿行，与层层液幕逆向接触，从而将混合油中的溶剂汽提出来。

这种汽提塔的特点是：结构简单，制造容易，操作方便，性能可靠，汽提效果好，但其碟盘上的结垢较难清洗（清洗时需将碟盘组从塔内拉出）。

3. **工艺条件**

混合油汽提的工艺条件见表9－3。

表 9－3　汽提工艺条件

项目	混合油进口温度（℃）	混合油进口浓度（%）	毛油出口温度（℃）	出口毛油总挥发物含量（%）	间接蒸汽压力（MPa）	直接蒸汽压力（MPa）	直接蒸汽喷入量（混合油量计）
工艺指标	90～100	90～95	110～115	小于 0.3	0.4	0.05	0.3～0.4 倍

（二）管式汽提塔

1. 结构

管式汽提塔的结构如图 9－10 所示。它由预热器、蒸汽喷射管、塔体、分离器等部件组成。预热器是一套管换热器，夹套内通入蒸汽加热管内的混合油。直接蒸汽喷射管端头喷嘴的孔径为 4.5mm 左右。塔体由两根长 4m、直径分别 Dg20 和 Dg50 的无缝钢管套合，管端焊有法兰。塔体外管上、下部有间接蒸汽的进口管和乏汽出口管。

管式汽提塔的汽提管有空管和加铝质螺旋状填料者两种，加填料有利于直接蒸汽与混合油的充分接触，可提高汽提效果，但堵塞后难以疏通与冲洗。

分离器为一般的旋液分离器，为了防止蒸馏出来的溶剂蒸汽冷凝回流至浸出毛油中，在分离器的圆柱体部分还做有蒸汽保温夹套。

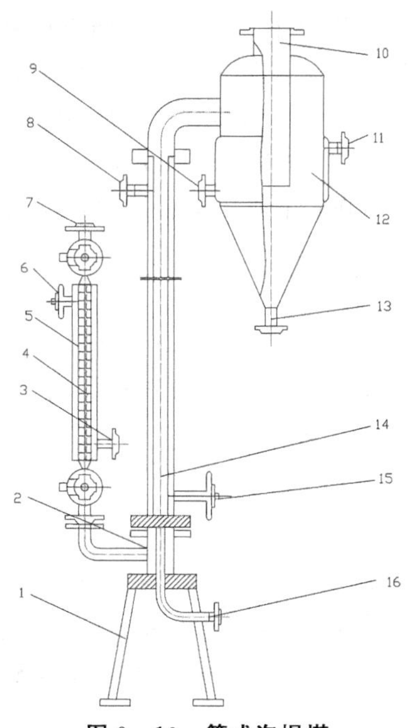

图 9－10　管式汽提塔

1－支架　2－塔座　3、9、15－冷凝水出口　4－液位计　5－预热器　6、8、11－蒸汽进口　7－混合油进口　10－溶剂混合蒸汽出口　12－分离器　13－毛油出口　14－塔体　16－直接蒸汽喷射管

2. **工作过程**

工作时，经蒸发后的浓混合油通过预热器预热后进入塔底，遇到蒸汽喷嘴喷出来的直接蒸汽，在直立的汽提管中由于直接蒸汽的变速喷击，将混合油喷射成雾状分散在汽流中，并被汽流从下部带到上部，在增大水蒸气分压的条件下，脱除油中的少量溶剂。然后进入分离器。分离出来的溶剂蒸气和水蒸气的混合气体由分离器顶部出口管排出去冷凝器，而浸出毛油则从底部出口管流出。

管式汽提塔具有结构的单，易于制造和安装，钢材耗用少，操作方便等优点，其汽提效果较好，比较适用于中小型浸出油厂。

9.3.3 影响汽提效果的因素

影响混合油汽提效果的因素很多，与混合油蒸发相类似，主要有混合油的状况（温度和浓度）、水蒸气状况及设备结构等。

（一）混合油的状况

1. **温度**

温度主要是指汽提塔的混合油进口温度和汽提后毛油的出口温度。

汽提塔的混合油进口温度通常取决于二蒸的混合油出口温度，而二蒸混合油出口温度一般在95℃～100℃。为此，汽提的混合油进口温度要求维持在90℃～100℃为好。具体来讲，生产的油料不同，进入汽提设备的混合油温度也应有所区别，对棉籽、大豆、亚麻籽等的混合油，要求进口温度不超过90℃；而花生仁、葵花子、油菜籽、玉米胚芽等的混合油进口温度不超过100℃。如温度太高，则对油脂质量有影响；反之，若温度太低，则会使直接蒸汽冷凝，冷凝水进入油中又会造成磷脂等物质吸水膨胀，而引起液泛现象，使汽提操作无法顺利进行。

至于汽提后毛油的出口温度，一般控制在110℃～115℃。毛油出口温度过高，不仅影响油品质量，且使热能消耗增大；毛油出口温度过低，则会使浸出毛油的总挥发物含量超标，不仅增加溶耗，且带来不安全因素。

2. **浓度**

浓度是指汽提前的混合油浓度和汽提后浸出毛油中残溶量。

进入汽提塔的混合油浓度要求为90％～95％，若混合油浓度低于90％，则汽提设备的负荷加重，往往导致浸出毛油达不到汽提后的质量要求；若浓度超过95％，势必提高二蒸的操作温度，不利于油品质量的提高，同时汽提塔也不能得到充分的利用。

（二）水蒸气状况

汽提操作使用的水蒸气有间接蒸汽和直接蒸汽。间接蒸汽在这里的主要作用是对混合油进行适当的加热和保温，以保证汽提操作的正常进行。所以对间接蒸汽的质量要求不高，一般采用0.4MPa饱和水蒸气即可。对于直接蒸汽，因汽提操作中要与混合油相接触，故对其质量要求较高，直接蒸汽应纯净，且含水要少（需经分水后才能进入汽提塔），其压力一般控制在 0.05MPa，层叠式汽提塔下塔体的间接蒸汽压力根据需要也可达 0.1MPa。有条件的话，采用经过热处理的直接蒸汽则汽提效果更佳。

（三）设备结构

汽提设备的结构决定混合油和直接蒸汽在设备内的流动接触状况，这两者接触状况的好坏直接影响到汽提的工艺效果、管式汽提塔内混合油与直接蒸汽是自下而上的顺流，则汽提管内有无加填料，其内径大小、长度以及直接蒸汽喷嘴是否畅通都将在很大程度上影响汽提效果；而层叠式汽提塔内的汽液两相为逆流，其中混合油是自上而下流动，直接蒸汽是自下而上流动，两相接触的好坏主要取决于碟盘制造和安装质量（安装是否水平和同心），以及结垢情况等。

此外，汽提塔的间接蒸汽传热面积大小及保温情况对汽提效果也有一定的影响，过大会造成不必要的浪费；过小，则会导致塔内水蒸气冷凝而影响汽提效果。

9.3.4 负压汽提

同混合油的负压蒸发一样，混合油也可以在负压下进行汽提操作，以进一步降低混合油的沸点，确保油品质量，提高汽提的工艺效果。

负压汽提的一种工艺流程。从二蒸分离器出来的混合油，经起液封作用的 U 形连通管，流入处于负压工作状态的层叠式汽提塔，所需的负压是通过与汽提塔冷凝器相连接的 2 号蒸汽喷射泵来获得的。汽提塔冷凝器的冷凝液，在液位差的作用下流入分水器。汽提后得到的浸出毛油用泵从负压状态下的汽提塔中抽出，送至精炼车间。

在负压汽提工艺中，其真空度通常控制在 2.66×10^4 Pa 至 8.11×10^4 Pa 范围内。具体选择时，应具体考虑所处理原料的性质，对成品毛油的质量要求及操作成本等方面的因素。如欲得到高质量的浸出毛油，且所处理的原料受热易发生不利于油品质量的变化时，宜采用较高的真空度，此时所需的操作费用则会相应地增加；反之，则可采用较低的真空度。

9.3.5 混合油处理操作规程

1. 当混合油沉降罐内储油达 20%时，即可将蒸发器壳体内的冷凝水放空，并开启间接蒸汽使蒸发器预热 5～10 分钟。

2. 当混合油在储罐内储量达 50%时，即可向混合油预热器进油。

3. 经预热后温度为 60℃～65℃的混合油进入第一长管蒸发器，用压力为 0.2～0.3MPa 的间接蒸汽加热，使混合油的出口温度控制在 80℃～85℃，这样混合油的浓度将提高到 60%～65%。

4. 在第二长管蒸发器内，用压力 0.2～0.3MPa 的间接蒸汽加热混合油，使混合油的出口温度控制在 100℃左右，经蒸发后的混合油浓度达到 90%～95%以上。

5. 当混合油进入汽提塔时，开启过热蒸汽（如用饱和蒸汽，须经分水处理）阀。间接蒸汽压力保持在0.4MPa，并控制出塔毛油温度在115℃～120℃。

6. 停车时，依次关闭第一、第二长管蒸发器的进油阀。而后关闭加热蒸汽进口管阀。打开加热夹套冷凝水出口阀，放出壳体内的存汽和积水。待汽提塔内的油全部走完后，停止供汽，放出夹套中冷凝水，关停毛油泵。

7. 在操作中，要注意掌握设备中混合油的液位、流量、温度和蒸汽压力，保证浸出毛油达到规定的质量要求。

8. 注意混合油罐内盐水液位，不得使盐水进入第一蒸发器。

9.3.6 设备维护保养要点

1. 要定期清理、排放混合油沉降罐内的沉淀物，补充盐水，保证混合油的沉降能达到预期的效果。

2. 要经常检查混合油处理设备、管道，避免出现堵塞和渗漏。

3. 蒸发器不应使用直接蒸汽，避免加快蒸发器结垢，避免出现“液泛”现象。

4. 蒸发器、汽提塔应定期清理，如生产中发现蒸发汽提效果降低，必须停车清洗后再生产。

9.3.7 常见故障及处理方法

混合油处理设备的常见故障及处理方法见表9—4。

表9—4　混合油处理设备的常见故障及处理方法

故障现象	故障原因	处理方法
混合油中粕末较多	1. 浸出器内混合油初分离设备破损 2. 混合油预处理设备除粕末效果差	1. 结合浸出器的检修，更换已破损的假底和帐篷式过滤器筛网 2. 调整混合油预处理设备的操作
蒸发器中混合油升膜困难	1. 液位太低 2. 混合油进口温度太低 3. 加热管结垢严重	1. 调整混合油进口液位 2. 保证混合油的预热效果 3. 及时清除结垢
蒸发和汽提时有液泛现象	1. 混合油中胶质含量较高 2. 混合油液面过高 3. 直接蒸汽质量差	1. 提高混合油预处理的质量 2. 适当降低混合油的液面 3. 保证直接蒸汽质量
混合油处理设备的毛油残溶偏高	1. 混合油进口浓度太低 2. 间接蒸汽压力偏低 3. 直接蒸汽质量差 4. 设备结垢严重	1. 提高浸出后混合油的浓度 2. 适当提高间接蒸汽压力 3. 提高直接蒸汽的质量 4. 及时清除设备中的结垢

项目十　溶剂回收

【项目概述】

来自浸出车间设备的溶剂汽体，都应加以冷凝回收，循环使用。溶剂回收工序主要包括四个环节：一是溶剂蒸汽及混合蒸汽的冷凝冷却，二是尾汽中溶剂回收，三是溶剂与水的分离，四是废水中的溶剂回收。

溶剂回收是浸出生产中一项重要的工序，它直接关系到生产成本和经济效益，生产的安全性，废水、废气的污染情况以及车间的环境卫生、安全等，所以应引起高度重视。

【项目目标】

1. 掌握溶剂冷凝冷却、尾气中的溶剂回收、溶剂与水的分离等参数。

2. 掌握溶剂回收的方法。

3. 能对浸出车间溶剂损耗进行合理控制

4. 熟悉常用溶剂回收设备的主要结构、工作原理及操作维护。

任务1　溶剂蒸汽冷凝冷却

【课前引导】

从蒸发器和蒸脱机分离出的溶剂蒸汽的冷凝和冷却的工艺方法的特点是什么？采用什么样的设备，其设备的结构特点能保证尽可能将溶剂蒸汽冷凝冷却下来？在操作过程中应注意哪些问题？这些问题是我们这一节任务需要解决的。

【任务描述】

通过本任务的学习，熟悉溶剂蒸汽冷凝冷却的工艺要求和工艺参数，了解常用冷凝冷却设备的结构及工作原理，能根据工艺参数要求操作设备。

【任务目标】

1. 了解冷凝冷却工艺要求。

2. 熟悉常用冷凝冷却设备及工作原理。

3. 掌握冷凝冷却设备操作要点。

溶剂蒸汽冷凝冷却就是将溶剂蒸汽与水蒸气的混合蒸汽与冷却水或其他冷却介质进行热交换，使其放出潜热和显热，从而得到温度较低的液体溶剂或液体溶剂与水的混合液的工艺过程。

10.1.1 冷凝冷却的工艺要求

要使溶剂蒸汽冷凝冷却过程达到良好工艺效果，具体应满足以下工艺要求。

（一）流体介质温度

1. 热流体

冷凝器热流体进口温度以满足产汽设备工艺要求为准，不宜过高；冷凝液出口温度应控制在 35℃～40℃，最后冷凝器尾汽出口温度不超过 25℃。

2. 冷流体

冷凝器冷却水进口温度随水源、地区、季节不同而异，一般要求不超过 25℃，越低越好，冷却水出口温度不超过 40℃。

（二）流体介质流速

溶剂蒸汽在管内的流速一般要求为 10～15m/s，冷却水在管内流速不宜超过 2.5m/s。

（三）流体含杂量要少

无论冷热流体，都要求其含杂量要少，以减少冷凝器壁结垢，提高传热效率。

（四）冷热流体的流动方向

冷凝器内冷热流体的流动方向以逆流为好。

（五）冷却水用量

冷却水用量以满足热流体冷凝液出口温度要求为限，不宜过量。

（六）冷凝器面积

浸出车间冷凝器总的冷凝面积要求达到 $4m^2/t$ 料以上，各冷凝器面积应合理分配。在常压蒸发浸出工艺中，蒸脱机冷凝器的冷凝面积最大，其次为一长冷凝器，以下分别为二长、汽提、蒸煮罐和浸出器等冷凝器。

10.1.2 冷凝冷却设备

冷凝器就是一种热交换器，冷热介质通过间壁进行热量传递，达到热交换目的。冷凝器的类型较多，有列管式、喷淋式、列板式、塔式及直接接触式等，浸出油厂常用的是列管式和喷淋式冷凝器，分别介绍如下：

（一）列管冷凝器

列管冷凝器的类型较多，根据安装形状不同有卧式和立式之分；从参与热交换的冷热流体在列管内流过的次数来看，有单程式和多程式之分；按其结构又可分为固定管板式和浮头式两种；根据其制造材料的不同还可分为碳钢冷凝器、不锈钢冷凝器和铝合金冷凝器等。

虽然列管冷凝器的形式较多，但其构造大体相同，大都由花板、管束、壳体和顶盖四部分组成。图 10－1 是最简单的列管冷凝器。在圆形外壳（1）中，由直管组成的管束（2），管束两端固定在花板（3）（或称“管板”）之上，管子在花板上的连接可用胀管法或焊接法，顶盖（5）是以螺栓（6）将法兰（4）固定在外壳上的。此外，为了增加传热效果，可在器内安装少量折流板。

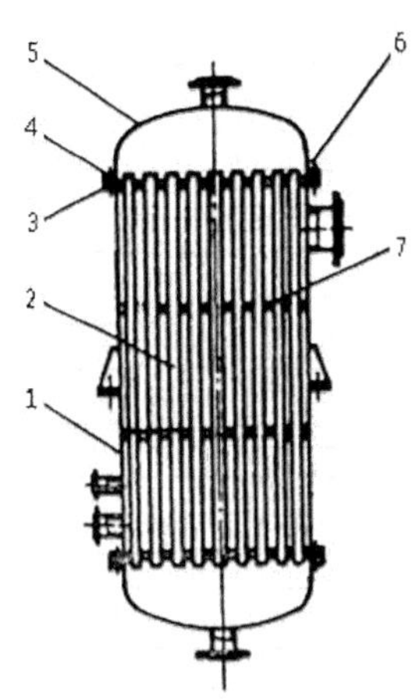

图 10－1 列管冷凝器

1－外壳 2－管束 3－花板 4－法兰 5－顶盖 6－螺栓 7－折流板

根据油厂实际使用情况，冷凝面积相同时，立式冷凝器的效果较卧式的为好。

进入冷凝器的溶剂蒸汽经冷凝后变成溶剂液体，冷凝器内汽液两相同时存在。在实际操作中，应尽量延长液相冷却过程，以保证溶剂液体出口温度符合工艺要求。

列管冷凝器壳程或管程结垢后，都会影响传热效率，因此，应根据冷凝冷却效果定期除垢。常用的除垢方法有：用钢丝刷拉刷，用特制刮刀滚刷，化学溶剂清洗或磁化水清洗。生产中也可采取有效的措施防止结垢，如在冷凝器进水管上安装磁水器，水流经过横向磁场后，使结垢的阴、阳离子变形，破坏或削弱离子间的相互作用，改变其结晶条件，使构成硬质水垢的盐类晶态变成带磁场的粉末物质，从而降低其在管壁上的附着力，这样就能有效地防止结垢。另外，对于冷却水循环使用的厂家，可以考虑对水进行软化处理，以确保冷凝器在工作中具有较高的传热系数。

列管冷凝器在使用中，要注意检查排出的冷却水中是否带有溶剂，若发现冷却水中带有溶剂，应立即停车查出漏处。常用的方法是对冷凝器壳程进行水压试验。如果列管渗漏，且漏管低于总管数的 20％时，可采取堵塞等临时措施维持生产，如果漏管超过总管数的 20％或必须采用焊接法才能堵塞漏处时，应更换冷凝器或移至车间外维修。

若列管冷凝器布置在室外，冬季停车时，要放空冷凝器内的冷却水，防止管子冻裂。

列管冷凝器的优点是结构简单紧凑，传热面积大，传热效果好，适用于大中小浸出油厂。其缺点是清洗长期使用中沉积的垢层较为困难，特别是清洗固定管板式冷凝器的壳程则更为困难。

(二) 喷淋式冷凝器

喷淋式冷凝器亦有单管程和多管程（联箱式）之分。图10—2是油厂常用的一种多管程喷淋式冷凝器，其构造主要是将一定直径和长度的管子（2）装成排管状，上方有喷淋水槽(5)。管子两端分别有大小两端盖（3）（7）相连接，下部有集水池（1）和支架（6）。图示的这种冷凝器有4排6行共24根管子构成三管程：第一程有3行12根管子，第二程有2行8根管子，第三程有1行4根管子。

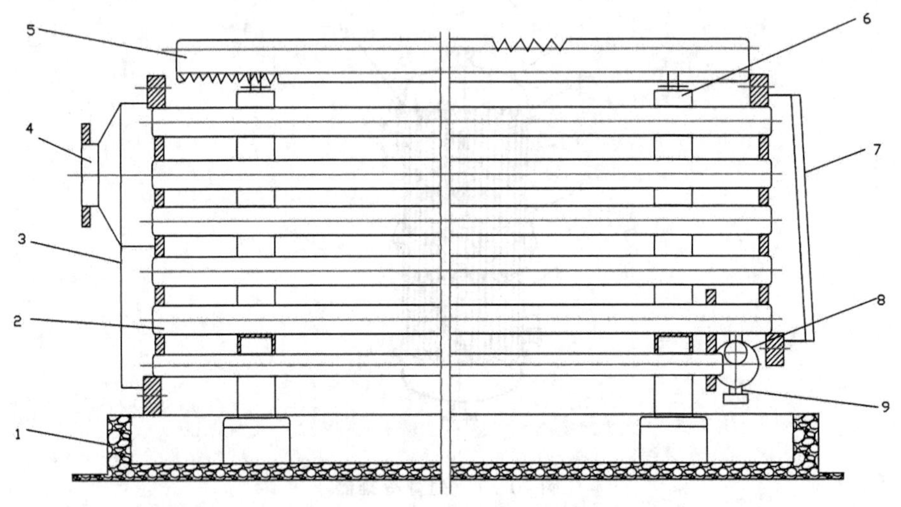

图10—2 喷淋式冷凝器

1—集水池 2—排管 3、7—顶盖 4—溶剂汽体进口 5—喷淋水槽
6—支架 8—尾气出口 9—冷凝液出口

工作时，溶剂蒸汽由接管（4）进入第一程，由于体积增大，速度降低，因此，溶剂蒸汽被迅速冷凝冷却，同时减小了阻力，增大了压差，有利于未凝结蒸汽进入第二程进一步冷凝冷却。随着溶剂蒸汽量的减少，第二、三程的冷凝管程面积也相应减小，冷凝液经汇集管(9) 流往分水器，而尾气则由管（8）接入平衡罐。

为了均匀分散喷淋水；喷淋水槽两侧装置有锯齿形的边缘板和水沿边缘板。使流出速度不大于0.25m/s，喷淋密度为每米管长250～1500kg/h。

喷淋式冷凝器对供水量变化比较敏感。水量不足时，管子会立即出现干壁现象；水量过多时，水流顺壁效果差，管子底部表面缺水，即使水量适中时，这种现象也不同程度地存在。因此，水量大小控制要求较严格、为了防止流水飞溅，提高水的利用率，可相应采取装置檐板或缩小管间距等措施。

喷淋式冷凝器的优点是传热系数大，结构简单；管壁垢层易于清洗，对用作蒸脱机二次蒸汽的冷凝较适宜。其缺点是管外壁腐蚀较严重；水量不足时，冷凝效果会明显降低；设备占地面积和喷淋噪声较大；被冷凝汽体在管内流经路程较长，流动阻力相应较大。

10.1.3 溶剂冷凝冷却设备及溶剂储存设备的操作

1. 开车前，相应各冷凝器事先打开冷却水进、出口的阀门，使冷凝器处于正常运行状态。

2. 认真按本工序的工艺技术要求调节冷却水的流量和温度，使冷却水出口温度不超过35℃（夏季40℃），溶剂出口温度不超过40℃（夏季45℃）。

3. 冷凝器要保持管壁清洁，冷凝器防止断水，一旦断水，立即采取紧急停车。

4. 在生产时若发现冷凝器出水温度与进水温度相差很小，而冷凝液温度较高，则可能是冷凝器结垢严重或折流板腐蚀造成短路引起；若发现水中带有溶剂，表明冷凝器有渗漏。不管是哪种情况应立即停车检修，正常后再开车。

5. 对于蒸烘机冷凝器要特别注意混合蒸汽中含有粕末情况，如混合汽中含粕末较多，轻则可能造成冷凝器结垢严重，重则含粕末较多的冷凝液进入分水器可能将分水器的防虹管堵塞，进而使溶剂被虹吸而随废水外逸。

6. 冷凝器在相应设备停车半小时后，方可停冷却水。停车时若气温较低，应放空冷凝器中的存水，以防冷冻损坏设备。

7. 对循环溶剂罐和总溶剂库操作。

（1）循环溶剂罐的液位要保持不低于罐高的1/3。禁止从循环溶剂罐底部管道出溶剂，防止积水带入浸出器。

（2）在滤纸上滴几滴溶剂，吹干后观察，如发现有油迹，应把混合油抽出进行蒸发处理。

（3）罐底如发现有积水，应抽出进行分水，在冬天尤应注意，以防冰冻，影响生产。

（4）如发现罐内积水突然增多，除检查分水器外，还要检查第一、第二蒸发器的冷凝器是否有腐蚀穿孔现象，并及时修复或更新。

（5）定期检查总溶剂库呼吸阀是否灵敏。

（6）总溶剂库内的溶剂储罐不得有管道与平衡罐相连通，必须单独装置呼吸阀，平衡压力。溶剂管除输送溶剂时，平时保持常闭。

（7）储罐液位指示器应尽量避免用玻璃管。玻璃管指示器必须加保护装置，平时上下截止阀常闭。

（8）总溶剂库内经常保持清洁、干燥、无积水和泥浆，发现库内空气中气味异常时，要及时通风排除，并立即检查原因，采取相应措施。

（9）桶装溶剂不得露天存放，日晒雨淋，以免渗入水分或发生危险。

【课后习题】

1. 溶剂冷凝冷却的主要工艺参数要求有哪些？

2. 试画出列管式冷凝器的结构和工作示意图。

3. 溶剂冷凝冷却工序操作要点是什么？

4. 试分析冷凝器出口水温过高的原因及解决措施。

任务2 尾汽中的溶剂回收

【课前引导】

浸出车间的尾汽从哪里而来？尾汽中溶剂残留会带来什么危害？对尾汽中的溶剂残留在回收过程应注意哪些问题？这些问题是这节任务需要理解并掌握的。

【任务描述】

通过本任务的学习，熟悉尾汽中的溶剂回收工艺要求和工艺参数，了解常用回收设备的结构及工作原理，能根据工艺参数要求操作设备。

【任务目标】

1. 了解尾汽来源。
2. 熟悉常用尾汽中溶剂回收设备及工作原理。
3. 掌握尾汽中溶剂回收设备操作要点。

10.2.1 尾汽来源及其溶剂含量

（一）尾汽来源

在浸出生产过程中，浸出器进料及蒸脱机、汽提塔等设备喷入直接蒸汽，以及设备管路密封不严，都会带入或漏入一定数量的空气。这些空气在系统中与挥发的溶剂蒸汽及少量水蒸气混合，并流向系统尾部，这部分混合汽体则称为“尾汽”，或称为“自由汽体”。尾汽量的大小主要取决于进入系统内空气的量，此外还与尾汽的温度有关。

空气进入浸出生产系统有以下三条途径：

1. 入浸料带入

因为入浸料之间有空隙，当其进入浸出系统时必将带入一定数量的空气，而在溶剂浸泡时又会被赶出来。

2. 管道和设备渗漏

为了避免溶剂汽体从浸出系统内往外泄漏，要求整个浸出生产系统在微负压下操作，因此在管道和设备的密封不严处将进入空气。

3. 直接蒸汽带入

溶于水中的空气进入锅炉后随水汽化，浸出生产在使用直接蒸汽时，这少量的空气也将进入系统中。

（二）尾汽中的溶剂含量

尾汽中的溶剂含量与尾汽温度及溶剂馏分的组成有关。若将尾汽看作理想汽体，在常压或微负压状态下，其溶剂含量可按下式近似计算：

$$G=\frac{MP_0}{P(22.4+0.082t)}$$

式中：G ——尾汽中的溶剂含量（kg/m^3）

M ——溶剂的平均分子量；

P_0——溶剂在 t^{0}C 时的饱和蒸汽压（Pa）

P ——尾汽压力（Pa）

t ——尾汽温度（^{0}C）

计算时，尾汽中少量的水蒸气可忽略不计。表 10－1 所列为常压下尾汽温度与尾汽含溶量的关系。

表 10－1　尾汽含溶剂量（以己烷为主）与温度的关系

t（^{0}C）	－30	－15	－10	0	5	10	15	20	25	30	35	40	45
G（g/m^3）	44.5	96.3	146	228	313	344	433	566	695	867	1032	1267	1476

10.2.2 尾汽中溶剂回收的目的

生产系统的空气与溶剂或挥发的溶剂蒸汽接触后，随着温度不同而含有一定数量的饱和溶剂。由于空气不凝结，因此表面冷凝装置内达不到冷凝回收的目的。也就是说，这些尾汽在整个系统内是不能被冷凝下来的，而且尾汽的温度越高，溶剂蒸汽分压越大，则尾汽中的溶剂饱和量越大。如日处理 100t 大豆浸出车间每天尾汽量 300m^3 的话，则尾汽排放温度为 25℃时，每天带出的溶剂为 310kg，折算每吨料带出溶剂 3.1kg。可见，如果对尾汽中这部分溶剂不进行回收，一方面经济上不合算，另一方面也造成环境污染；同时也给生产带来不安全。因此，回收尾汽中的溶剂是十分必要的。

10.2.3 尾汽中溶剂回收工艺

目前浸出油厂采用的尾汽回收方法大致为三种，即冷却法、吸收法和吸附法。这些方法的选用取决于尾气中溶剂的含量。溶剂含量为 0.170kg/m^3 以上时，宜选用冷却法；含量为 0.140～0.170kg/m^3 时，宜选用吸收法；含量为 0.050～0.140kg/m^3 时，宜选用吸附法。在保证达到尾汽排放卫生标准条件下，究竟选用哪种回收方法，回收到何种程度，还须考虑回收装置的运行费用，综合评价其可行性，以下仅介绍冷却法和吸收法。

（一）冷却法

冷却法是利用冷却介质来降低尾汽的温度，从而使尾汽中溶剂蒸汽的分压得到降低，部分溶剂蒸汽被冷凝冷却，从而降低尾汽中溶剂含量的一种方法。该法采用的冷却介质，目前油厂常用的有温度为 7℃～15℃的深井水，经冷冻机降温处理的冷冻盐水和氟里昂（R_{12}）。以深井水为冷却介质时，采用冷凝器间壁传热或在填料塔中逆流直接接触的冷却方式来回收尾汽中的溶剂。由于受深井水温的限制，经回收后尾汽的排放温度还较高。因而回收效果不够理想，只适用于小型浸出油厂。用冷冻盐水接触尾汽和氟里昂汽化后通过管壁吸收尾汽热量使其中溶剂汽体冷凝回收的方法，因其工作温度低，故又称为“冷冻法”，而冷冻法又分为直接冷冻法和冷冻盐水接触法，现仅介绍直接冷冻法。

1. **工艺过程**

直接冷冻法是使尾汽与制冷剂氟里昂（R_{12}）在蒸发器管壁进行热交换，氟里昂汽化后通过管壁直接吸收尾汽的热量，尾汽放热后温度降低到0℃以下，其中的溶剂汽体部分被冷凝成液体而得以回收。

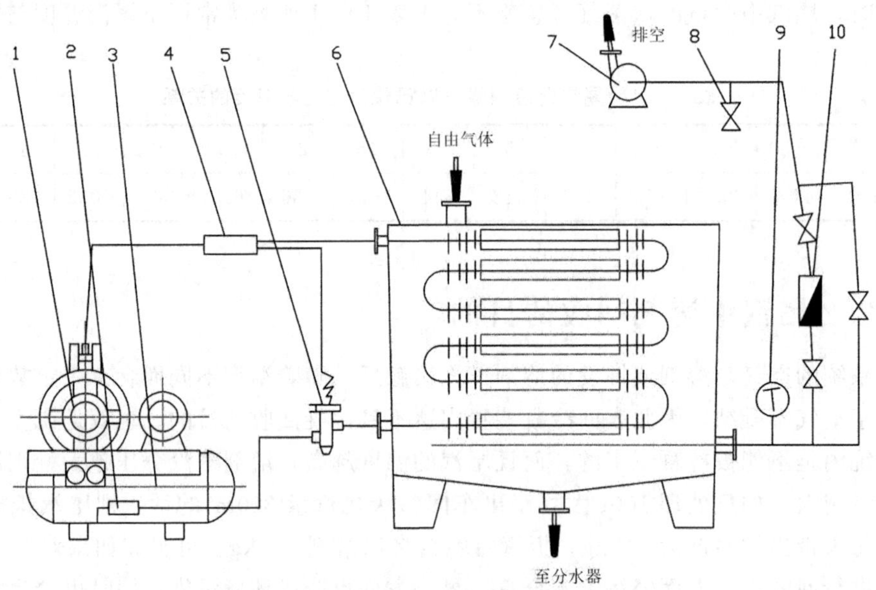

图 10－3　直接冷冻回收装置

1－制冷压缩机　2－干燥过滤器　3－冷凝器　4－感温包　5－热力膨胀阀
6－冷冻箱　7－风机　8－空气阀　9－流量计　10－转子流计

图 10－3 是国内常采用的一种直接冷冻回收装置，该装置由制冷机组和冷冻箱两部分组成。它的制冷工作过程如下：冷凝器（3）中的常温、高压液体氟里昂（R_{12}）经过滤器（2）过滤干燥，除去机械杂质和水分，再经热力膨胀阀（5）节流降压，进入蒸发器（冷冻箱内排状翅片管）内，其沸点大幅度降低，开始迅速汽化；氟里昂在蒸发器内的相变过程有以下五个阶段：低压液体、沸腾液、湿蒸汽、干饱和蒸汽、过热蒸汽，整个相变过程均为吸热过程，使冷冻箱（6）内的温度急剧降低。低压氟里昂蒸汽被制冷压缩机（1）压入冷凝器（3）被冷凝成常温高压液体，使氟里昂在制冷系统中得以循环使用。通入冷凝器内冷却水所带走的热量等于氟里昂带入的尾汽热量与压缩机机械功转换热量之和。在压缩机吸气管路上装设感温包（4），通过毛细管与热力膨胀阀连接，借助感温包内氟里昂的热胀冷缩作用，自动调节膨胀阀阀孔的开启度，使制冷机组的制冷量随制取的最低温度及尾汽热负荷的变化而变化，以保证最佳回收效果。

尾汽进入冷冻箱后，其部分热量通过翅片管壁被氟里昂吸收，温度降低，溶剂汽体和水蒸气部分凝结流至分水器，未凝结气体经转子流计（10）由引风机（7）通过阻火器排空。引风机的使用，能使浸出系统产生微负压，有利于减少因密封不严造成溶剂的跑冒滴漏现象。在引风机进气管路上需设置气阀（8），其主要作用是补充空气，使排出尾气浓度得到稀释，使之降到安全浓度（0.042kg/m^3）以下。

冷冻箱尾汽进口温度不应超过 30℃～35℃，出口温度不应超过－10℃～－15℃。若操作得当，尾汽中的溶剂回收率可达到 85%左右。

2. **设备选用**

国内中小型浸出油厂采用该法通常配备以下设备：

（1）制冷压缩机。选用 2F6.3s 活塞式制冷压缩机，活塞行程 76mm，额定转速 600r/min，标准工况制冷量 16.75MJ/h，空调工况制冷量 37.68MJ/h，配备电机功率 3.0kW，润滑油使用 HD—18。

（2）冷凝器。设计温度 125℃，设计压力管程为 0.2MPa，壳程为 1.4MPa。试验压力管程 0.3MPa，壳程 1.6MPa，冷凝面积 2m^2。壳内管程为带翅片的铜管。

（3）冷冻箱。选用 LXS—35 型溶剂汽体回收器。尾汽流量为（1.7～1.9）×10^{-3} m^3/s，尾气压力为 2Pa，箱内尾汽流速（3.0～3.4）×10^{-3} m^3/s。冷冻面积（也称“蒸发面积”）28m^2，箱内为排状翅片管。

（4）热力膨胀阀。选用 RF_3 型，使用氟里昂（R_{12}）时的标准工况制冷量为 19.26MJ/h，适用温度范围是－30℃～＋10℃，可调节关闭过热度 2℃～8℃。接管规格 Φ10×1mm，出口管 Φ12×1mm。

（5）引风机。型号为 7－10－12N0.3，流量 9.7×10^{-2} m^3/s，全压 3087Pa，主轴转速 2800r/min，配用电机功率 0.8kW。

3. **操作要求**

制冷压缩机的吸汽温度应小于 15℃，排汽温度不超过 130℃，曲轴轴承温度不超过 60℃，冷冻机油温不超过 70℃，冷凝压力：水冷为 0.7～1.0MPa，风冷时为 0.8～1.2MPa，蒸发压力一般不超过 0.15MPa。空气阀的开启度根据冷冻箱尾汽出口温度和浸出压力来确定。

（二）吸收法

吸收法主要是利用溶剂和选定的吸收剂能够相互溶解的特性，使尾汽中的溶剂被吸收剂所吸收，然后再分离回收溶剂的一种尾汽回收方法。目前一般采用食用级液态石蜡（又称“矿物油”）作吸收剂。

矿物油吸收装置是由吸收塔、解吸塔、加热器、冷却器、热交换器、泵和风机等设备组成，其工艺流程如图 10—4 所示。

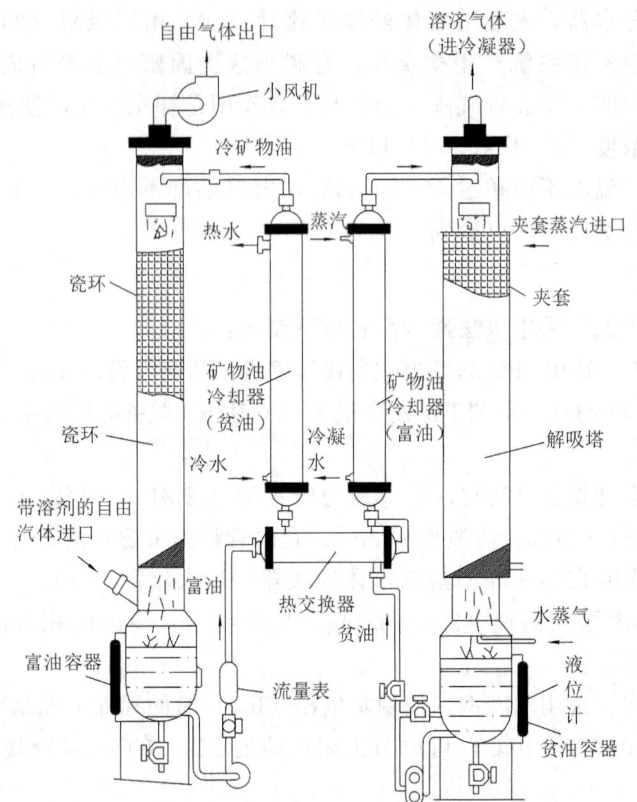

图 10－4　矿物油吸收法工艺流程

由图 10－4 中可以看出，来自最后冷凝器的尾汽由尾汽管进入吸收塔的底部，气体在通过塔内的填料层（填料为瓷环）的过程中，与从塔顶喷淋下来的冷矿物油（贫油）逆向接触，尾汽中的大部分溶剂被冷矿物油吸收，而未被吸收的空气，由吸收塔顶部的小风机抽出，并通过阻火器排入大气。该小风机工作时还使整个浸出系统形成微负压，利于防止溶剂汽体在设备和管道中泄漏。吸收溶剂后的矿物油混合液（富油）收集在吸收塔底部的储罐，经富油泵泵入热交换器，与来自解吸塔的热矿物油（贫油）进行热交换。热交换后约 80℃，再经过富油加热器加热约 110℃～120℃后进入解吸塔解吸。

解吸塔的结构类似于吸收塔，外部用间接蒸汽加热，富油由解吸塔顶部喷入，与从塔底喷入的直接蒸汽在填料层中逆向接触汽提。富油中的溶剂几乎全部被直接蒸汽解吸出来，得到的水蒸气和溶剂蒸汽的混合汽体，从解吸塔顶部排出，进入冷凝器冷凝冷却。冷凝液通过分水箱分离出溶剂。未被气化的贫油收集在解吸塔底部的储罐中，温度为 110℃～120℃，经贫油泵泵入热交换器与富油进行热交换，释放出部分热量后变成 60℃左右的贫油，再进入冷却器冷却约 35℃～40℃，然后进入吸收塔上部，如此，矿物油得以循环使用。

矿物油吸收装置的工艺条件见表 10－2，它可使排空尾汽中溶剂的含量降到 25×10^{-3} kg/m^3，回收率达 90％左右。

表 10—2　矿物油吸收装置工艺条件

设备	项目	指标
吸收塔	尾汽进塔温度（℃）	＜25
	塔内汽流速度（m/s）	0.4
	塔内汽液体积流量比（v1/v2）	36～50
	塔内压力（Pa）	－980～－2450
	贫油进塔温度（℃）	25～35
	贫油含溶剂量（ppm）	20
解析塔	富油温度（℃）	115～120
	塔内汽体流速（m/s）	0.9～1.0
	直接蒸汽用量（kg 蒸汽/kg 溶剂）	3.5～4.0

10.2.4 自由气体回收设备的操作

（一）直接冷冻法回收溶剂

1. 掌握好制冷压缩机吸气温度不小于 15℃，排气温度不超过 130℃。

2. 控制冷冻箱尾气进口温度为 30℃～35℃，出口温度为－15℃～－10℃。若出口尾气的温度过高，调节空气阀的开启度。

3. 防止因制冷量过大造成自由汽体进口处或混合溶剂出口管路结冰堵塞。

（二）吸收法回收溶剂

1. 掌握吸收油的温度，控制加热蒸汽的压力。

2. 吸收油达到更换浓度，或已变质，要更换新油。

3. 引风机要运转正常平稳，保持全浸出系统负压稳定。

【课后习题】

1. 尾汽来源途径有哪些？

2. 尾汽中溶剂回收的目的是什么？

3. 尾汽中溶剂回收的主要工艺参数有哪些？

任务3 溶剂与水分离

【课前引导】

前期溶剂冷凝冷却及尾汽中溶剂回收后溶剂中都含有哪些成分？溶剂中的含水量会对整个浸出操作带来哪些影响和危害？溶剂如何与水分离？这些问题是我们这一节任务需要解决的。

【任务描述】

通过本任务的学习，了解溶剂中含水对工艺的影响和危害，掌握溶剂与水分离原理，能根据工艺要求正确操作分水设备。

【任务目标】

1. 理解并掌握分水原理。
2. 了解溶剂含水对浸出操作的影响及危害。
3. 能操作使用分水设备将溶剂与水分离。

在浸出生产过程中溶剂要循环使用，而投入浸出器的新鲜溶剂是不允许含水的（溶剂含水对浸出效果会带来不利的影响）。从蒸脱机、汽提塔等设备出来的溶剂混合蒸汽，经冷凝冷却后得到的冷凝液为溶剂与水的混合液，因此，溶剂与水的分离在浸出生产中是必不可少的一个环节。

10.3.1 分水原理

溶剂和水的分离原理主要是利用溶剂与水互不相溶，且溶剂的密度比水的密度小的特性，静置后自动分层使之进行分离。用于溶剂和水分离的设备为分水器。

10.3.2 分水设备

混合液中溶剂与水的分离通常采用分水器、分水箱及液封池等，它们工作都是自动连续进行，现分述如下：

（一）分水器

图10—5是一种结构简单的分水器，工作时，溶剂和水的混合液从管（4）进入。若进入的混合液中带有汽体，可从管（4）的直管上端逸出，以免气体进入液层影响溶剂和水的静置分层。

由于管（4）下端伞形帽的挡阻，混合液中的溶剂不致于直冲到底部，可防止溶剂从出水管（5）流出。混合液进入分水器后，溶剂上浮从管（2）流出，水下沉从管（5）排出，自由气体由管（1）通向平衡罐，水中残渣从管（8）排出。管（5）暴露在分水器外的直管，其上端高出液面，并与大气相通，可防止产生虹吸而将分水器中液体排净。液位计（3）用以显示溶剂和水分界面位置，以便正常操作。

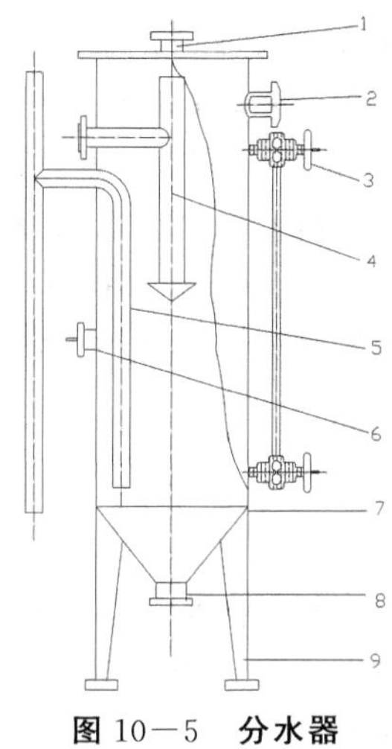

图 10—5　**分水器**

1—自由汽体管　2—溶剂出口管　3—液位计　4—混合液进口管　5—出水管　6—进水管　7—外壳　8—排渣管　9—支脚

（二）分水箱

目前油厂常用的分水箱，其结构如图 10—6 所示。

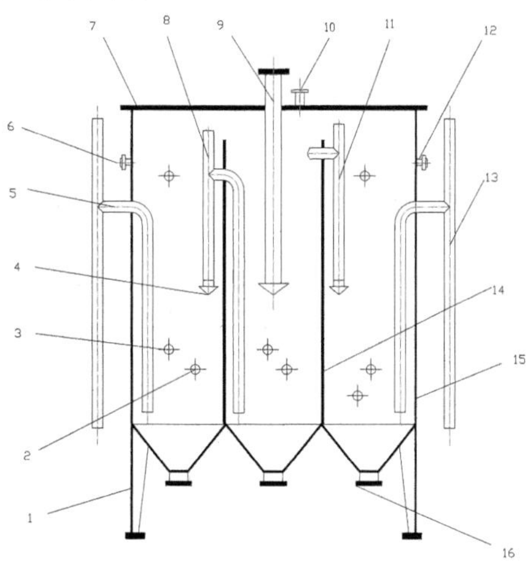

图 10—6　**分水箱**

1—支架　2—进水接口　3—液位计接口　4—缓冲帽　5、13—排水管　6、12—溶剂出口管　7—顶盖　8、11—二次分水进液管　9—混合液进口管　10—自由汽体出口　14—隔板　15—箱体　16—排渣管

该设备实际是由三个分水单元组成，实现两次分离。工作时，混合冷凝液由进口管（9）进入中间分水单元，分离出的溶剂通过二次分水进液管（11）进入右边的分水单元，使溶剂

中残留的少量水分在此得到进一步分离。溶剂从接管（12）流入溶剂周转罐，下层水从排水管（13）排出。中间分水单元下层水中还有少量残留溶剂，经排水管（8）进入左边的分水单元，同样进行二次分离，分离出的溶剂从接管（6）流入溶剂周转罐，下层水由排水管（5）排出，很明显，右边的分水单元排溶剂多而排水少，左边分水单元排溶剂少而排水多，因此右边的分水单元的溶剂出口与排水口的距离应长一些，使界面液位降低，延长溶剂的滞留时间；而在左边此距离则应短些，以延长水的滞留时间，这样才更有利于溶剂与水的分离。

分水箱（器）分离效果与混合液在其内的停留时间有关，停留时间长，有利于提高其分离效果。为保证分离效果，分水箱总有效容积每吨入浸物料不得少于 0.04m³，有效分水时间一般不得少于 30min。

（三）液封池

液封池又称"水封池"，常设置在浸出车间排放废水的下水道中途，其作用是截留废水中的溶剂，防止分水器失效时溶剂被废水带入下水道，或水中微量溶剂在下水道里积聚，导致意外火灾时造成回火，危害浸出车间。

液封池的工作原理与分水器相似，其结构如图 10—7 所示。它是由三个分离室组成，各分离室用溢液管连接起来。液封池的池体一般采用钢板或钢筋混凝土浇制，应做成多室结构，至少有三个分离室。保护高度 0.4m，使进入液封池的溶剂不至外流或溢出；水封高度宜是保护高度的三倍以上，其有效容积不小于车间分水箱容积的 1.5 倍，且不小于车间溶剂周转罐的有效容积。这样可避免发生溶剂泄漏事故时，造成溶剂溢流出浸出车间禁区以外，以确保浸出车间的安全。

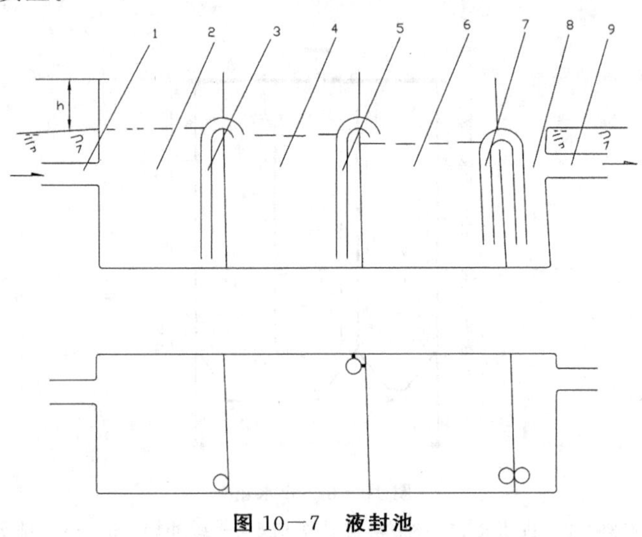

图 10—7　液封池

1— 进水管　2、4、6—水封分离室　3、5—溢流管　7—倒 U 形溢流管（顶开孔）
8—排水井　9—排水管

液封池工作时，浸出车间流出的废水由进水管（1）流入分离室（2），进行第一次分离，分离后的废水由溢流管（3）流入分离室（4），进行第二次分离。这样如此进行三次分离，分后的废水由分离室（6）经U形溢流管流入排水井（8）。再由废水排出管（9）排出。被截留下来乳化状态的废水（含溶剂的液体）用人工舀入蒸煮罐进行蒸煮，回收溶剂。

（四）废水蒸煮罐

分水箱正常工作时，排放的废水中含溶剂很少，一般不超过废水量的0.01%。通常不再另作处理。但当溶剂与水发生乳化时，水中含有较多的溶剂，废水须经蒸煮处理后才能排放。另外，分水箱内的沉淀下脚，湿式捕粕液的沉淀下脚，混合油罐内的盐水下脚及液封池内上浮的乳化物等都含有一定量的溶剂，都要收集起来进行蒸煮处理，回收其中的溶剂。常用的蒸煮设备是蒸煮罐，其结构如图10－8所示，主体由罐体、间接蒸汽加热盘管和直接蒸气喷管等零部件组成。

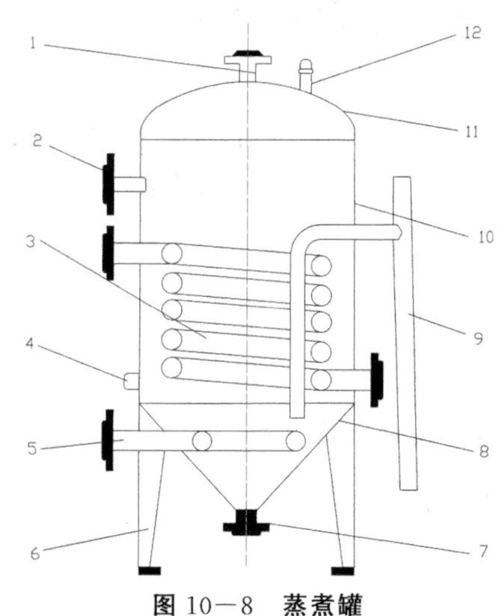

图10－8 蒸煮罐

1－混合蒸汽出口 2－待蒸煮液（渣）入口 3－间接蒸汽加热盘管 4－温度计接管
5－直接蒸汽喷管 6－支架 7－排渣口 8－下锥体 9－废水排除管
10－罐体 11－封头 12－U形压力计

工作时，待蒸煮液从入口（2）进入，经直接蒸汽和间接蒸汽加热蒸煮，使蒸煮温度维持在92℃～95℃，不宜超过98℃，以免导致过多的水分蒸发，使冷凝器和分水器负荷增大。一般蒸煮时间为5～10min。

10.3.3 溶剂与水分离设备的操作

1. 开车前，由进水管向分水器注入冷水，直至水从排水管口溢出为止。

2. 注意观察分水箱溶剂出口管视镜，如发现有混合油，应立即检查蒸发器、汽提塔有否液泛现象，并尽快处理；如发现有乳化现象，则可能是捕粕器失效所致，也要及时处理。注意观察分水箱界面液位是否正常。如发现界面液位逐渐下降，应立即注入冷水使界面液位回到正常位置，再查明原因并作出处理后才能停止注入冷水；如发现界面液位逐渐上升，应立即打开底部废液管排放，至无沉积物后再关闭。如无效，则应停车疏通排水管。

3. 注意分水箱内的工作温度，若超过40℃，应采取降温措施，并立即检查冷凝冷却系统，查明原因并采取措施处理。

4. 分水器除温度过高、沉淀物过多、出水管堵塞等情况外，禁止从底部放水，以防放出溶剂。

5. 排出废水如果呈白色或混浊，则说明废水中含有溶剂，应进行盐析或蒸煮回收溶剂后才能排入液封池。

6. 停车检修时，首先关闭排水管阀门，然后向分水器注入冷水，直至排溶剂口溢出水为止，全部将分水器内溶剂放回周转罐。

10.3.4 废水中的溶剂回收设备操作

1. 开车前，液封池必须装满水。

2. 定时检查液封池。如发现乳浊现象，可能是捕集器失效，要及时处理。

3. 对呈乳化状态的一部分废水应送入废水蒸煮罐用蒸汽加热约92℃～95℃，不超过98℃，蒸发回收溶剂。

【课后习题】

1. 溶剂与水分离的原理是什么？
2. 溶剂中含水的影响和危害是什么？
3. 为什么要对浸出车间的废液进行蒸煮？
4. 液封池的作用及工作原理是什么？

任务4　浸出车间溶耗控制

【课前引导】

浸出操作理论上溶剂应该完全回收循环使用，但在实际生产中这是不现实的，溶剂损耗的原因有哪些？如何控制浸出操作中的溶剂损耗？这些问题是我们这一节任务需要解决的。

【任务描述】

通过本任务的学习，了解溶剂损耗原因，掌握在实际生产中溶剂损耗控制措施到底有哪些方面，并能根据浸出车间溶剂损耗来判断生产控制情况并给出改进建议。

【任务目标】

1. 理解并掌握溶剂损耗的原因。
2. 理解并掌握浸出车间控制溶剂损耗的措施。
3. 理解并掌握浸出车间微负压环境构建。

10.4.1 系统内压力平衡

浸出车间是由油脂浸出、湿粕蒸脱、混合油蒸发与汽提、溶剂回收四个工序组成的连续生产系统。系统中既有固体物料又有液体物料。由于系统中使用的溶剂易于挥发，所以全部生产设备和工艺管道都要求有良好的密封性能：同时、各工序的工艺条件各不相同，为了避免工序间的相互影响，往往在工序连接处采用液封、料封等方法使各工序自成一个体系。由于各设备的工艺条件不同，进出料的不平衡，自由气体产生量的多少不一样等原因而导致各设备内压力不相同。当设备间及设备与外界的压力大到一定值的时候，将会破坏料封和液封，不利于保证各工艺条件的实现，妨碍物料的正常流动，严重的还会使设备超压，产生严重事故。例如：浸出器的压力与系统压力不平衡，可能造成进料料封失效，致使溶剂汽体外逸，会引起燃烧、爆炸等危险；混合油罐等容器压力不平衡，会影响其流量；长管蒸发器、汽提塔压力不平衡，可能引起液泛现象；分水器压力不平衡，可能造成排水管跑溶剂。因此，除工艺需要外，应尽可能消除系统内设备间的压力差，控制好系统内外的压力差，这就要求系统内压力趋于相等达到压力平衡。系统内平衡压力的方法是在每个设备的顶部装设自由气体管线，并与自由气体平衡罐连接起来，为了减少气体在自由气体管内的流动阻力，其管径不能太小，且管线安装应合理，尽量减少弯曲尤其避免 U 形弯曲。这样通过管线相互沟通，各设备和容器就能保持压力平衡。

10.4.2 微负压操作

油脂浸出作为一个封闭系统，有许多动密封和静密封，因制造安装质量，使用过程中的磨损及密封材料的老化等多种原因的影响，或多或少地会出现密封不严，从而会造成不同程度的溶剂（或混合油）渗漏。减少这种渗漏行之有效的方法就是使整个浸出系统处于微负压操作状态，即微负压操作。

浸出系统的微负压操作的建立依赖两个方面：一是温差降压，二是机械降压。温差降压是借助溶剂汽体的温度差而产生的自然压力差来降低气源设备的压力；机械降压则是利用风机、蒸汽喷射器、水力喷射器等机械设备从系统内抽气，通过降低冷凝器的压力而降低气源设备的压力，使其形成微负压。

微负压操作要求系统内压力平衡，且处于微负压状态下，该微负压值不能太高，否则会增大尾汽的量，提高尾汽排放的浓度，从而增加尾汽回收的负荷，增大溶剂消耗。为此，油厂一般控制系统达到 100Pa 的微负压。在浸出生产中要较好地满足这个要求，需要做好设计和操作两方面工作：在进行工艺、管路和布置设计时，除合理设置自由气体管路以满足系统压力平衡外，还应根据尾汽的量、自由气体管内气体流动的压降等合理地选择机械降压设备，设置必要的 U 形压力计，并在平衡罐连接的各自由气体管路上设置阀门，以便观察，调整各设备的压力，使其压力达到平衡。在操作上，要注意各设备间的压力平衡状况和尾汽抽吸量的调节。

10.4.3 浸出车间的溶剂损耗及控制措施

(一) 浸出车间的溶剂损耗

浸出车间的溶剂损耗是以处理每吨入浸料胚所损耗溶剂的千克数来表示的。溶耗是浸出生产中一项主要的技术经济指标。

浸出车间的溶剂损耗可分为不可避免的溶剂损耗和可避免的溶剂换耗两部分。

不可避免部分的溶剂损耗包括废气、饼粕、毛油和废水中带走的溶剂的最低限量。其值大小主要取决于所采用的工艺流程，设备本身的性能，浸出物料的种类和性质，所采用溶剂的馏程等多种因素。

在工艺流程和设备的选择上，不同的工艺流程和设备不可避免的溶剂损耗是不同的。如在浸出大豆中，为得到低变性的豆粕而采用低温脱溶工艺及设备，其成品粕中带走的溶剂量较一般湿粕蒸脱方法高得多。又如在混合油汽提时，采用不同的汽提设备，其浸出毛油中的溶剂残留量也不相同。

不同的浸出物料，其不可避免的溶剂损耗也是不同的。如米糠一次浸出，因粉末度大、水分高、含杂质多（主要是淀粉），它与其他油料相比，浸出时渗透能力就差，不仅使粕中残油增加，而且湿粕含溶剂量高。如果在其他工艺条件相同的情况下，湿粕蒸脱效果较差，粕中残留溶剂量会偏高。

此外，浸出生产中使用溶剂馏程不同也会影响不可避免的溶剂损耗量。溶剂馏程过宽、高沸点成分易残留在毛油和粕中，低沸点部分则易随废气带入大气，导致溶耗升高。

可见，一个油厂不可避免的溶剂损耗是一定的，通常在0.5～1.5kg/t料。某50t/d菜籽预榨—浸出油厂的不可避免的溶剂损耗测算结果见表10—3。

表10—3 某50t/d菜籽预榨—浸出油厂的不可避免的溶剂损耗测算结果

损耗途径	物料流量	残溶指标	损耗量（kg/t料）
毛油中带走的溶剂	3.4t/d	500ppm	0.053
粕中带走的溶剂	30.89	500ppm	0.480
废水带走的溶剂	3.7	140ppm	0.013
废气带走的溶剂	67.6m^3/d	0.187kg/m^3	0.393
合计			0.939

从表10—3中可以看出，在不可避免溶剂损耗中，以粕带走的溶剂量最大，占51.1%；其次为废气中带走的，占41.8%；毛油和废水中带走的仅占7.1%。

可避免部分的溶剂损耗是指由于跑、冒、滴、漏及排出系统物料超标带出溶剂而造成的损耗。这项损耗在总的溶剂损耗中所占比例最大，产生这部分损耗的原因主要有两个方面：

一是由于系统正压状态下密封不严，或多种原因造成的设备检修，使溶剂（或混合油）跑、冒、滴、漏。系统密封不严是因为设备和管道等的环境、法兰连接处，设备外壳的焊缝处等静密封及各转动部位的动密封本身密封效果不佳，或长期使用后密封性能变差。此外，物料进口如浸出器进料、汽提塔的毛油出口、分水器的废水出口等处的料（液）密封效果不佳或失效。

二是由于工艺不合理或设备工作状况不良或操作不当造成的废水、废气、毛油及粕中溶剂残留量大幅度超标。

（二）控制溶剂损耗的措施

浸出车间的溶剂损耗量是一项重要的技术经济指标，为了最大限度地降低溶剂损耗，在生产中必须采取行之有效的控制措施。

1. 控制跑、冒、滴、漏

控制由跑、冒、滴、漏造成的溶剂损耗有三条基本措施。一是搞好设备、管道的维护保养，注意系统中的动、静密封情况，及时更换磨损、老化的密封填料，保证系统具有良好的密封性能。对新安装或大修后重新生产的车间。在开车前整个浸出系统，包括各设备及管道，需进行气密性试验。二是选用质量过关，经检验合格的设备，并加强对设备的检查和维修，使设备处于良好状态，保证生产能连续正常运转，避免设备频频发生故障而拆开检修，导致损耗大量溶剂。三是维持系统的微负压状态。

2. 控制废气排放浓度

排入大气的废气中溶剂含量应控制在 0.1%（体积比）以下。尾气中溶剂的回收应根据车间处理量的大小，相应选用经济的回收方法。在使用过程中要切实控制好工艺条件，以达到良好的回收效果。在冷冻法操作中，废气排空温降至－10℃左右为好；在吸收法操作中，影响废气排放浓度的因素较多，除要求选择吸收性能良好的溶剂外，还应按表 10－2 所列的工艺条件进行综合控制。

3. 控制粕中残溶量

粕中残留溶剂量应控制在 700ppm 以下。影响粕中残留溶剂量的因素较多，不能只注重脱溶蒸脱机的情况，并达到最佳指标，必须综合考虑诸因素的影响，特别是与脱溶有关的预处理及浸出过程的一些环节不容忽视。比如油料的预干燥、油料籽粒的脱皮质量控制以及浸出期间混合油的喷淋流程等，解决好这些问题，均可有效地提高脱溶蒸脱机工作效率。但在一定的工艺和设备条件下，随粕带走的溶剂量在不可避免的溶剂损耗总量中还是占较大比例的。因此，严格控制蒸脱机各项操作条件，仍是有效降低粕中残留溶剂损耗的主要措施。

4. 控制毛油残溶量

毛油中的残留溶剂量应控制在 500ppm 以下。操作中毛油出口温度应在 105℃～110℃，保证直接蒸汽喷入量，提高汽提效率。要防止直接蒸汽带水或在汽提塔内凝结，以免毛油中磷脂吸水膨胀，造成液泛现象，降低脱溶效率，导致毛油残溶过高。

5. 控制废水残溶量

废水中的残留溶剂量应控制在 100ppm 以下。溶剂在水中的溶解度是很小的，其溶解度与温度和溶剂的化学成分有关，一般为 7～15ppm。废水中带走溶剂有两种形式：一是微量溶剂溶解在废水中带走。其溶解度与温度成正比，如废水温度从10℃升到25℃时，溶剂在废水中的溶解度会提高一倍左右。因此，在分水时间足够的条件下，废水排放温度应控制在35℃以下。二是溶剂与水发生乳化而被乳化液带走。乳化液中的溶剂含量一般在1300～2600ppm，必须经蒸煮回收后才能排放。另外，在分水器操作中，要注意及时排液，避免发生乳化。

【课后习题】

1. 浸出系统为什么要建立压力平衡？怎样建立压力平衡？
2. 溶剂损耗的途径和降低溶剂损耗的措施各有哪些？

任务5　油厂的安全防火

【课前引导】

现有的6号溶剂油的危害性有哪些？在生产实践中要注意哪些问题？在油厂重点强调安全生产的意义是什么？常采用哪些措施保证生产安全？这些问题是我们这一节任务需要解决的。

【任务描述】

通过本任务的学习，了解6号溶剂油的火灾危险性，油厂安全生产的重要性以及制油厂常用的安全防火措施。

【任务目标】

1. 掌握6号溶剂油火灾危险性。
2. 理解并掌握油厂安全生产的重要性。
3. 能熟知油厂的常见安全防火措施。

油厂生产所使用的原料、辅助材料，生产中得到的中间产品以及最终产品和副产品，大多是可燃或易燃物品，有些还是属于易燃易爆物品。特别是油脂浸出使用的溶剂油及综合利用生产中使用的一些溶剂存在着较大的火灾和爆炸的危险性。在油厂生产和管理中（特别使用了易燃易爆物品的场合），要切实做好安全防火工作，严防发生火灾爆炸事故。

10.5.1 现用浸出溶剂的火灾危险特性

浸出油厂目前广泛使用的6号溶剂油是一种具有一定毒性和强烈刺激性的易燃易爆液体，其火灾危险特性主要表现为以下六个方面：

（一）容易燃烧

液体物质是否容易燃烧主要以其闪点、燃点和最小点火能来衡量。浸出溶剂的闪点为−28℃～−20℃，当溶剂及环境温度高于其闪点时，遇到明火就会燃烧。溶剂的燃点约为233℃，远低于易燃的汽油的燃点415℃，当溶剂在空气中自身温度达到或超过其燃点时，就会发生自燃。溶剂的最小点火能也很低，仅为0.22MJ，静电产生的火花就有可能引燃。这些都说明浸出溶剂是极易燃烧的。

（二）容易爆炸

浸出溶剂蒸汽散逸在空气中与空气混合，达到一定浓度时，遇到明火或温度高于燃点的炽热金属、玻璃等就会引起爆炸。浸出溶剂的爆炸极限范围在1.2%～7.5%（体积）浓度之间。由于溶剂沸点较低，蒸汽压较高，在溶剂的上部空间很容易形成极限范围内的混合汽体。因而具有较大的爆炸危险性。

溶剂的燃烧和混合汽体的爆炸，在很多情况下是相伴交替发生的。溶剂的燃烧给混合气体的爆炸提供了火源，而混合气体的爆炸使溶剂液体外溢，又给溶剂的燃烧创造了条件。

由此可知，浸出溶剂是易燃易爆的。按防火规范的规定来划分，溶剂的闪点远低于28℃，属于甲类液体，是最具有火灾爆炸危险的一类物品。

（三）容易挥发

浸出溶剂饱和蒸汽压较高，在常温下大量挥发，挥发出的溶剂蒸汽其质量密度约为空气的3倍，若通风条件不好，则会在溶剂储存处或车间地面弥漫飘散，在低洼处聚集不散，很容易达到爆炸极限浓度，从而增加人员中毒和火灾爆炸的危险性。

（四）容易产生静电

浸出溶剂的电阻率高，很容易产生静电，危险性较大。溶剂沿管道流动与管壁摩擦或在运输过程中与车、船、罐壁冲击时都会产生静电。静电的主要危害是静电放电。当静电放电产生的火花能量达到或超过0.22MJ时，即能引爆浓度在极限范围内的混合汽体。

由于在浸出车间工艺设计、设备安装及溶剂运输等环节，都已采取了较为完善的防护静电放电的措施，故到目前为止，由静电引起的爆炸事故尚未见到，但静电放电的危害不容忽视。

（五）容易流动扩散

溶剂在20℃时的黏度为0.3CP左右，远小于流动性很好的水的黏度，如果有溶剂泄漏，便会很快向四周流散，并挥发出大量的溶剂蒸汽，随空气流动扩散，对流到非防爆区。此外，若水封池失效，泄漏的溶剂也很容易随水流进下水道而扩散到禁区以外，由于溶剂比水轻，覆盖在水表面，极易被明火点燃，从而使火灾爆炸危险延伸到防爆区以外，增加发生火灾爆炸的危险性。

（六）容易受热膨胀

溶剂的饱和蒸汽压较高，受热时其饱和蒸汽会迅速升高，且增高速度与溶剂受热温度成正比例。若储存于密闭或泄压不畅的容器中，溶剂受热会造成容器受压，当溶剂的饱和蒸汽压大到容器的承压极限时，会造成容器膨胀变形，甚至发生爆炸。

例如，某浸出油厂浸出车间空气中的溶剂蒸汽浓度较高。由于湿粕刮板输送机的机械故障产生的火花引起爆炸。火势失控，一名工人冒着生命危险迅速关闭所有与溶剂循环罐连通的阀门。撤离现场不久，溶剂循环罐发生强烈爆炸，致使浸出车间全部烧毁，框架结构的厂房全部炸毁。爆炸冲击波将半径500米以内区域的建筑物玻璃全部震碎，给国家造成了巨大的经济损失。

浸出溶剂虽然存在着很大的火灾危险，但并不是不可避免的。如果在工艺设计、操作检修、车间管理等方面，采取相应可靠的安全措施，坚持安全生产，重在预防的方针，完全可以避免发生任何事故。

10.5.2 安全生产的重要性

随着浸出法制油技术的发展，浸出油厂的安全生产也显得越来越重要。当世界上建立第一个浸出油厂时，还没有完整的安全防火规范，既缺乏经验，又无章可循，所以第二次世界大战期间发生过不少火灾和爆炸事故。惨痛的教训，使人们对浸出油厂的安全生产逐渐重视起来，制定出了严格的浸出油厂操作规程和安全防火规范。在我国的第二个五年计划期间，先后在吉林蛟河、陕西西安、山东济宁等地建成浸出油厂。这期间，由于生产和管理经验不足，浸出油厂发生火灾、爆炸事故较多。20世纪70年代初期，浸出法制油技术得到迅速推广。然而安全防火技术却没有得到相应的发展，从而限制了一些浸出油厂的建设。由1972年12月4日引发的某浸出油厂的爆炸事故，为我们敲响了警钟，原粮食部粮油工业局于1974年9月提出了《浸出油厂（车间）安全生产注意事项》，并经过5年的不断总结和完善，于1979年7月颁发了《浸出油厂（车间）生产技术操作规程》（试行）和《浸出油厂（车间）建筑、安装、生产安全防火规范》（试行）。1991年9月，商业部、公安部又联合颁发了《浸出制油工厂防火安全规范》（编号为SBJ04—91）。规程和规范的颁布实施，有力地保障了浸出油厂的安全。十几年的实践证明，凡是认真执行规程和规范的，安全生产得到了保障；凡是发生火灾、爆炸事故的，都是由于违反规程和规范造成的。为此，在浸出油厂的生产和管理工作中，必须树立“安全第一”的思想，认真贯彻执行“管生产必须同时管安全”这项基本原则，采取多种形式增强企业全员的安全意识，提高对安全防火重要性的认识，并落实到生产实践中。

10.5.3 油厂安全防火措施

（一）安全防火规范

商业部、公安部颁发的《浸出制油工厂防火安全规范》分为八章和两个附录，内容包括总则、厂房、生产设备和消防设施、电气设施、防雷、生产安全管理、安全操作、溶剂安全管理等。执行安全防火规范，实现安全生产，保护职工在生产劳动过程中的人身安全和国家财产，这是社会主义企业管理中的一项基本原则。

为了防止浸出油厂使用的溶剂发生燃烧爆炸危险，浸出油厂从工艺设计、建筑设计、电气设计、安装调试及生产全过程都必须遵循国家的有关方针政策和技术法规。积极采取先进的防火技术，做到生产安全，操作方便，经济合理。

（二）安全措施

油厂安全防火防爆的措施大体分为两个方面：一是基本技术措施，二是基本组织措施。

1. 基本技术措施

（1）消除易引发事故的物质条件

1）尽量做到工艺设备、管道密闭化。生产中要把易挥发可燃物料密闭在设备或管道内，同时，防止生产设备、储存容器、管道接头及阀门管件发生“跑、冒、滴、漏”现象，以免易燃气体或粉尘等物料逸出与空气形成爆炸性混合物。

2）搞好通风除尘。在无法密闭的有可燃性汽体或粉尘的场所，设置良好的通风除尘装置，降低空气中可燃物的浓度，使其含量降低到燃烧极限以下。

3）在有浸出溶剂的场所设置自动报警装置。在溶剂库、浸出器进料口、蒸脱机出粕口、分水器废水排放口、尾汽排放口以及汽提塔毛油出口等处安装检测探头，并通过电缆由主机监报。当某处空气中溶剂含量超过规定值时，立即由指示灯和音响报警，为消除隐患提供保障。

（2）消除一切点火源

1）消除明火。明火是指敞开的火焰。如火炉、煤气炉、电气焊等，严禁在禁区使用。油灯、蜡烛等明火照明和普通照明灯具，也在禁用范围。需用时应采用防爆型灯具或室外投光灯照明。

2）消除电气火花。电气动力设备要选用防爆型的，引入易燃易爆场所的电缆应绝缘良好，并敷设在铁管内。

3）消除静电放电火花。要适当限制物料在管道中的流速，以减少静电的产生和积聚，同时对可能发生放电火花的间隙要用导线跨接连通，并予以接地，使各部位与地面等电位。

4）消除雷电火花。雷电是大自然中的静电放电现象。其本质与生产工艺中所产生的静电是相同的，所不同的是雷电可以产生极大的过电流和极高的电压，造成更大的灾害。因此，应在易受雷击的建筑物或构筑物上及易燃易爆场所周围安装数量足够的避雷器，并经常检查，以保持防雷装置具有良好的保护性能。

5）消除撞击摩擦产生的火花。钢铁、瓷砖、花岗岩及混凝土等一类材料，在互相撞击摩擦时能够产生温度较高的火花，在易燃易爆场所应避免这种现象。

6）消除太阳能形成的点火源。直射的太阳光通过凸透镜、圆形玻璃瓶及有气泡的平板玻璃等聚焦形成的高温焦点，也可能点燃易燃易爆物质。

（3）配备消防设施

油厂常配备的消防设施有泡沫灭火器、酸碱灭火器、二氧化碳灭火器、干粉灭火器、1211 灭火器和消防栓等 6 种类型。对于不同场所不同物质的火灾，应使用不同灭火剂的灭火器。各类灭火剂的适用范围见表 10－4。

表 10—4　各类灭火剂的适用范围

<table>
<tr><th colspan="2" rowspan="3">灭火剂</th><th colspan="4">火灾种类</th></tr>
<tr><th rowspan="2">木材等一般火灾</th><th colspan="2">可燃液体火灾</th><th rowspan="2">带电设备火灾</th></tr>
<tr><th>非水溶性</th><th>水溶性</th></tr>
<tr><td rowspan="2">水</td><td>直流</td><td>0</td><td>×</td><td>×</td><td>×</td></tr>
<tr><td>喷雾</td><td>0</td><td>△</td><td>×</td><td>×</td></tr>
<tr><td colspan="2">酸碱灭火器</td><td>0</td><td>×</td><td>×</td><td>×</td></tr>
<tr><td rowspan="3">泡沫</td><td>化学泡沫</td><td>0</td><td>0</td><td>△</td><td>×</td></tr>
<tr><td>水成膜泡沫</td><td>0</td><td>0</td><td>×</td><td>×</td></tr>
<tr><td>空气泡沫</td><td>0</td><td>0</td><td>×</td><td>×</td></tr>
<tr><td rowspan="2">卤代烷</td><td>四氯化碳</td><td>△</td><td>0</td><td>0</td><td>0</td></tr>
<tr><td>二氟一氯一嗅甲烷（1211）</td><td>△</td><td>O</td><td>0</td><td>0</td></tr>
<tr><td colspan="2">二氧化碳</td><td>△</td><td>0</td><td>0</td><td>0</td></tr>
<tr><td rowspan="2">干粉</td><td>钠盐、钾盐</td><td>△</td><td>0</td><td>0</td><td>0</td></tr>
<tr><td>磷酸盐</td><td>0</td><td>0</td><td>O</td><td>0</td></tr>
</table>

注：O——适用　　△——般不用　　×——不适用

小型灭火器配备数量根据场所面积确定（见表 10—5）。

除按规定配备一定数量的小型灭火器外，还应在主要设备或事故易发处设置蒸汽灭火装置以及其他消防器材。

表 10—5　小型灭火器配置表

<table>
<tr><th>场所</th><th>安装数量（个/m²）</th><th>备注</th></tr>
<tr><td>露天生产装置</td><td>1/100～1/150</td><td rowspan="8">1. 装置占地面积大于 1000m²，选用小值，小于 1000m²，选用大值
2. 不足 1 个单位面积，但超过其 50%时可按 1 个单位面积计算
3. 灭火器最小设置数量为 2 个
……</td></tr>
<tr><td>预处理压榨车间</td><td>1/100</td></tr>
<tr><td>浸出车间</td><td>1/30</td></tr>
<tr><td>精炼车间</td><td>1/50</td></tr>
<tr><td>仓库</td><td>1/100</td></tr>
<tr><td>地下溶剂库</td><td>按储罐数量，每罐设置 2 个</td></tr>
<tr><td>化验室</td><td>1/20</td></tr>
<tr><td>锅炉房</td><td>1/150</td></tr>
</table>

注：①小型灭火器是指容量为 10L 泡沫或 8kg 干粉或 5kg 二氧化碳的手提式灭火器。

②易发生火灾的个别地点，可适当增设较大的泡沫、干粉等手推式灭火器。

③小型工厂在缺乏全厂性消防设施的条件下，除按表设置小型灭火器外，还应增设手推式灭火器。

(4) 检修动用明火的程序

检修动用明火应严格遵守审批程序，动用明火前要按《浸出制油工厂安全防火规范》规定的步骤彻底进行消溶，布置好消防器材，组织好消防队伍，并与消防部门取得联系，在由安全技术部门检验合格批准后方可动火。明火作业过程中要经常测试溶剂蒸汽浓度。现场出现溶剂蒸汽含量上升警示时，要立即停止明火作业，查明原因，并重新消溶，经测试符合规定后，再恢复明火作业。

(5) 厂房及工艺的安全要求

1) 合理选择厂址与合理布置厂区总平面。浸出油厂厂址应选择在远离市区和人口稠密的地方，防止扩大破坏范围。总平面布置要尽量做到“以防为主”，设置防火禁区，各建筑物及构筑物之间要留有足够的防火间距和安全距离。

2) 选用耐爆的结构型式。防爆建筑构造应选用钢筋混凝土框架结构，并配以轻型屋面，既有耐爆能力，又有泄压通道。对于装有易燃易爆物质的设备容器，在材料和结构型式的选择上要有足够大的安全系数和必要泄压装置。

3) 设置安全通道。设置足够的、合理的安全通道不仅可以使操作人员在意外事故失控时迅速撤离现场，而且还便于救灾人员迅速进入现场。

2. 基本组织措施

为了更有效地防止火灾爆炸事故，除了必要技术措施外，还应加强管理，增强全员安全意识，采取必要的组织措施。

(1) 设立安全生产机构

增强职工防火防爆意识，建立职工消防组织，这是做好安全防火工作的一项基本方针。油厂应经常性地开展职工安全技术教育，提高对安全生产重要性的认识，熟悉并掌握各类危险因素和发生事故的规律。人人从自我做起，杜绝事故苗头，确保安全生产。同时，要成立职工消防组织机构，明确分工和责任，以便在发生意外事故时，各负其责，保障抢救工作迅速而有秩序地进行。

企业应建立专职的安全技术机构，统管全厂的安全技术工作；车间技安员和班组技安员负责把“安全第一”的工作方针落实到各个岗位上，创造一个安全良好的工作环境。

(2) 建立健全安全生产规章制度

做好技安工作除依靠职工的积极性和自觉性外，还必须建立健全合理的、切实可行的规章制度，统一认识，统一行动。做到有章可循，管理有序，生产有序，及时消除各种事故隐患。建立健全安全生产规章制度是基本组织措施中的一个重要组成部分。

安全生产规章制度主要有：安全生产责任制，安全操作制度（包括生产操作、开停车操作、消溶操作、检修操作等），事故处理规章等。

(3) 安全生产的检查和督促

安全生产的督促检查是贯彻“预防为主”方针的重要手段。检查的目的在于发现和消除事故隐患，做到防患于未然。在检查过程中，要把有关的条例和规范与实际情况进行严格对照，肯定成绩，指出不足，使检查部门与被检查部门都能在贯彻有关条例和规范的过程中，进一步发挥监督管理的作用。

(4) 合理组织生产

科学的劳动组织也是减少事故的一个重要方面。如装卸溶剂应尽量避免在夜间进行；合理选择工作场地，分配工作时充分考虑到操作人员的生理、心理状况，不安排超出安全条件允许范围的生产任务等。

【课后习题】

1. 简要说明现有浸出溶剂的火灾危险特性。

2. 油厂的安全防火措施有哪些？